"十三五"国家重点图书出版规划项目

总主编 马金双
General Editor in Chief Jinshuang MA

总主审 李振宇
General Reviewer in Chief Zhenyu LI

中国外来入侵植物志

Alien Invasive Flora of China

第二卷

王瑞江　王发国　曾宪锋　**主编**

内容提要

本书是《中国外来入侵植物志·第二卷》。本卷记载了中国外来入侵植物共10科41属75种2变种，其中豆科25属43种1变种，酢浆草科1属3种1变种，牻牛儿苗科1属1种，大戟科4属18种，远志科1属1种，漆树科1属1种，葡萄科1属1种，锦葵科5属5种，楝树科1属1种，梧桐科1属1种。此外，还对6个种的相似种进行了讨论，并记录了36个在我国已经归化的种类。

图书在版编目（CIP）数据

中国外来入侵植物志.第二卷/马金双总主编；王瑞江，王发国，曾宪锋主编.—上海：上海交通大学出版社，2020.12

ISBN 978-7-313-23843-6

Ⅰ.①中… Ⅱ.①马… ②王… ③王… ④曾… Ⅲ.①外来入侵植物—植物志—中国 Ⅳ.①Q948.52

中国版本图书馆CIP数据核字(2020)第189062号

中国外来入侵植物志·第二卷
ZHONGGUO WAILAI RUQIN ZHIWU ZHI · DI-ER JUAN

总 主 编：马金双
主　　编：王瑞江　王发国　曾宪锋
出版发行：上海交通大学出版社　　地　　址：上海市番禺路951号
邮政编码：200030　　电　　话：021-64071208
印　　制：上海盛通时代印刷有限公司　　经　　销：全国新华书店
开　　本：787mm×1092mm　1/16　　印　　张：22
字　　数：355千字
版　　次：2020年12月第1版　　印　　次：2020年12月第1次印刷
书　　号：ISBN 978-7-313-23843-6
定　　价：198.00元

序

随着经济的发展和人口的增加，生物多样性保护以及生态安全受到越来越多的国际社会关注，而生物入侵已经成为严重的全球性环境问题，特别是导致区域和全球生物多样性丧失的重要因素之一。尤其是近年来随着国际经济贸易进程的加快，我国的外来入侵生物造成的危害逐年增加，中国已经成为遭受外来生物入侵危害最严重的国家之一。

入侵植物是指通过自然以及人类活动等无意或有意地传播或引入异域的植物，通过归化自身建立可繁殖的种群，进而影响侵入地的生物多样性，使入侵地生态环境受到破坏，并造成经济影响或损失。

外来植物引入我国的历史比较悠久，据公元659年《唐本草》记载，蓖麻作为药用植物从非洲东部引入中国，20世纪50年代作为油料作物推广栽培；《本草纲目》(1578)记载曼陀罗在明朝末年作为药用植物引入我国；《滇志》(1625)记载原产巴西等地的单刺仙人掌在云南作为花卉引种栽培；原产热带美洲的金合欢于1645年由荷兰人引入台湾作为观赏植物栽培。从19世纪开始，西方列强为扩大其殖民统治和势力范围设立通商口岸，贸易自由往来，先后有多个国家的探险家、传教士、教师、海关人员、植物采集家和植物学家深入我国采集和研究植物，使得此时期国内外来有害植物入侵的数量急剧增加，而我国香港、广州、厦门、上海、青岛、烟台和大连等地的海港则成为外来植物传入的主要入口。20世纪后期，随着我国国际贸易的飞速发展，进口矿物、粮食、苗木等商品需求增大，一些外来植物和检疫性有害生物入侵的风险急剧增加，加之多样化的生态系统使大多数外来种可以在中国找到合适的栖息地；这使得我国生物入侵的形势更加严峻。然而，我们对外来入侵种的本底资料尚不清楚，对外来入侵植物所造成的生态和经济影响还没有引起足够的重视，更缺乏相关的全面深入调查。

我国对外来入侵植物的调查始于20世纪90年代，但主要是对少数入侵种类的研究及总结，缺乏对外来入侵植物的详细普查，本底资料十分欠缺。有关入侵植物的研究资料主要集中在东南部沿海地区，各地区调查研究工作很不平衡，更缺乏全国性的权威资料。与此同时，关于物种的认知问题存在混乱，特别是物种的错误鉴定、名称（学名）误用。外来入侵植物中学名误用经常出现在一些未经考证而二次引用的文献中，如南美天胡荽的学名误用，其正确的学名应为 *Hydrocotyle verticillata* Thunberg，而不是国内文献普遍记载的 *Hydrocotyle vulgaris* Linnaeus，后者在中国并没有分布，也未见引种栽培，两者因形态相近而混淆。另外，由于对一些新近归化或入侵的植物缺乏了解，更缺乏对其主要形态识别特征的认识，这使得对外来入侵植物的界定存在严重困难。

开展外来入侵植物的调查与编目，查明外来入侵植物的种类、分布和危害，特别是入侵时间、入侵途径以及传播方式是预防和控制外来入侵植物的基础。2014 年“中国外来入侵植物志”项目正式启动，全国 11 家科研单位及高校共同参与，项目组成员分为五大区（华东、华南、华中、西南、三北①），以县为单位全面开展入侵植物种类的摸底调查。经过 5 年的野外考察，项目组共采集入侵植物标本约 15 000 号 50 000 份，拍摄高清植物生境和植株特写照片 15 万余张，记录了全国以县级行政区为单位的入侵植物种类、多度、GIS 等信息，同时还发现了一大批新入侵物种，如假刺苋（*Amaranthus dubius* Martius）、蝇子草（*Silene gallica* Linnaeus）、白花金钮扣［*Acmella radicans* var. *debilis* (Kunth) R.K. Jansen］等，获得了丰富的第一手资料，并对一些有文献报道入侵但是经野外调查发现仅处于栽培状态或在自然环境中偶有逸生但尚未建立稳定入侵种群的种类给予了澄清。我们对于一些先前文献中的错误鉴定或者学名误用的种类给予了说明，并对原产地有异议的种类做了进一步核实。此外，项目组在历史标本及早期文献信息缺乏的情况下，克服种种困难，结合各类书籍、国内外权威数据库、植物志及港澳台早期的植物文献记载，考证了外来入侵植物首次传入中国的时间、传入方式等之前未记载的信息。

《中国外来入侵植物志》不同于传统植物志，其在物种描述的基础上，引证了大量的标本信息，并配有图版。外来入侵植物的传入与扩散是了解入侵植物的重要信息，本志书将这部分作为重点进行阐述，以期揭示入侵植物的传入方式、传播途径、入侵特点等，

① 三北指的是我国的东北、华北和西北地区。

为科研、科普、教学、管理等提供参考。本志书分为5卷，共收录入侵植物68科224属402种，是对我国现阶段入侵植物的系统总结。

《中国外来入侵植物志》由中国科学院上海辰山植物科学研究中心/上海辰山植物园植物分类学研究组组长马金双研究员主持，全国11家科研单位及高校共同参与完成。项目第一阶段，全国各地理区域资料的收集与野外调查分工：华东地区闫小玲（负责人）、李惠茹、王樟华、严靖、汪远等参加；华中地区李振宇（负责人）、刘正宇、张军、金效华、林秦文等参加；三北地区刘全儒（负责人）、齐淑艳、张勇等参加，华南地区王瑞江（负责人）、曾宪锋、王发国等参加；西南地区税玉民、马海英、唐赛春等参加。项目第二阶段为编写阶段，丛书总主编马金双研究员、总主审李振宇研究员，参与编写的人员有第一卷负责人闫小玲、第二卷负责人王瑞江、第三卷负责人刘全儒、第四卷负责人金效华、第五卷负责人严靖等。

感谢上海市绿化和市容管理局科学技术项目（G1024011，2010—2013）、科技部基础专项（2014FY20400，2014—2018）、2020年度国家出版基金的资助。感谢李振宇研究员百忙之中对本志进行审定。感谢上海交通大学出版社给予的支持和帮助，感谢所有编写人员的精诚合作和不懈努力，特别是各卷主编的努力，感谢项目前期入侵植物调查人员的辛苦付出，感谢辰山植物分类学课题组的全体工作人员及研究生的支持和配合。由于调查积累和研究水平有限，书中难免有遗漏和不足，望广大读者批评指正！

马金双

2020年11月

编写说明

《中国外来入侵植物志》基于近年来的全面的野外调查、标本采集、文献考证及最新的相关研究成果编写而成，书中收载的为现阶段中国外来入侵植物，共记载中国外来入侵植物 68 科 224 属 402 种（含种下等级）。

分类群与主要内容 本志共分为五卷。第一卷内容包括槐叶蘋科～景天科，共记载入侵植物 22 科 33 属 53 种；第二卷内容包括豆科～梧桐科，共记载入侵植物 10 科 41 属 77 种；第三卷内容包括西番莲科～玄参科，共记载入侵植物 20 科 52 属 113 种；第四卷内容包括紫葳科～菊科，共记载入侵植物 5 科 67 属 114 种；第五卷内容包括泽泻科～竹芋科，共记载入侵植物 11 科 31 属 45 种。

每卷的主要内容包括卷内科的主要特征简介、分属检索表、属的主要特征简介、分种检索表、物种信息、分类群的中文名索引和学名索引。全志书分类群的中文名总索引和学名总索引置于第五卷末。

物种信息主要包括中文名、学名（基名及部分异名）、别名、特征描述（染色体、物候期）、原产地及分布现状（原产地信息及世界分布、国内分布）、生境、传入与扩散（文献记载、标本信息、传入方式、传播途径、繁殖方式、入侵特点、可能扩散的区域）、危害及防控、凭证标本、相似种（如有必要）、图版、参考文献。

分类系统及物种排序 被子植物科的排列顺序参考恩格勒系统（1964），蕨类植物采用秦仁昌系统（1978）。为方便读者阅读参考，第五卷末附有恩格勒（1964）系统与 APG IV 系统的对照表。

物种收录范围 《中国外来入侵植物志》旨在全面反映和介绍现阶段我国的外来入侵植物，其收录原则是在野外考察、标本鉴定和文献考证的基础上，确认已经造成危害的外来植物。对于有相关文献报道的入侵种，但是经项目组成员野外考察发现其并未造成危害，或者尚且不知道未来发展趋势的物种，仅在书中进行了简要讨论，未展开叙述。

入侵种名称与分类学处理 外来入侵种的接受名和异名主要参考了 *Flora of China*、*Flora of North America* 等，并将一些文献中的错误鉴定及学名误用标出，文中异名（含基源异名）以“——”、错误鉴定以 auct. non 标出，接受名及异名均有引证文献；种下分类群亚种、变种、变型分别以 subsp.、var.、f. 表示；书中收录的异名是入侵种的基名或常见异名，并非全部异名。外来入侵种的中文名主要参照了 *Flora of China* 和《中国植物志》，并统一用法，纠正了常见错别字，同时兼顾常见的习惯用法。

形态特征及地理分布 主要参照了 *Flora of China*、*Flora of North America* 和《中国植物志》等。另外，不同文献报道的入侵种的染色体的数目并不统一，文中附有相关文献，方便读者查询参考。

地理分布是指入侵种在中国已知的省级分布信息（包括入侵、归化、逸生、栽培），主要来源于已经报道的入侵种及归化种的文献信息、*Flora of China*、《中国植物志》和地方植物志及各大标本馆的标本信息，并根据项目组成员的实际调查结果对现有的分布地进行确认和更新。本志书采用中国省区市中文简称，并以汉语拼音顺序排列。

书中入侵种的原产地及归化地一般遵循先洲后国的次序，主要参考了 *Flora of China*、CABI、GBIF、USDA、*Flora of North America* 等，并对一些原产地有争议的种进行了进一步核实。

文献记载与标本信息 文献记载主要包括两部分，一是最早或较早期记录该种进入我国的文献，记录入侵种进入的时间和发现的地点；二是最早或较早报道该种归化或入侵我国的文献，记录发现的时间和发现的地点。

标本信息主要包括三方面的内容：① 模式标本，若是后选模式则尽量给出相关文献；② 在中国采集的最早或较早期的标本，尽量做到采集号与条形码同时引证，若信息缺乏，至少选择其一；③ 凭证标本，主要引证了项目组成员采集的标本，包括地点、海拔、经纬度、日期、采集人、采集号、馆藏地等信息。

本志书中所有的标本室（馆）代码参照《中国植物标本馆索引》（1993）和《中国植物标本馆索引（第 2 版）》（2019）。

传入方式与入侵特点 基于文献记载、历史标本记录和野外实际调查，记录了入侵种进入我国的途径（有意引入、无意带入或自然传入等）以及在我国的传播方式（人为有意或无意传播、自然扩散）。基于物种自身所具备的生物学和生态学特性，主要从繁殖性（种子结实率、萌发率、幼苗生长速度等）、传播性（传播体重量、传播体结构、与人类活动的关联程度）和适应性（气候、土壤、物种自身的表型可塑性等）三方面对其入侵特点进行阐述。

危害与防控 基于文献记载和野外实际调查，记录了入侵种对生态环境、社会经济和人类健康等的危害程度，包括该物种在世界范围内所造成的危害以及目前在中国的入侵范围和所造成的危害。综合国内外研究和文献报道，从物理防除、化学防控和生物控制三个方面对入侵种的防控进行了阐述。

相似种 主要列出同属中其他的归化植物或者与收录的入侵种形态特征相似的物种，将主要形态区别点列出，并讨论其目前的分布状态及种群发展趋势，必要时提供图片。此外，物种存在的分类学问题也在此条目一并讨论。

植物图版 每个入侵种后面附有高清的彩色植物图版，并配有图注，方便读者识别。图版主要包括生境、营养器官（植株、叶片、根系等）和繁殖器官（花、果实、种子等），且尽量提供关键识别特征，部分种配有相似种的图片，以示区别。植物图片的拍摄主要由项目组成员完成，也有一些来自非项目组成员完成，均在卷前显著位置标出摄影者的姓名。

前言

在国家科技部基础性工作专项“中国外来入侵植物志”的支持下，我们负责了华南地区外来入侵植物的调查以及《中国外来入侵植物志》第二卷的编著工作。广东、福建、海南、台湾、香港、澳门等地是我国经济最为发达、遭受外来植物入侵最为严重的地区。在野外调查过程中，我们不仅切实认识到外来入侵植物对生态环境的影响越来越严重，还发现大多数人对其危害性认识不足，相关部门也几乎没有采取积极有效的应对措施。因此，对外来入侵植物的调查和志书的编纂就显得非常重要且紧迫。通过对华南地区进行广泛的实地调查和大量的标本采集，我们获得了关于外来入侵植物种类、分布状况和危害程度等信息的第一手资料，这些都为编写《中国外来入侵植物志》奠定了良好的基础，也为政府部门应对外来植物入侵、保障国家生物安全提供了重要参考。

回想当初，我们在热辣辣的太阳底下拎着植物采集袋，带着一两个学生沿着街头、路边行走，还专门往污水沟、垃圾池、建筑垃圾区、荒地、养殖场、旧房屋等附近“捡”那些被人们视为杂草的标本，浑身如流浪汉一般散发着汗臭，衣服也常常粘着泥巴……在树下或路边压标本的时候，往往能吸引很多人过来围观。有的人会询问这些草的名称和用途，我们乐此不疲，也正好问下围观者们这些植物在当地的入侵历史，顺便科普一下外来入侵植物的相关知识。有的人还能告诉我们这些入侵植物的药用价值，为我们今后将入侵植物“变废为宝”提供了有用的线索。

撰写本书是一项极为烦琐和艰苦的工作。本书收录了中国外来入侵植物共 10 科 41 属 75 种 2 变种，其中豆科 25 属 43 种 1 变种，酢浆草科 1 属 3 种 1 变种，牻牛儿苗科 1 属 1 种，大戟科 4 属 18 种，远志科 1 属 1 种，漆树科 1 属 1 种，葡萄科 1 属 1 种，锦葵科 5 属 5 种，椴树科 1 属 1 种，梧桐科 1 属 1 种。另外，还对 6 个种的相似种进行了讨论，并记录了36个在我国已经归化的种类。对于每一科、每一属和每一种植物，从编著格式的确定到每一项内容按要求完成并多次修改，都花费了许多精力，尤其是对入侵种模式标本的确定极为困难。由于这些植物均不是本土植物，有的种的模式材料也不清楚究竟保存在哪个标本馆，因此寻找起来非常艰难，往往要花费几个小时才能完成一个种的模式信息说明。所幸的是，随着当代计算机技术及网络信息技术的快速发展，使得植物标本的信息化和共享成为可能，本书的编著就是从覆盖国家和地区甚至全球性的生物标本数据库中获得了可信和有效的模式标本信息，以及物种染色体数目和倍性数据。

由于各种原因，我们对外来植物的了解还不十分全面，对其传入方式、扩散途径、生态学特性以及有效的防控措施等信息更多的还仅来自文献记载。随着时间和空间的变化，外来植物的生长和入侵也表现出较强的动态变化。因此，研究外来入侵植物也将是一个长期性的工作，而目前的结果也仅仅是对植物入侵过程的一个阶段性缩影，后续能对其开展更为深入的研究是十分必要的！

在多年与外来入侵植物打交道的过程中，我们的队伍也得到了极大的锻炼和提高。中国科学院华南植物园博士研究生郭晓明，硕士研究生朱双双、陈雨晴、蒋奥林、王永淇、李西贝阳等，研究助理梁丹、郭亚男、李仕裕、黄灵等学会了野外采集、鉴定与数据库的整理，分析了外来入侵植物的分子条形码。韩山师范学院的邱贺媛老师以及20余名本科生先后参加了野外调查，完成了标本的数字化工作，并将结果提供给了中国植物数字标本馆。在团队的共同努力下，发表了数篇有关华南地区外来入侵植物新分布及变化动态等方面的文章，也出版了《广州入侵植物》《华南归化植物暨入侵植物》等专著，取得了可喜的成绩。此外还在广州电视台和《信息时报》等媒体对外来入侵植物进行了介绍。

通过对华南地区外来入侵植物的调查和本书的编写，我们认识到：对外来植物进行有序引入应成为保障人民生命安全和生态环境安全的重要措施，对外来植物的入侵进行监测、预警和治理，也应成为保障我国生物安全的重要内容。

在《中国外来入侵植物志》第二卷的成书和出版过程中，中国科学院上海辰山植物科学研究中心马金双研究员、中国科学院植物研究所李振宇研究员、北京师范大学刘全儒教授和上海辰山植物园研究团队均给予了大力的支持和帮助，团队的每一位成员都付出了极大的努力，在此，谨致谢忱！

由于编者时间及水平有限，本书不可避免存在一些疏漏，恳请读者批评指正！

编者

2020年11月

作者分工

豆科	王发国、李仕裕（中国科学院华南植物园），曾宪锋（韩山师范学院）
酢浆草科	王瑞江、蒋奥林（中国科学院华南植物园）
牻牛儿苗科	王瑞江、蒋奥林
大戟科	王瑞江、蒋奥林
远志科	王瑞江、蒋奥林
漆树科	王瑞江、蒋奥林
葡萄科	王瑞江、蒋奥林
锦葵科	王瑞江、蒋奥林
椴树科	王瑞江、蒋奥林
梧桐科	王瑞江、蒋奥林

摄影（以姓氏笔画为序）

王发国	王瑞江	王樟华	邓双文
朱鑫鑫	闫小玲	严　靖	汪　远
张　勇	林秦文	黄　灵	蒋奥林
曾宪锋			

目 录

豆科 | Leguminosae

乔木、灌木或草本，有时为攀缘状或匍匐状。叶通常互生，稀对生，常为羽状复叶、掌状复叶、三出复叶、单小叶或单叶。叶具叶柄或无，托叶有或无，小叶常有小托叶，有时叶状或变为棘刺。花两性，稀单性，辐射对称或两侧对称，通常排成总状花序、聚伞花序、穗状花序、头状花序或圆锥花序，少有单生；苞片和小苞片常较小；花被2轮；萼片常为5片，有时为3片或6片，分离或联合成管，有时二唇形，稀退化或消失；花瓣常为5片，常与萼片的数目相等，稀较少或无，分离或联合成具花冠裂片的管，大小相等或不等，多数种类具有蝶形花冠；雄蕊常为10枚，有时为5枚或多枚，花丝分离或各式各样的合生，单体或二体雄蕊，花药2室，纵裂或有时孔裂，花粉单粒或常联成复合花粉；雌蕊通常由单心皮所组成，稀较多且离生，子房1室，上位，侧膜胎座，胚珠2至多颗，为横生、倒生或弯生的胚珠；花柱单一，通常上弯，有时作螺旋状卷曲或扭曲，无毛或被髯毛；柱头单一，头状或歪斜。果为荚果，成熟后沿缝线开裂或不裂，或断裂成含单粒种子的荚节；种子通常具革质或有时膜质的种皮，生于珠柄上，有时由珠柄形成一多少肉质的假种皮，胚大，内胚乳无或极薄。

该科全世界约有650属和18 000种，分布广泛。木本属多分布于南半球和热带地区，草本属多分布于温带地区。我国有167属1 673种，各省区均有分布。本书收录外来入侵植物25属42种和1变种。

爪哇大豆属的爪哇大豆［*Neonotonia wightii* (Graham ex Wight & Arn.) J.A. Lackey］在台湾地区有栽培或偶逸为野生（Ohashi & Huang, 1993）。其原产于印度尼西亚的爪哇，现在巴西、玻利维亚两国，以及我国台湾地区有分布。目前能查阅的标本有2000年1月14日采于台湾地区台中市南区中兴大学（C.M. Wang W04064; PE01153892）及2010

年 1 月 10 日采于台湾地区南投县日月潭（Pi-Fong Lu 19644; PE01923794）。本种的一个栽培品种“提那罗爪哇大豆［*Neonotonia wightii* (Graham ex Wight & Arn.) J.A. Lackey ‘Tinaroo’］”目前已经在全世界热带、亚热带地区广泛栽培。云南省草地动物科学研究院于 1983 年从澳大利亚引进了提那罗爪哇大豆，云南省农业科学院热区生态农业研究所于 1988 年在云南省干热河谷进行了试种，结果表明该种具有适应性强、耐旱、耐热、耐酸瘦土壤、产量高、适口性好等特点，既可饲喂牲畜，也可作为修复退化土壤的植物，适于在热带、亚热带地区种植，主要通过种子进行繁殖（张德 等，2016；张德和龙会英，2017；龙会英和张德，2017）。目前尚未见该种在中国大陆逃逸为野生的报道。

假含羞草属的假含羞草［*Neptunia plena* (Linnaeus) Bentham］，为多年生浮水植物，茎呈“之”字形，茎节处生出红褐色或褐色的根；二回偶数羽状复叶，小叶可达 7～22 对，近中脉处颜色变浅；头状花序卵形，呈黄色。本种原产于热带美洲，《中国植物志》（吴德邻，1988）记载该种在我国广东、福建有引种，广州郊区偶见有逸为野生者；*Flora of China* 记载该种在我国台湾地区也有种植（Wu & Nielsen, 2010）。目前能查阅到的标本信息有 1963 年 8 月 26 日采自广东省广州市中国科学院华南植物研究所的标本（邓良 10213；IBSC0176451）、1978 年 10 月 18 日采自福建省厦门市禾山本所的标本（叶国栋 889；IBSC0176455）、1998 年 10 月 28 日采自台湾地区的标本（T.Y.A. Yang 11553; IBSC0176456）。该种在我国为栽培或偶逸为野生，在泰国和越南等国已将其作为重要的蔬菜进行栽植（莫海波 等，2013）。该种生长在河流、湖泊等水域，喜日照充足的高温环境。其繁殖非常容易，高温季节剪取一段具有节的茎，放置水面即可生根发芽，由于繁殖过快，假含羞草在一些国家已被视为水生入侵植物（莫海波 等，2013）。本项目组成员进行了全国各地区的调查，并未发现假含羞草对我国的经济发展或生态环境造成严重危害，现阶段暂没有入侵性，故本书不收录。

拟鱼藤属的毛鱼藤［*Paraderris elliptica* (Wallich) Adema］，别名为毒鱼藤，原产于南亚。在我国广东、广西、海南、湖南和台湾地区有生长，作为栽培植物始载于《海南植物志》（陈焕镛，1965）。曾怀德于 1934 年 7 月 7 日，在广西壮族自治区上思县十万大山采到该种标本（曾怀德 23816；IBSC0169406，SYS00040182），刘心祈于 1935 年 4 月 4 日，在海南省三亚市（崖县）南山岭采集到该种的植物标本（刘心祈 6042；

SYS00040181)。本种作为土农药资源植物于1939年从越南引进(马金双,2014)。其为种子繁殖,目前很少开花,即使开花也很少结果,结的果实早落,不能自行种子繁殖,故本种不列为入侵植物。毛鱼藤的根、茎有毒,人中毒后主要引起消化及神经系统症状,如恶心、呕吐、阵发性腹痛、烦躁、呼吸缓慢、肌肉颤动以及阵发性痉挛,严重者昏迷,会因呼吸麻痹和心力衰竭而死亡。

酸豆属的酸豆(*Tamarindus indica* Linnaeus),别名为酸梅、酸角、罗望子。较早的文献记载为南宋淳熙二年(1175年)范成大所撰写的《桂海虞衡志》及南宋淳熙五年(1178年)周去非所撰写的《岭外代答》,据张宏达和辛树帜两位先生考订,罗望子系豆科酸豆属植物酸豆的果实(刘钥晋,1987)。我国较早期的有明确记录的标本有1914年9月10日采自云南省元谋县金沙江附近的标本(Handel-Mazzetti 5038; NAS00394356)、1927年8月21日采自海南省儋州沙煲山的标本(Tsang Wai-Tak 16038; NAS00394357)、1932年5月17日采自海南省陵水黎族自治县徙新村港的标本(梁向日61793; IBSC0167684)、1932年8月15日采自中国香港新界的标本(陈焕镛8315; IBSC0172816)、1932年9月20日采自四川省会理县的标本(俞德俊1553; PE00326970)、1936年9月采自云南省景洪市小勐养的标本(王启无79642; PE00326905)。本种原产于非洲热带稀树草原,现全世界热带地区均有栽培,因其是一种食药兼用的常绿乔木,古代阿拉伯人将它引入亚洲,经印度后又传到中国(周淑荣 等,2013)。我国福建、广东、广西、贵州、海南、台湾、香港、云南有分布,栽培或逸为野生(卫兆芬,1988)。我国两广地区也可能为原产地之一(刘钥晋,1987)。本项目组成员进行了全国各地区的调查,未发现酸豆对我国的经济发展或生态环境造成显著危害,并且其果实还可用来作为小食制售,具有一定的食用价值。故本书不将其列为入侵植物。

荆豆属的荆豆(*Ulex europaeus* Linnaeus)为多年生的灌木,小枝成尖刺,花单生或2～3朵腋生,荚果卵形、长圆形,种子2～4粒。在我国主要分布于重庆市城口县附近,原系法国神父在1862年引种于教堂周围作为绿篱,后有逸生。刘培嵩(1983)曾记载当时重庆市城口县郊荆豆仅有二三百株,在厚坪公社尖锋大队的山坡上也有零星生长,1979年当地政府部门还派专人进行保护和管理。此种已被世界自然保护联盟(International Union for Conservation of Nature,IUCN)列入世界100种恶性入侵物种名单，具有较强的潜在入侵性。李振宇和解炎（2002）以及万方浩等（2012）将其作为外来入侵植物。本种花期几乎为全年，但只有早春开放的花能结实，种子量不多；但据万方浩等人的记载，该种目前已经大面积归化，侵入山坡灌丛和草地，已经影响了当地的生态系统。荆豆目前在海外（如澳大利亚等）入侵很严重，但是在我国尽管有记载，却还没有到达国外那样的入侵程度。为了了解荆豆的实际生长和分布情况，编者曾于2019年6月赴城口县进行实地走访和野外调查，结果发现，由于荆豆本身产种子量少以及现在本地树种的快速恢复，原先裸露山地的植被基本上都得到了很好的恢复，而荆豆由于缺少阳光，在近几年逐渐枯死。因此，本书暂不将之作为入侵植物收录。

参考文献

陈焕镛，1965. 蝶形花科［M］// 中国科学院华南植物研究所 . 海南植物志：第 2 卷 . 北京：科学出版社：236-329.

李振宇，解焱，2002. 中国外来入侵种［M］. 北京：中国林业出版社：119.

刘培嵩，1983. 欧洲荆豆在我国安家落户七十年［J］. 中国科技史料（3）：53-54.

刘钥晋，1987. 罗望子初考［J］. 成都中医学院学报（3）：28，40.

龙会英，张德，2017. 提那罗爪哇大豆引种及生产试验研究［J］. 草地学报，25（2）：420-423.

马金双，2014. 中国外来入侵植物调研报告［M］. 北京：高等教育出版社：594.

莫海波，屠莉，肖迪，2013. 新奇观赏水生花卉撷英［J］. 中国花卉盆景（7）：40-41.

万方浩，刘全儒，谢明，等，2012. 生物入侵：中国外来入侵植物图鉴［M］. 北京：科学出版社：110-111.

卫兆芬，1988. 酸豆属［M］// 中国科学院中国植物志编辑委员会 . 中国植物志：第 39 卷 . 北京：科学出版社：216-218.

吴德邻，1988. 含羞草亚科［M］// 中国科学院中国植物志编辑委员会 . 中国植物志：第 39 卷 . 北京：科学出版社：2-74.

张德，龙会英，金杰，等，2016. 不同方式处理对提那罗爪哇大豆生长及种子产量的影响［J］. 热带农业科学，36（8）：14-18.

张德，龙会英，2017. 4 个豆科牧草在干热河谷生态芒果园的应用研究［J］. 草地学报，25（3）：612-617.

周淑荣，董昕瑜，包秀芳，等，2013. 酸角的栽植和利用［J］. 特种经济动植物，16（8）：48-51.

Ohashi H, Huang T C, 1993. Leguminosae[M]//Huang T C. Flora of Taiwan: vol. 3. 2nd ed. Taipei: Lungwei Printing Company: 160–396.

Wu D L, Nielsen I C, 2010. Tribe Mimoseae[M]//Wu Z Y, Raven P H, Hong D Y. Flora of China: vol. 10. Beijing: Science Press & St. Louis: Missouri Botanical Garden Press: 50–54.

分属检索表

1 花辐射对称，花瓣呈镊合状排列…………………………………………………… 2

1 花两侧对称，花瓣呈覆瓦状排列…………………………………………………… 6

2 花有雄蕊 10 枚或 10 枚以下 ……………………………………………………… 3

2 花有雄蕊多数………………………………………………………………………… 5

3 小叶敏感，触之即闭合或下垂；荚果具节荚，成熟后逐节脱落…………………………

………………………………………………………… 18. 含羞草属 *Mimosa* Linnaeus

3 小叶不敏感；荚果成熟后沿缝线开裂为 2 瓣 ……………………………………… 4

4 荚果线形 ………………………………………… 11. 合欢草属 *Desmanthus* Willdenow

4 荚果带状 ………………………………………………… 14. 银合欢属 *Leucaena* Bentham

5 花丝分离或稀仅基部合生；荚果长圆形或带形，多数扁平，成熟时开裂为 2 瓣或不开裂

…………………………………………………………………… 1. 金合欢属 *Acacia* Miller

5 花丝 1/3 以下合生呈管状；荚果呈带状，扁平，成熟后不开裂或迟裂 ………………

……………………………………………………………… 3. 合欢属 *Albizia* Durazzini

6 花稍两侧对称，近轴的 1 枚花瓣（旗瓣）位于相邻两侧的花瓣（翼瓣）之内，雄蕊通常分离…………………………………………………………………………………… 7

6 花明显两侧对称，近轴的 1 枚花瓣（旗瓣）位于相邻两侧的花瓣之外，远轴的 2 枚花瓣（龙骨瓣）基部沿连接处合生呈龙骨状，雄蕊通常为二体 …………………………… 8

7 小苞片缺如，花瓣近等长，荚果不裂或不显著开裂，如沿 2 个缝线开裂，则果皮不旋卷或断裂成含 1 粒种子的荚节 ………………………………… 20. 番泻决明属 *Senna* Miller

7 小苞片存在，花瓣大小不等，荚果显著开裂，2 裂片旋卷………………………………

……………………………………………………… 7. 山扁豆属 *Chamaecrista* Moench

8 叶缘有锯齿……………………………………………………………………………………… 9
8 叶缘无锯齿……………………………………………………………………………………… 11
9 花瓣宿存；花常组成头状花序；荚果短小，常为枯萎宿存的花萼和花冠所包藏，不裂
…………………………………………………………………… 24. 车轴草属 *Trifolium* Linnaeus
9 花瓣凋落；总状花序，有时为头状；荚果呈螺旋状卷曲或为扁平的长圆形，2 瓣裂或迟裂
……………………………………………………………………………………………………… 10
10 小叶片卵圆形或近圆形；总状花序短，有时呈头状或单生…… 16. 苜蓿属 *Medicago* Linnaeus
10 小叶片披针形至长椭圆形；总状花序细长…………………… 17. 草木犀属 *Melilotus* Miller
11 植株被丁字毛……………………………………………………… 13. 木蓝属 *Indigofera* Linnaeus
11 植株不被丁字毛………………………………………………………………………………… 12
12 叶轴顶端有卷须或小尖头……………………………………… 25. 野豌豆属 *Vicia* Linnaeus
12 叶轴顶端无卷须或小尖头……………………………………………………………………… 13
13 荚果由数个荚节组成，每荚节有 1 粒种子…………………………………………………… 14
13 荚果非由荚节组成，开裂或不裂……………………………………………………………… 17
14 小托叶通常存在………………………………………………………………………………… 15
14 小托叶通常无…………………………………………………………………………………… 16
15 荚果扁平，成熟时节荚逐节脱落……………………… 12. 山蚂蝗属 *Desmodium* Desvaux
15 荚果有 4 条纵脊或棱角，不开裂，有节……………………9. 小冠花属 *Coronilla* Linnaeus
16 托叶与叶柄贴生，彼此合生呈鞘状，抱茎；叶为三出羽状复叶；雄蕊单体，花药二型
…………………………………………………………………… 22. 笔花豆属 *Stylosanthes* Swartz
16 托叶不与叶柄合生；叶为一回羽状复叶；雄蕊二体（5+5）；花药同型…………
……………………………………………………………… 2. 合萌属 *Aeschynomene* Linnaeus
17 叶为三出复叶，或三出复叶罕见，小枝和叶柄变态为刺状…………………………………… 18
17 叶非三出复叶，为具超过 3 片小叶的羽状复叶……………………………………………… 22
18 叶和花萼通常有腺点…………………………………………………………………………… 19

18 叶和花萼无腺点 ………………………………………………………………………………… 20
19 荚果长圆形，膨胀 ……………………………………………… 10. 猪屎豆属 *Crotalaria* Linnaeus
19 荚果不膨胀，荚果于种子间有斜横槽 …………………………… 4. 木豆属 *Cajanus* Adanson
20 花柱通常膨大、变扁或旋卷，并常有髯毛；种脐通常具海绵状残留物…………………………
………………………………………………… 15. 大翼豆属 *Macroptilium* (Bentham) Urban
20 花柱通常为圆柱形，无髯毛；种脐通常无海绵状残留物 ………………………………… 21
21 花通常倒置；旗瓣被毛 ……………………………………………… 6. 距瓣豆属 *Centrosema* Bentham
21 花通常不倒置；旗瓣无毛 ………………………………………… 5. 毛蔓豆属 *Calopogonium* Desvaux
22 偶数羽状复叶 ……………………………………………………………… 21. 田菁属 *Sesbania* Scopoli
22 奇数羽状复叶 ………………………………………………………………………………… 23
23 灌木、亚灌木或草本 ………………………………………… 23. 灰毛豆属 *Tephrosia* Persoon
23 乔木或藤本 ……………………………………………………………………………………… 24
24 缠绕草质藤本；荚果条形或长圆形 ………………………………… 8. 蝶豆属 *Clitoria* Linnaeus
24 乔木；荚果扁平 …………………………………………………………… 19. 刺槐属 *Robinia* Linnaeus

1. 金合欢属 *Acacia* Miller

乔木、灌木或攀缘木质藤本，有刺或无刺。二回羽状复叶；托叶刺状或不明显，稀为纸质或膜质；每对羽片具多对小叶，或退化，叶柄变为叶片状，总叶柄及叶轴上通常有腺体。花小，辐射对称，多数，两性或杂性，3～5 基数，约 40 朵。花序为穗状花序或头状花序，腋生或顶生；总花梗上有总苞片；花萼通常呈钟状，具镊合状排列的裂齿；花瓣分离或于基部合生，镊合状排列，黄色或罕为白色；花有雄蕊多数，通常 50 枚以上，花丝分离或稀仅基部合生；子房无柄或有柄，胚珠多颗，花柱呈丝状，柱头呈头状。荚果长圆形或带形，直或弯曲至卷曲，多数扁平，少有膨胀，成熟时开裂为 2 瓣或不开裂；种子扁平，种皮硬而光滑（吴德邻，1988；Wu & Nielsen, 2010）。

该属约有 1 075 种，广布于全世界的热带、亚热带至温带地区，以大洋洲及非洲的种类最为丰富；我国约有 18 种（包括引种栽培的种类）（Wu & Nielsen, 2010），外来入侵种有 2 种。

金合欢［*Acacia farnesiana* (Linnaeus) Willdenow］曾于 1645 年作为观赏植物由荷兰人引入我国台湾地区（李振宇和解焱，2002）；我国较早期的标本有 1920 年 1 月 22 日采自海南省的标本（W. Y. Chun 776; N128078009）、1922 年 9 月 3 日采自福建省厦门市厦门大学附近的标本（钟心煊 5788；AU 006037）、1928 年 3 月 19 日采自广东省某地的标本（W. Y. Chun 4892; PE00321121）和 1932 年 10 月 3 日采自四川省会理县的标本（俞德俊 1629；IBSC0159023）等。在我国，金合欢大多作为房前屋后的观赏树种或行道树有意种植。本项目组成员对全国各地区进行了调查，未在野外采集到本种植物标本，这说明金合欢尚未对我国的经济发展或生态环境造成危害，故本书暂不将其列为入侵植物。

线叶金合欢（*Acacia decurrens* Willdenow），《中国植物志》（吴德邻，1988）记载在广东，线叶金合欢作为园林观赏植物被引种栽培；我国较早期的标本有 1924 年 5 月 2 日采自福建省福州市内一座花园的标本（H. H. Chung 2687; AU055093）、1941 年 4 月采自湖南省衡阳市的标本（赵子孝 719，NF2007822）、1951 年 4 月 9 日采自广东省广州市石牌中大森林苗圃的标本（陈少卿 7188；PE00327265）、1955 年采自海南省的标本（海南工作队 00880；PE00327266）、1956 年 5 月 13 日采自广西壮族自治区钦州市浦北县的标本（中科院合浦调查队 2086；IBSC0158967）等。近 20 年来，仅查阅到了一份标本，即 2016 年 1 月 7 日采自云南省广南县五珠乡黑羊山的标本（广南队 5326270523；IMDY0027428）。本项目组成员对全国各地区进行了调查，经数据汇总结果显示未在野外采集到线叶金合欢逸生的凭证标本，说明线叶金合欢并未对我国的经济或生态环境造成危害，没有入侵性，故本书不将其列为入侵植物。

海滨合欢（*Acacia spinosa* E. Meyer），《中国入侵植物名录》（马金双，2013）和《中国外来入侵植物名录》（马金双和李惠茹，2018）将其入侵等级划分为 5 级，即有待观察类。目前仅查阅到一份采自我国的标本，即 2006 年 10 月 19 日采自云南省勐腊县勐仑镇中国科学院西双版纳热带植物园的标本（普华琼 C250002；HITBC0021338）。我国没有更多关于该种的文献资料和深入考证的报道。本项目组成员对全国各地区进行了调查，经数据汇总结果显示未在野外采集到海滨合欢逸生的凭证标本，说明其并未对我国的经济或生态环境造成危害，没有入侵性，故本书不将其列为入侵植物。

参考文献

李振宇，解焱，2002. 中国外来入侵种［M］. 北京：中国林业出版社：116.
马金双，2013. 中国入侵植物名录［M］. 北京：高等教育出版社：62.
马金双，李惠茹，2018. 中国外来入侵植物名录［M］. 北京：高等教育出版社：39.
吴德邻，1988. 金合欢属［M］// 中国科学院中国植物志编辑委员会 . 中国植物志：第 39 卷 . 北京：科学出版社：22-37.
Wu D L, Nielsen I C, 2010. Tribe Acacieae[M]//Wu Z Y, Raven P H, Hong D Y. Flora of China: vol. 10. Beijing: Science Press & St. Louis: Missouri Botanical Garden Press: 55-59.

分种检索表

1 嫩枝及叶轴被灰色短柔毛和白霜；叶轴上的腺体位于羽片着生处；线形小叶较细长，长 2.6～3.5 mm，宽 0.4～0.5 mm；荚果宽 7～10 mm，无毛，被白霜 ………………………………………… 1. 银荆 *A. dealbata* Link

1 嫩枝及叶轴无白霜；叶轴上的腺体位于羽片着生之间；条形小叶较宽短，长 2～3 mm，宽 0.8～1 mm；荚果宽 4～5 mm，被短柔毛，无白霜 ………………………………………… 2. 黑荆 *A. mearnsii* De Wildeman

1. **银荆** ***Acacia dealbata*** Link, Enum. Hort. Berol. Alt. 2: 445. 1822.

【别名】 **鱼骨槐、鱼骨松**

【特征描述】 灌木或小乔木，枝无刺，株高可达 15 m；嫩枝及叶轴被灰色短柔毛和白霜。二回羽状复叶，银灰色至淡绿色，嫩叶呈金黄色；叶轴上的腺体位于羽片着生处；

羽片 10～25 对；线形小叶 26～46 对，较细长，长 2.6～3.5 mm，宽 0.4～0.5 mm，下面或两面密被短柔毛，间距小于小叶的宽度。头状花序直径 6～7 mm，呈总状或顶生圆锥花序排列，总花梗长约 3 mm；花淡黄或橙黄色。荚果长圆形，长 3～8 cm，宽 7～10 mm，扁平，无毛，被白霜，红棕色或黑色；种子扁平，种皮硬而光滑（吴德邻，1988；Wu & Nielsen, 2010）。**染色体**：$2n$=26、52（Blakesley et al., 2002）。**物候期**：花期 4 月，果期 7—8 月。

【原产地及分布现状】 该种原产于澳大利亚，现广泛分布于世界各热带地区。**国内分布**：重庆、福建、广东、广西、贵州、湖南、江苏、江西、上海、四川、台湾、云南、浙江。

【生境】 河边、荒地、公路沿线、铁路沿线、林缘。

【传入与扩散】 **文献记载**：1964 年，该种作为薪炭林优良树种引进到云南省昆明市种植，现扩散蔓延，入侵能力中等，对当地生态系统尚未构成严重危害（陈有义，1982；张茂钦 等，1983；付增娟，2005）。**标本信息**：采自澳大利亚且目前馆藏于悉尼新南威尔士国家标本馆（National Herbarium of New South Wales）的 Sieber 446（NSW931352，NSW931353）被疑为本种的模式标本。我国较早期的标本有 1946 年 2 月 10 日采自云南省的标本（刘慎谔 15048；IBSC0158955）、1951 年 4 月 8 日采自广东省广州市石牌中大森林苗圃的标本（陈少卿 7188；IBK00067591）、1955 年 12 月采自海南省东方县尖峰岭的标本（海南东队 00473；CDBI0055478）、1958 年 3 月采自广西壮族自治区的标本（Anonymous s.n.; IBSC0158950）、1961 年 6 月采自贵州省贵阳市的标本（蓝开敏 73；GZAC0019384）等。**传入方式**：作为薪炭林树种引进种植。**传播途径**：人为引进栽培、栽培后遗弃、动物通过种子传播。**繁殖方式**：营养繁殖、种子繁殖、根蘖繁殖。**入侵特点**：① 繁殖性　种子萌发力很强，单株结实量为 249 513 粒（付增娟，2005）；枝条和根的分蘖能力强，可通过广泛伸展的根蘖进行更新。② 传播性　动物传播种子，根蘖广泛伸展。③ 适应性　人类活动如土壤扰动和严重的火灾有助于银荆的传播，因为它具有包括对变化的土壤条件的耐受性、利用扰动环境的能力、表型可塑性、营养繁殖、耐火性和化感作用等的生物属性（Lorenzo et al., 2010a）。多生于阳光充足、土壤疏松肥沃的地方，耐贫瘠、耐高温、耐干旱，通常入侵河道，破坏当地植被；旧公路边及人为干扰活动多的地方极易形成优势群落，严重影响当地生物的多样性（Fuentes-Ramirez et al., 2011）。**可能扩散的区域：**所栽培的地区。

【危害及防控】 该种含有毒单宁酸，动物误食可致死；银荆已在原产地以外的西班牙、伊比利亚半岛（González-Muñoz et al., 2012）、南非和津巴布韦等地形成入侵，其中在西班牙被列为 3 级入侵种，改变了西班牙不同的原生生态系统结构，并威胁着当地的生物多样性（Lorenzo et al., 2010b）。严格限制引种和栽培后随便遗弃。加强管理和监控，危害面积较小时，可以在结实前手工拔除以达到防控目的。

【凭证标本】 贵州省毕节市赫章县前河河边，海拔 1 565 m，27.116 4°N，104.711 9°E，2016 年 4 月 30 日，马海英、王曌、杨金磊 RQXN05093（CSH）；浙江省宁波市余姚市陆埠镇王家村，海拔 6 m，29.984 7°N，121.261 7°E，2014 年 11 月 1 日，严靖、闫小玲、王樟华、李惠茹 RQHD01208（CSH）。

银荆（*Acacia dealbata* Link）

1. 生境；2. 羽状复叶；3. 花序；4. 花；5. 果

参考文献

陈有义，1982. 银荆树和绿荆树［J］. 热带作物译丛（6）：72.
付增娟，2005. 黑荆和银荆的生物入侵研究［D］. 北京：中国林业科学研究院.
吴德邻，1988. 金合欢属［M］// 中国科学院中国植物志编辑委员会. 中国植物志：第 39 卷. 北京：科学出版社：22-37.
张茂钦，张瑾扬，李达孝，等，1983. 薪炭林的优良树种：圣诞树［J］. 云南林业科技（2）：18-19.
Blakesley D, Allen A, Pellny T K, et al., 2002. Natural and induced polyploidy in *Acacia dealbata* Link and *Acacia mangium* Willd[J]. Annals of Botany, 90: 391–398.
Fuentes-Ramirez A, Pauchard A, Cavieres L A, et al., 2011. Survival and growth of *Acacia dealbata* vs. native trees across an invasion front in south-central Chile[J]. Forest Ecology and Management, 261(6): 1003–1009.
González-Muñoz N, Costa-Tenorio M, Espigares T, 2012. Invasion of alien *Acacia dealbata* on Spanish *Quercus robur* forests: Impact on soils and vegetation[J]. Forest Ecology and Management, 269(2): 214–221.
Lorenzo P, González L, Reigosa M J, 2010a. The genus *Acacia* as invader: the characteristic case of *Acacia dealbata* Link in Europe[J]. Annals of Forest Science, 67(1): 101.
Lorenzo P, Rodríguez-Echeverría S, González L, et al., 2010b. Effect of invasive *Acacia dealbata* Link on soil microorganisms as determined by PCR-DGGE[J]. Applied Soil Ecology, 44(3): 245–251.
Wu D L, Nielsen I C, 2010. Tribe Acacieae[M]//Wu Z Y, Raven P H, Hong D Y. Flora of China: vol. 10. Beijing: Science Press & St. Louis: Missouri Botanical Garden Press: 55–59.

2. **黑荆** ***Acacia mearnsii*** De Wildeman, Pl. Bequaert. 3: 62. 1925.

【别名】 **栲皮树、黑儿茶**

【特征描述】 乔木，高可达 15 m；树皮老时粗糙，具裂纹，内皮为红色；小枝有棱，密被灰白色短柔毛。二回偶数羽状复叶，长 2～7 cm，嫩时被金黄色短柔毛，老时被灰色短柔毛；羽片 8～20 对，每对羽片着生处之间和叶轴均具有腺体；条形小叶较宽短，30～40 对，长 2～3 mm，宽 0.8～1 mm，排列紧密。嫩叶及叶轴无白霜。头状花序圆球形，或在枝顶排成圆锥花序，在叶腋则排成总状花序；花序轴被黄色稠密的短柔毛。花为淡黄或白色。荚果长圆形，长 5～10 mm，宽 4～5 mm，被短柔毛，无白霜，扁平，于种子间略收窄；种子卵圆形，黑色有光泽（吴德邻，1988；Wu & Nielsen, 2010；丁炳扬和胡仁勇，2011）。**染色体：**$2n$=26、52（Beck et al., 2003; Bukhari, 1997）。**物候期：**花期 12 月至翌年 8 月，果期 5—10 月。

【原产地及分布现状】 该种原产于澳大利亚，现广泛分布于世界各热带地区。**国内分布：**重庆、福建、广东、广西、贵州、海南、湖北、湖南、江西、四川、台湾、云南、浙江。

【生境】 喜光，喜温暖湿润，耐旱，多生于土壤肥沃、疏松的地方，常栽培在园林绿地，也见于山坡、河流、路旁、宅边。

【传入与扩散】 **文献记载：**20 世纪 50—60 年代，该种作为栲胶树种被引入浙江省（李义澧，1968）；《广州植物志》（侯宽昭，1956）收录该种；20 世纪 80 年代，在国家林业局① 的支持下，在温州市引种并建立了大面积的黑荆专用林基地（潘孝正，2004）。**标本信息：**后选模式标本于 1909 年 9 月采自非洲肯尼亚锡卡（Thika）附近，现保存于比利时国家植物园标本馆（Edgar A. Mearns 1092; BR）。我国较早期的标本有 1951 年 4 月 9 日采自广东省广州市石牌中山大学植物研究所标本园的标本（陈少卿 7188；IBSC0159117）、1955 年 6 月 17 日采自广西壮族自治区龙津县大青山垦殖场苗圃的标本（宁建和 5079；IBSC0159129）、1956 年 10 月 19 日采自海南省万宁市兴隆华侨农场苗圃内的标本（张海道 A713；IBSC0159124）、1956 年 2 月 21 日采自四川省的标本（陈俊华 s.n.; SM707200056）。**传入方式：**该种为有意引入，作为造林树、观赏树、行道树被引进华南，逸生成为野生。**传播途径：**结实量大，人为栽培传播；种子主要以豆荚的吸胀和失水能力，靠重力和风力等方式传播（付增娟 等，2006）。**繁殖方式：**种子繁殖

① 现为国家林业和草原局。

（广东省湛江专署林业局，1968）；火烧会促进其种子萌发及根部萌发（丁炳杨和胡仁勇，2011）。**入侵特点**：① 繁殖性 种子具有寿命长、不透水性等特点，在土壤中易形成巨大的种子库（Pieterse et al., 1997）；以种子繁殖为主，繁殖体数量大、成活率高（付增娟 等，2006）。② 传播性 随人们栽培而扩散，局部入侵到自然环境。③ 适应性 多生于阳光充足、土壤疏松、肥沃的地方，同时具有较强的耐旱性（Crous et al., 2012）。**可能扩散的区域**：热带及亚热带地区。

【危害及防控】 本种在南非已形成严重入侵，南非西南部河岸上随处可见（Crous et al., 2012）；在其入侵的区域可能通过化感作用抑制林下植物种子的萌发，使得当地生态系统与生物多样性受到巨大影响（周伟佳 等，2011）。在温州市，本种风险程度中等，要加以一定程度的监控管理（冯幼义 等，2010；潘孝正，2004）。在可能扩散的区域，本种应限制引种，避免在植被较好的区域引种和栽培后随便遗弃；在栽培环境下，行道树、观赏树应特别注意清理种子，避免侵入自然环境；自然环境发现逸生应及时清除。此外，由于黑荆为强阳性树种，因此可以通过增加群落郁闭度控制种群增长（丁炳杨和胡仁勇，2011）。

【凭证标本】 江西省赣州市章贡区火车站南，2015 年 10 月 22 日，曾宪锋 RQHN07557（CSH）；浙江省温州市洞头县仙叠岩附近，海拔 55 m，27.823 7°N，121.162 4°E，2014 年 10 月 14 日，严靖、闫小玲、王樟华、李惠茹 RQHD01436（CSH）。

黑荆（*Acacia mearnsii* De Wildeman）

1. 生境；2. 羽状复叶；3. 花序；4. 花；5. 果

参考文献

丁炳扬，胡仁勇，2011. 温州外来入侵植物及其研究［M］. 杭州：浙江科学技术出版社：84.

付增娟，张川红，郑勇奇，等，2006. 黑荆和银荆的繁殖扩散与入侵潜力［J］. 林业科学，42（10）：48–53.

冯幼义，董晓慧，胡仁勇，等，2010. 温州外来入侵植物风险评价体系研究：以黑荆为例［J］. 植物资源与环境学报，19（3）：79–84.

广东省湛江专署林业局，1968. 提高黑荆树种子发芽率的新方法［J］. 林业实用技术（4）：3.

侯宽昭，1956. 广州植物志［M］. 北京：科学出版社.

李义澧，1968. 速生的引进树种：黑荆树［J］. 林业实用技术（4）：2.

潘孝正，2004. 温州市林业志［M］. 北京：中华书局：206.

吴德邻，1988. 金合欢属［M］// 中国科学院中国植物志编辑委员会. 中国植物志：第 39 卷. 北京：科学出版社：22–37.

周伟佳，吴颖胤，郑思思，等，2011. 黑荆（*Acacia mearnsii*）对几种林下植物种子萌发的化感作用［J］. 植物研究，31（2）：235–240.

Beck S L, Dunlop R W, Fossey A, 2003. Stomatal length and frequency as a measure of ploidy level in black wattle, *Acacia mearnsii* (de Wild)[J]. Botanical Journal of the Linnean Society, 141(2): 177–181.

Bukhari Y M, 1997. Cytoevolution of taxa in *Acacia* and *Prosopis* (Mimosaceae)[J]. Australian Journal of Botany, 45: 879–891.

Crous C J, Jacobs S M, Esler K J, 2012. Drought-tolerance of an invasive alien tree, *Acacia mearnsii* and two native competitors in fynbos riparian ecotones[J]. Biological Invasions, 14(3): 619–631.

Pieterse P J, Boucher C, 1997. Is burning a standing population of invasive legumes a viable control method? Effects of a wildfire on an *Acacia mearnsii* population[J]. The South African Forestry Journal, 180(1): 15–21.

Wu D L, Nielsen I C, 2010. Tribe Acacieae[M]//Wu Z Y, Raven P H, Hong D Y. Flora of China: vol. 10. Beijing: Science Press & St. Louis: Missouri Botanical Garden Press: 55–59.

2. 合萌属 *Aeschynomene* Linnaeus

草本或小灌木，植株不被丁字毛。茎直立或匍匐，枝端向上。叶为一回羽状复叶，叶全缘，无锯齿，有托叶；托叶呈盾状着生，不与叶柄合生，基部下延呈耳状，早落；小叶多对，密生，易闭合；小托叶通常无；叶轴顶端无卷须或小尖头。总状花序腋生，具数朵小花；苞片呈托叶状，成对，与卵状披针形小苞片均宿存，边缘有小齿；花萼膜质，二唇形，上唇2裂，下唇3裂，或两唇顶端均全缘；花明显两侧对称，花瓣呈覆瓦状排列，花冠早落；近轴的1枚花瓣（旗瓣）位于相邻两侧花瓣之外，且大，圆形，具瓣柄；翼瓣无耳；远轴的2枚花瓣（龙骨瓣）基部沿连接处合生呈龙骨状，龙骨瓣弯曲而略有喙；雄蕊二体（5+5），每5枚花丝下部合生，花药同型，肾形，基生；子房具柄，线形，有胚珠多颗，花柱呈丝状，向内弯曲，柱头顶生。荚果扁平，具荚节4～8个，每荚节有1粒种子（黄德爱，1995；Sa & Salina, 2010）。

该属约有150种，分布于全世界的热带和亚热带地区（Sa & Salina, 2010）。我国有1种，外来入侵种有1种。

敏感合萌 *Aeschynomene americana* Linnaeus, Sp. Pl. 2: 713. 1753.

【别名】 **美洲决明、美洲合萌**

【特征描述】 一年生或短期内多年生草本或灌木状草本。茎直立，高可达2 m；多分枝，向上，除花冠外全株被腺毛，表面有黏性分泌物。托叶膜质，卵形至披针形，基部耳形，早落；羽状复叶，具易闭合的小叶30～40对；小叶线状长圆形，长8～10 mm，宽2～4 mm，纸质，基部偏斜，先端钝，有短尖，边缘常略带红色且密被腺毛，主脉2～4条。小花数朵排列呈腋生的总状花序。花橙红至黄色，花冠上具数条深色线。荚果长圆形，草本至革质，略弯曲扁压，于种子间收窄成荚节，具荚节4～7个，每荚节有1粒种子，成熟后易逐节脱落为单荚果；种子棕色，肾形（Sa & Salina, 2010）。**染色体**：$2n=20$（Bairiganjan & Patnaik, 1989; Kumar & Kuriachan, 1990）。**物候期**：花期6—10月，果期8—11月。

【原产地及分布现状】 该种原产于美洲热带地区，现归化于非洲及东南亚地区。**国内分布**：澳门、广东、广西、海南、湖北、台湾。

【生境】 路边、草地。

【传入与扩散】 **文献记载：** 1987 年，该种作为牧草由广西壮族自治区畜牧研究所从美国佛罗里达州引进（赖志强，1995）。**标本信息：** 该种的模式标本采自牙买加，现保存于英国自然历史博物馆（BM001046258，BM000589674）和荷兰国家标本馆（L0052920）。我国较早期的标本有 1925 年 9 月采自中国的标本（H. Kan 36; N128078583）、1961 年 11 月 21 日采自广东省广州市华南植物研究所苗圃附近的标本（邓良 9867; IBSC 0163087）。**传入方式：** 该种为有意引入，作为牧草被引进华南地区，逸生成为野生。**传播途径：** 种子产量较高，一般年均产量为 540 kg/hm^2（袁福锦 等，2005），人为栽培传播；种子主要靠重力和风力等方式传播。**繁殖方式：** 种子繁殖；对种子进行脱皮和划痕处理，可使发芽率提高到 78%（Hanna et al., 1973）。**入侵特点：** ① 繁殖性　种子易繁殖。② 传播性　随人们栽培而扩散，局部入侵到自然环境。③ 适应性　多生于阳光充足、土壤疏松肥沃的地方。**可能扩散的区域：** 热带及亚热带地区。

【危害及防控】 该种在印度已经形成入侵（Reddy & Raju, 2009）。可在疏于管理的园林疏林草地上形成单种优势群落，暂未对当地植物形成大面积危害。综上所述，该种应及时拔除以达到防控目的。

【凭证标本】 广东省珠海市横琴新区横琴岛，海拔 7 m，22.151 2°N，113.531 8°E，2014 年 10 月 21 日，王瑞江 RQHN00683（CSH）；广东省揭阳市揭东县白马镇，23.624 9°N，116.175 5°E，2014 年 11 月 19 日，曾宪锋 RQHN06693（CSH）；广东省湛江市赤坎区岭南师范学院新校区，海拔 20 m，21.268 9°N，110.339 0°E，2015 年 7 月 6 日，王发国、李西贝阳、李仕裕 RQHN02944（CSH）。

敏感合萌（*Aeschynomene americana* Linnaeus）

1. 生境；2. 植株的一部分；3. 花；4. 果荚

参考文献

黄德爱，1995. 合萌属［M］// 中国科学院中国植物志编辑委员会 . 中国植物志：第 41 卷 . 北京：科学出版社：350-351.

赖志强，1995. 美国合萌的特征特性与栽培利用［J］. 广西农业学报，26（5）：233-234.

袁福锦，奎嘉祥，谢有标，2005. 南亚热带湿热地区引进豆科牧草的适应性及评价［J］. 四川草原（10）：9-12.

Bairiganjan G C, Patnaik S N, 1989. Chromosomal evolution in Fabaceae[J]. Cytologia, 54(1): 51–64.

Hanna W W, 1973. Effect of seed treatment and planting depth on germination and seedling emergence in *Aeschynomene americana* L.[J]. Crop Science, 13(1): 123–124.

Kumar M G V, Kuriachan P I, 1990. SOCGI plant chromosome number reports: IX[J]. Journal of Cytology and Genetics, 25: 145–147.

Reddy C S, Raju V S, 2009. *Aeschynomene americana* L. and *Mikania micrantha* Kunth-new invasive weeds in flora of Andhra Pradesh, India[J]. Journal of Economic and Taxonomic Botany, 33(3): 540–541.

Sa R, Salinas A D, 2010. Tribe Aeschynomeneae[M]//Wu Z Y, Raven P H, Hong D Y. Flora of China: vol. 10. Beijing: Science Press & St. Louis: Missouri Botanical Garden Press: 131–136.

3. 合欢属 *Albizia* Durazzini

落叶乔木或灌木，稀为藤本，通常无刺，很少托叶退化为刺状。二回羽状复叶，互生；羽片 1 至多对；总叶柄及叶轴上均着生有腺体；小叶对生，多数。花小，辐射对称，同型或两型。两型者中心花大而不孕，5 基数，两性，有梗或无梗，组成头状花序、聚伞花序或穗状花序，再排成腋生或顶生的圆锥花序；花萼呈钟状或漏斗状，具 5 齿或 5 浅裂；花瓣呈镊合状排列，常在中部以下合生，上部具 5 裂片；花有雄蕊多数，常为 20～50 枚，花丝长为花冠的数倍，明显突出于花冠之外，花丝 1/3 以下合生呈管状，花药小，无或有腺体；子房有短柄或无柄，具多颗胚珠，柱头呈头状。荚果呈带状，扁平，果皮薄，种子间无间隔，成熟后不开裂或迟裂；种子圆形或卵形，扁平，无假种皮，种皮厚，具马蹄形痕（吴德邻，1988）。

该属有 120～140 种，产自亚洲、非洲、大洋洲及美洲的热带、亚热带地区（Wu & Nielsen, 2010）。我国有 16 种，包括 2 个栽培种阔荚合欢（*Albizia lebbeck*）及合欢

(*Albizia julibrissin*)，大部分产自西南部、南部及东南部各省区，而阔荚合欢逸生为入侵种。

阔荚合欢 ***Albizia lebbeck*** (Linnaeus) Bentham, London J. Bot. 3: 87. 1844. —— *Mimosa lebbeck* Linnaeus, Sp. Pl. 1: 516. 1753.

【别名】 **大叶合欢**

【特征描述】 落叶乔木，高 5～12 m；分枝伸展而繁茂，嫩枝密被黄色短柔毛，后变粗糙无毛。二回羽状复叶长约 20 cm，除小叶片上面无毛之外，其他各处均被黄色短柔毛，总叶柄近基部处、叶轴上顶生的一对羽片着生处及每一对片着生处的小叶轴上均具腺体，羽片 2～4 对，每一羽片具小叶 4～8 对，中脉略偏于上缘。头状花序圆球形，腋生；花芳香，花冠为黄绿色，漏斗状；雄蕊为白色或淡黄绿色。荚果呈带状，长 15～28 cm，宽 2.5～4.5 cm，扁平，麦秆色带光泽，常宿存于树上经久不落；具 4～12 粒种子，椭圆形，棕色（吴德邻，1988；Wu & Nielsen 2010）。**染色体**：$2n=26$（Bir & Kumari, 1977）。**物候期**：花期 5—9 月，果期 10 月至翌年 5 月。

【原产地及分布现状】 该种原产于非洲热带地区，现归化于世界各热带地区。**国内分布**：澳门、福建、广东、广西、海南、湖北、江苏、台湾、香港、云南、浙江。

【生境】 沿海路旁、庭院、厂区、园林绿地、河边、公路边。

【传入与扩散】 **文献记载**：该种于 1896 年首次引种至台湾地区。1922 年首次在台湾地区采集到该种的标本，现已归化或入侵（Wu et al., 2003）；阔荚合欢可以作为一种热带饲料树种进行开发，在澳大利亚昆士兰该种普遍被用作遮阴树（史元杰，1988）；《广州植物志》（侯宽昭，1956）、《中国高等植物图鉴》（中国科学院植物研究所，1983）均收录该种。**标本信息**：该种模式标本采自埃及（Habitat in Aegypto superior），后选模式（LINN-HL1228.16）现保存于伦敦林奈学会植物标本馆。我国较早期的标本有 1917 年 2 月 2 日采自广东省的标本（Levine s.n.; SYS00079402）、1917 年 2 月 10 日采自广东省广州市的标本（C. O. Levine s.n.; PE01604362）以及 1919 年 10 月 14 日采自云南省大理市的标本（Anonymous 2807; PE00321636）。**传入方式**：作为薪炭林树种引进种植。**传播途径**：人为引进栽培、栽培后遗弃。**繁殖方式**：种子繁殖或组织培养（Gharyal & Maheshwari, 1982）。**入侵特点**：① 繁殖性　种子萌发力很强，每年都生产大量种子，未经处理的种子通常在播种后 5 天开始发芽，发芽期可连续数月（史元杰，1988）。② 传播性　种子靠风力和重力传播。③ 适应性　该种生长迅速，偏阳性，高浓度的 CO_2 有利于幼苗加快生长（陈章和 等，1999），枝繁叶茂，林下不易于地被生长。**可能扩散的区域**：所栽培的地区。

【危害及防控】 该种已在西班牙、墨西哥等国形成严重入侵（Dunphy & Hamrick, 2005; Sánchez-Blanco et al., 2012）。公路边、河岸、荒地等处极易形成优势群落，影响当地生物的多样性。在我国，目前该种的危害还是局部和轻微的，需注意观察和监控。

【凭证标本】 广东省潮州市湘桥区，海拔 10 m，23.568 9°N，116.645 4°E，2014 年 10 月 23 日，曾宪锋 RQHN06546（CSH）；海南省乐东黎族自治县莺歌海沿海，海拔 2 m，18.508 8°N，108.703 2°E，2015 年 12 月 22 日，曾宪锋 RQHN03662（CSH）。

阔荚合欢［*Albizia lebbeck* (Linnaeus) Bentham］

1. 生境；2. 羽状复叶；3. 腺体；4. 花；5. 果

参考文献

陈章和，林丰平，张德明，1999. 高 CO_2 浓度下 4 种豆科乔木种子萌发和幼苗生长［J］. 植物生态学报，23（2）：161–170.

侯宽昭，1956. 广州植物志［M］. 北京：科学出版社 .

史元杰，1988. 热带饲料树种：阔荚合欢的开发潜力［J］. 世界热带农业信息（1）：57–58.

吴德邻，1988. 合欢属［M］// 中国科学院中国植物志编辑委员会 . 中国植物志：第 39 卷 . 北京：科学出版社：55–70.

中国科学院植物研究所，1983. 中国高等植物图鉴：第 2 册［M］. 北京：科学出版社：322.

Bir S S, Kumari S, 1977. Evolutionary status of Leguminosae from Pachmarhi, Central India[J]. Nucleus, 20: 94–98.

Dunphy B K, Hamrick J L, 2005. Gene flow among established Puerto Rican populations of the exotic tree species, *Albizia lebbeck*[J]. Heredity, 94(4): 418–425.

Gharyal P K, Maheshwari S C, 1982. In vitro differentiation of plantlets from tissue cultures of *Albizia lebbeck* L.[J]. Plant Cell, Tissue and Organ Culture, 2(1): 49–53.

Sánchez-Blanco J, Sánchez-Blanco C, Sousa S. M, et al., 2012. Assessing introduced leguminosae in Mexico to identify potentially high-impact invasive species[J]. Acta Botanica Mexicana, 100: 41–77.

Wu D L, Nielsen I C, 2010. Tribe Ingeae[M]//Wu Z Y, Raven P H, Hong D Y. Flora of China: vol. 10. Beijing: Science Press & St. Louis: Missouri Botanical Garden Press: 60–71.

Wu S H, Chaw S M, Rejmanek M, 2003. Naturalized Fabaceae (Leguminosae) species in Taiwan: the first approximation[J]. Botanical Bulletin of Academia Sinica, 44(1): 59–66.

4. 木豆属 *Cajanus* Adanson

直立灌木、亚灌木或藤本，植株不被丁字毛。叶为三出羽状或掌状复叶，小叶全缘，背面有透明腺点，叶缘无锯齿；托叶和小托叶小而早落或缺；小枝和叶柄变态为刺状；叶轴顶端无卷须或小尖头。总状花序腋生或顶生；苞片小或大，早落；无小苞片；花明显两侧对称；花萼呈钟状，通常有腺点，5 齿裂，裂片短，上部 2 枚完全合生或大部分合生；花冠为黄色，宿存或否；花瓣呈覆瓦状排列；近轴的 1 枚花瓣（旗瓣）位于相邻两侧的花瓣之外，旗瓣近圆形，倒卵形或倒卵状椭圆形，大而宽，基部两侧具耳，瓣柄短；翼瓣狭椭圆形至宽椭圆形，具耳和短瓣柄；远轴的2枚花瓣（龙骨瓣）基部沿连接处合生呈龙骨状，龙骨瓣偏斜圆形，先端钝，内弯；雄蕊通常为二体（9+1），对旗瓣的1枚离生；花药同型；子房无柄；胚珠2至多颗；花柱长，呈线状，先端上弯，上部无毛或稍具毛，无须毛，柱头顶生。荚果呈条状长圆形，扁平不膨胀，荚果于种子间有斜横槽，无荚节，开裂或不开裂；种子肾形至近圆形，光亮，有各种颜色或具斑块，侧生种脐长椭圆形，种阜明显或残缺（李树刚和韦裕宗，1995；Sa et al., 2010）。

该属约有30种，主要分布于亚洲热带地区、大洋洲和非洲的马达加斯加（Sa et al., 2010）。我国有7种，产自南部及西南部地区，外来入侵种有1种。

木豆 *Cajanus cajan* (Linnaeus) Huth, Helios 11(8): 133. 1893. —— *Cytisus cajan* Linnaeus, Sp. Pl. 2: 739. 1753.

【别名】 **三叶豆、树豆**

【特征描述】 直立灌木，高1～3 m。多分枝，小枝纵棱明显，被灰白色短柔毛。三出羽状复叶；托叶呈卵状披针形，长2～5 mm，宿存，与叶轴均被短柔毛；叶柄长1～5 cm，上面具浅沟，下面具细纵棱；顶生纸质小叶披针形至椭圆形，长5～10 cm，宽1.5～2.5 cm，侧生小叶稍短，上面疏被短柔毛，下面密被灰白色长短柔毛，有黄色透明腺点，基部楔形，先端渐尖或急尖，常有细突尖。总状花序腋生，与花序轴、花梗、苞片、花萼均被短柔毛；苞片呈卵状椭圆形；花萼呈钟状，裂片三角形或披针形；花冠为黄色，长约为花萼的3倍，旗瓣近圆形，背面有紫褐色纵线纹，基部有附属体及内弯的耳，翼瓣微倒卵形，有短耳，龙骨瓣先端钝，微内弯；雄蕊二体（9+1），对旗瓣的1枚离生，其余9枚合生；子房被毛。荚果呈线状长圆形，长4～7 cm，宽6～11 mm，密被灰白色短柔毛，种子间具斜横槽，具喙；种子3～6粒，近球形，成熟种皮为暗红色，偶见褐色斑点。可食用（李树刚和韦裕宗，1995；Sa et al., 2010）。**染色体**：$2n=22$（Pundir & Singh, 1978）。**物候期**：花、果期2—11月。

【原产地及分布现状】木豆可能原产于亚洲热带地区，现广布于世界各热带地区。**国内分布**：北京、福建、广东、广西、贵州、海南、湖北、湖南、江西、山东、上海、四川、台湾、香港、云南、浙江。

【生境】村旁、路边、田野、平地。

【传入与扩散】**文献记载**：该种于 1909 年引至台湾地区，现在已成为恶性杂草（Wu et al., 2003）；《中国高等植物图鉴》（中国科学院植物研究所，1983）、*Flora of Taiwan*（Huang & Ohasi, 1977）均收录该种。20 世纪 50 年代初，湖南省的资兴市和汝城县有引种栽培。其豆子可食用（邱式邦，1953；廖昇，1958）。**标本信息**：该种模式标本采自斯里兰卡和印度；采自斯里兰卡、现存放于英国自然历史博物馆的两份标本 BM000621275 和 BM000621276 被标记为后选模式。此外，Tropicos 还提到一份无法确定采集地和采集人的标本（BM000594445）被 Westphal 于 1974 年指定为后选模式，但因无法获得相关文献而无法确认。Poston（1980）也将采自印度、现存放于伦敦林奈学会植物标本馆的一份标本作为模式标本（LINN912.4）。我国较早期的标本有 1910 年 1 月 9 日采自广东省的标本（Shiu Ying Hu 9367; PE00182660）、1913 年 2 月采自云南省的标本（G. Forrest 9597; PE00182705）、1915 年 5 月 22 日采自云南省大理市的标本（DR. Boot Near Boston, Mass 6425; NAS00379812）、1918 年 11 月 20 日采自广东省阳江市的标本（K. K. Tsoong 1419；PEY0017021）。**传入方式**：作为经济作物被引进种植，《泉州本草》有记载（马金双，2014）。该种可作油料林、饲料林、肥料林、水土保持林、四旁绿化及药用树种。**传播途径**：人为引进栽培、栽培后遗弃。**繁殖方式**：种子繁殖。**入侵特点**：① 繁殖性　种子萌发力很强，一年生苗每株结实量为 1.25 kg，3 年后每株产量为 10 kg 以上（廖昇，1958）。② 传播性　随人工引种传播，种子靠风力和重力传播。③ 适应性　该种生长特别快，一年能长高约 20 cm，当年栽培当年结果，耐干旱、耐瘠薄，但怕霜雪，不能久耐 0℃以下低温。**可能扩散的区域**：全国各地。

【危害及防控】 该种全国各地均有逸生，高速公路边大量种植和扩散，易繁殖扩散。应加强引种和种植管理，公路边应及时清理隔离沟，防止蔓延至自然环境，已经入侵到自然环境的，应在开花结果前及时进行人工拔除，务必注意清理种子。

【凭证标本】 四川省雅安市芦山县飞仙关，海拔 720 m，30.025 0°N，102.897 3°E，2016 年 10 月 26 日，刘正宇、张军等 RQHZ05334（IMC）；福建省南平市松溪县 306 省道旁，海拔 201 m，27.519 3°N，118.767 9°E，2015 年 10 月 2 日，曾宪锋 RQHN07498（CSH）；海南省儋州市三都镇堂柏村，海拔 5 m，19.795 4°N，109.265 5°E，2015 年 12 月 19 日，曾宪锋 RQHN03570（CSH）。

木豆 [*Cajanus cajan* (Linnaeus) Huth]

1. 生境；2. 三出羽状复叶；3. 花冠细部；4. 花萼细部；5. 果

参考文献

李树刚，韦裕宗，1995. 木豆属［M］// 中国科学院中国植物志编辑委员会 . 中国植物志：第 41 卷 . 北京：科学出版社：299-307.

廖昇，1958. 豆子树［J］. 生物学通报（12）：15-16.

马金双，2014. 中国外来入侵植物调研报告：下卷［M］. 北京：高等教育出版社：587.

邱式邦，1953. 为害绿肥豆荚的紫蓝小灰蝶（*Lycaena boetica* L.）［J］. 昆虫学报（4）：181-184.

中国科学院植物研究所，1983. 中国高等植物图鉴：第 2 册［M］. 北京：科学出版社：504.

Huang T C, Ohashi H, 1977. *Cajanus*[M]//Li H L. Flora of Taiwan: vol. 3. Taipei: Editorial Committee of the Flora of Taiwan: 188.

Poston M E, 1980. *Cajanus*. Family 83. Leguminosae, subfamily Papilionoideae[J]. Annals of the Missouri Botanical Garden, 67(3): 555.

Pundir R P S, Singh R B, 1978. In IOPB chromosome number reports LXII[J]. Taxon, 27(5/6): 533–534.

Sa R, Wu D L, Chen D Z, et al., 2010. Tribe Phaseoleae[M]//Wu Z Y, Raven P H, Hong D Y. Flora of China: vol. 10. Beijing: Science Press & St. Louis: Missouri Botanical Garden Press: 196–261.

Wu S H, Chaw S M, Rejmanek M, 2003. Naturalized Fabaceae (Leguminosae) species in Taiwan: the first approximation[J]. Botanical Bulletin of Academia Sinica, 44(1): 59–66.

5. 毛蔓豆属 *Calopogonium* Desvaux

缠绕或平卧草本，植株不被丁字毛。叶全缘，无腺点，为三出羽状复叶，叶缘无锯齿，有托叶或小托叶。叶轴顶端无卷须或小尖头；小枝和叶柄变态为刺状。总状花序腋生；花簇生于花序轴的节上，明显两侧对称，通常不倒置；花梗极短；苞片和小苞片小，脱落；花萼呈钟状或管状，无腺点，5 齿裂，上面 2 裂片多合生，下面 3 裂片离生；花冠为蓝色或紫色，花瓣呈覆瓦状排列，近轴的 1 枚花瓣（旗瓣）位于相邻两侧的花瓣之外，旗瓣倒卵形，无毛，基部有 2 枚内弯的耳，远轴的 2 枚花瓣（龙骨瓣）基部沿连接处合生呈龙骨状，翼瓣狭小，具耳，贴生在钝而稍弯的龙骨瓣上，比龙骨瓣长；雄蕊二体（9+1），对旗瓣的 1 枚离生，其余的合生，花药同型；子房无柄，有胚珠多颗，花柱呈丝状，通常为圆柱形，无髯毛，柱头呈头状，小而顶生。荚果线形或长椭圆形，开裂，无荚节，种子间有横缢纹；种子圆形，稍扁，无种阜；种脐通常无海绵状残留物（张本能，1995）。

该属有5～6种，产于热带北部和亚热带，拉丁美洲和安的列斯群岛（Sa et al., 2010）；我国云南、海南和广西南部引种栽培1种，现已逸生为入侵植物。

毛蔓豆 ***Calopogonium mucunoides*** Desvaux, Ann. Sci. Nat. (Paris). 9: 423. 1826.

【别名】 **拟大豆、马来西亚毛蔓豆**

【特征描述】 多年生缠绕或平卧草本，全株被黄褐色长硬毛。三出羽状复叶具3小叶，叶柄长5～10 cm；托叶呈三角状披针形，长约5 mm；侧生小叶卵形，偏斜，中央小叶呈卵状菱形；小托叶呈锥状。总状花序腋生，长短不一，5～6朵花簇生于花序轴顶端的节上；苞片和小苞片呈线状披针形；萼管近无毛，裂片长于管，密被长硬毛；花冠为淡紫色，翼瓣呈倒卵状长椭圆形，龙骨瓣劲直，耳较短；子房密被长硬毛。荚果呈线状长椭圆形，长2～4 cm，劲直或稍弯，被褐色长刚毛；种子5～6粒（张本能，1995；Sa et al., 2010）。**染色体**：$2n$ =24、36、37（Gill & Husaini, 1986; Lackey, 1980; Shibata, 1962）。**物候期**：花期10月。

【原产地及分布现状】 该种原产于美洲热带地区，现归化于亚洲热带地区及非洲地区。**国内分布**：福建、广东、海南、广西、台湾、云南。

【生境】 路旁、荒地、河岸边。

【传入与扩散】 **文献记载**：该种于1931年引至台湾地区（Wu et al., 2003）；20世纪50年代，广西壮族自治区玉林地区国有农场引种作为园林覆盖作物，藤蔓割作绿肥（韦瑶，1965）；国有南林农场橡胶幼树增粗栽培时提到在边缘田埂上种植毛蔓豆等，使其起到保土固堤的作用，并可防止雨水冲击（于纪元和李淑贤，1958）；《海南植物志》（陈焕镛，1965）收录了该种。**标本信息**：该种发表时原白中说可能的凭证材料采自（法属）圭亚那，目前采自哥伦比亚、保存于西班牙马德里皇家植物园（Real Jardín Botánico）标本馆的Mutis MA-MUT2974标本（MA666241, MA666242, MA666244, MA822557）被认为是原始材料。我国较早期的标本有1925年9月采自国内某地的标本（H.Kan 14; N128079062）、1943年10月17日采自台湾地区台中县州能高郡博里街的标本（Anonymous 1056; PE00182849）、1952年11月6日采自广东省广州市石牌中山大学农学系苗圃的标本（陈少卿 8035；IBSC0173631, PE00182852）、1952年12月20日采自广东省广州市河南康乐中山大学北门附近的标本（陈少卿 8154；IBSC0173632, PE00182851）。**传入方式**：作为园林、橡胶园早期覆盖地面和绿肥植物，人为有意引入栽培。**传播途径**：人为引进栽培后逸为野生。**繁殖方式**：种子繁殖。**入侵特点**：① 繁殖性　种子可自然洒落地面，翌年在原处稍加松土，即可重新长起覆盖地面。② 传播性　随人工引种传播，种子靠风力和重力传播。③ 适应性　该种覆盖的地方基本上不长杂草。**可能扩散的区域**：长江以南各地。

【危害及防控】 该种在尼日利亚入侵为农业恶性杂草（Uyi et al., 2014），在我国目前仍为一般杂草。加强引种和种植管理，限制栽培，若发现逸生，应剪断并清除藤蔓，同时注意清理种子，以此达到防控目的。

【凭证标本】 海南省五指山市番阳镇路牌中海石油加油站附近，海拔182 m，18.873 9°N，109.391 1°E，2017年3月31日，王发国等 RQHN4436（CSH）；海南省儋州市东城镇，海拔44 m，19.672 8°N，109.265 5°E，2015年12月18日，曾宪锋 RQHN03546（CSH）。

毛蔓豆（*Calopogonium mucunoides* Desvaux）

1. 生境；2. 果序及三出羽状复叶；3. 花；4. 荚果

参考文献

陈焕镛，1965. 蝶形花科［M］// 中国科学院华南植物研究所 . 海南植物志：第 2 卷 . 北京：科学出版社：236-329.

韦瑶，1965. 几种坡地绿肥的调查［J］. 广西农业科学（3）：21-23.

于纪元，李淑贤，1958. 保证橡胶平均平增粗 8 公分［J］. 中国农垦（6）：15.

张本能，1995. 毛蔓豆属［M］// 中国科学院中国植物志编辑委员会 . 中国植物志：第 41 卷 . 北京：科学出版社：218.

Gill L S, Husaini S W, 1986. Cytological observations in Leguminosae from southern Nigeria[J]. Willdenowia, 15(2): 521–527.

Lackey J A, 1980. Chromosome numbers in the Phaseoleae (Fabaceae: Faboideae) and their relation to taxonomy[J]. American Journal of Botany, 67(4): 595–602.

Sa R, Wu D L, Chen D Z, et al., 2010. Tribe Phaseoleae[M]//Wu Z Y, Raven P H, Hong D Y. Flora of China: vol. 10. Beijing: Science Press & St. Louis: Missouri Botanical Garden Press: 196–261.

Shibata K, 1962. Estudios citologicos de plantas colombianas silvestres y cultivadas[J]. Journal of Agricultural Science (Tokyo), 8: 49–62.

Uyi O O, Ekhator F, Ikuenobe C E, et al., 2014. *Chromolaena odorata* invasion in Nigeria: a case for coordinated biological control[J]. Management of Biological Invasions, 5(4): 377–393.

Wu S H, Chaw S M, Rejmanek M, 2003. Naturalized Fabaceae (Leguminosae) species in Taiwan: the first approximation[J]. Botanical Bulletin of Academia Sinica, 44(1): 59–66.

6. 距瓣豆属 *Centrosema* Bentham

灌木或草本，匍匐或攀缘，植株不被丁字毛。叶无腺点，叶具柄，全缘，叶缘无锯齿，三出羽状复叶具 3 小叶，稀 5～7 片；托叶全缘，基部着生，宿存且具条纹，具小托叶；小枝和叶柄变态为刺状，叶轴顶端无卷须或小尖头。花明显两侧对称，通常倒置，花单生或 2 至多朵组成腋生的总状花序；苞片形同托叶；小苞片 2 枚，宿存而具条纹，贴生于萼上；花萼呈短钟状，无腺点，5 齿裂，裂片不等大，下部 1 片最长而上部 2 片合生；花冠伸出萼外，有白、紫、红或蓝色；花瓣呈覆瓦状排列，近轴的 1 枚花瓣（旗瓣）位于相邻两侧的花瓣之外，旗瓣阔圆形，开展，背面近基部具短距，有爪，被毛，翼瓣呈镰刀状倒卵形，短于旗瓣，有耳，远轴的 2 枚花瓣（龙骨瓣）基部沿连接处合生呈龙骨状，龙骨瓣最短，内弯；雄蕊二体（9+1），对旗瓣的 1 枚离生，其余的多合生；花药同型；子房无柄，胚珠多颗，花柱通常圆柱形，内弯，无髯毛，柱头顶端围绕着一圈小刚毛。荚果线形，扁平，无荚节，无柄，果瓣里面种子间有假隔膜，果瓣近背腹两缝线均凸起成脊；种子长椭圆形，无种阜，种脐小（韦裕宗，1995），通常无海绵状残留物。

该属约有 45 种，分布于美洲（Sa et al., 2010）。我国引种栽培 1 种，现已形成入侵。

距瓣豆 ***Centrosema pubescens*** Bentham, Comm. Legum. Gen. 55. 1837.

【别名】 **蝴蝶豆、山珠豆**

【特征描述】 多年生草质藤本。全株除花冠外均被柔毛，茎纤细，分枝少。三出羽状复叶具 3 小叶；托叶卵形至卵状披针形，长 2～3 mm，具纵纹，宿存；小叶薄纸质，顶生小叶椭圆形、长圆形或近卵形，长 4～7 cm，宽 2.5～5 cm，顶端急尖，基部圆钝，侧生小叶略小，稍偏斜；小托叶小，线形。总状花序腋生，有花 3～4 朵；苞片和小苞片均为卵形；萼筒长约 3 mm，上部 2 枚裂齿急尖，侧边 2 枚裂齿披针形，长均约 3 mm，下部 1 枚线形，长约 6.5 mm；花冠为淡紫红色，长 2～3 cm，旗瓣背面密被柔毛，近基部具一短距，翼瓣呈镰状倒卵形，一侧具下弯的耳，龙骨瓣宽而内弯，近半圆形，各瓣具短瓣柄；雄蕊二体。荚果线形，长 7～13 cm，宽约 5 mm，扁平，先端渐尖，具喙，喙长 12～15 mm，果瓣近背腹两缝线均凸起呈脊状；具 7～15 粒种子（韦裕宗，1995；Sa et al., 2010）。**染色体：**2*n*=18、20、22（Battistin & Vargas, 1989; 陈忠毅 等，1991; Kappali & Patil, 1987; Novaes & Penteado, 1993）。**物候期：**花期 11 月至翌年 4 月，果期 6—7 月。

【原产地及分布现状】 该种原产于美洲热带地区，现归化于加勒比海地区、东南亚。**国内分布：**广东、海南、河南、江苏、台湾、香港、云南。

【生境】 林缘灌丛、围墙篱笆上。

【传入与扩散】 **文献记载**：该种引入东南亚已久，1949 年以前从南洋引入我国海南省当饲料及绿肥覆盖物栽培；20 世纪 50 年代，广西壮族自治区玉林地区各国有农场引种作为绿肥，与毛蔓豆混播，藤蔓割作绿肥（韦瑶，1965）；1962 年引入台湾地区作为绿肥（Wu et al., 2003）；《海南植物志》（陈焕镛，1965）收录了该种；1983 年作为牧草由云南省肉牛和牧草研究中心从澳大利亚引进（黄梅芬 等，2008）。**标本信息**：本种的模式标本（F. W. Keerl s.n.）采自墨西哥，现存放于比利时国家植物园标本馆（BR0000005118410）。我国较早期的标本有 1925 年 9 月采自中国的标本（H. Kan 34; N128079236）、1954 年 4 月 2 日采自海南省尖峰岭山脚下的标本（K. S. Chow 78807; PE00100608）、1954 年 12 月 3 日采自广东省徐闻县垦殖所试验站栽培引种覆盖植物的标本（南路 00865；IBSC0163817）（徐闻队 865；PE00100606）。**传入方式**：作为饲料、绿肥覆盖植物，人为有意引入栽培。**传播途径**：人为引进栽培后逸为野生。**繁殖方式**：种子繁殖或组织培养（黄碧兰 等，2007）。**入侵特点**：① 繁殖性　种子可自然洒落地面，翌年在原处稍加松土，即可重新长起覆盖地面（韦瑶，1965）；经过酸处理和机械破皮处理的种子在一周内露出胚根的达 90% 以上。② 传播性　随人工引种传播，种子靠风力和重力传播。③ 适应性　抗旱能力强但不耐贫瘠、耐寒能力差。**可能扩散的区域**：华东、华南、西南地区。

【危害及防控】 海南省轻微危害，其他省份暂无危害。对于逸为野生的植株需进行人工拔除。

【凭证标本】 海南省儋州市东城镇，海拔 44 m，19.672 6°N，109.476 4°E，2015 年 12 月 18 日，曾宪锋 RQHN03532（CSH）；海南省儋州市低崖壁村附近农田，海拔 13 m，109.410 9°E，19.728 2°N，2017 年 3 月 28 日，王发国等 RQHN4306（IBSC）。

距瓣豆（*Centrosema pubescens* Bentham）

1. 生境；2. 植株的一部分；3. 花冠；4. 荚果

参考文献

陈焕镛，1965. 蝶形花科［M］// 中国科学院华南植物研究所 . 海南植物志：第 2 卷 . 北京：科学出版社：236-329.

陈忠毅，陈德昭，黄向旭，1991. 国产豆科植物的染色体计数［M］// 中国科学院华南植物研究所 . 中国科学院华南植物研究所集刊：第七集 . 北京：科学出版社：26-29.

黄碧兰，徐立，李志英，等，2007. 蝴蝶豆的组织培养［J］. 植物生理学通讯，43（2）：314.

黄梅芬，和占星，奎嘉祥，等，2008. 云南湿热地区优良牧草距瓣豆的磷、钾营养［J］. 植物营养与肥料学报，14（5）：994-1000.

韦裕宗，1995. 距瓣豆属［M］// 中国科学院中国植物志编辑委员会 . 中国植物志：第 41 卷 . 北京：科学出版社：260-261.

韦瑶，1965. 几种坡地绿肥的调查［J］. 广西农业科学（3）：21-23.

Battistin A, Vargas M G, 1989. A cytogenetic study of seven species of *Centrosema* (DC.) Benth. (Leguminosae-Papilionoideae)[J]. Revista Brasileira De Genetica, 12(2): 319–329.

Kappali S A, Patil B C, 1987. In chromosome number reports XCV[J]. Taxon, 36(2): 493.

Novaes I M, Penteado M I de O, 1993. Chromosomic observations in *Centrosema*[J]. Revista Brasileira De Genetica, 16(2): 441–447.

Sa R, Wu D L, Chen D Z, et al., 2010. Tribe Phaseoleae[M]//Wu Z Y, Raven P H, Hong D Y. Flora of China: vol. 10. Beijing: Science Press & St. Louis: Missouri Botanical Garden Press: 196–261.

Wu S H, Chaw S M, Rejmanek M, 2003. Naturalized Fabaceae (Leguminosae) species in Taiwan: the first approximation[J]. Botanical Bulletin of Academia Sinica, 44(1): 59–66.

7. 山扁豆属 *Chamaecrista* Moench

草本或亚灌木状草本，稀小乔木。羽状复叶；小叶对生；叶柄和叶轴上通常有圆盘状或杯状腺体。花为黄色或红色，具小苞片。萼片 5 片。花瓣 5 片，大小不等，两侧对称，呈覆瓦状排列，近轴的 1 枚花瓣（旗瓣）位于相邻两侧的花瓣（翼瓣）之内。雄蕊 10 枚，通常分离；雌蕊 5 枚，花丝挺直，花药囊沿线缝处有纤毛，最终沿线缝或间隙裂开。荚果显著开裂，2 裂片旋卷，种子通过盘绕的豆荚裂片弹开而脱落；种子光滑或外种皮有麻点（Chen et al., 2010）。

本属约有 270 种，大部分原产于美洲（约 240 种），仅有少量（约 30 种）产于亚洲热带地区（Chen et al., 2010）。我国有 4 种（Wang et al., 2014），外来入侵种有 1 种。

山扁豆 ***Chamaecrista mimosoides*** (Linnaeus) Greene, Pittonia. 4: 27. 1897. —— *Cassia mimosoides* Linnaeus, Sp. Pl. 1: 379. 1753.

【别名】 **含羞草决明、夜合草、假含羞草**

【特征描述】 一年生或多年生亚灌木状草本，基部木质，高 30～60 cm 或更高；枝条纤细，被微柔毛。偶数羽状复叶，叶长 4～8 cm，在最下一对小叶的下方的叶柄上端有圆盘状腺体 1 枚，腺体无柄；小叶 20～50 对，呈线状镰形，长 3～4 mm，宽约 1 mm，顶端短急尖，两侧不对称，中脉靠近叶的上缘，干时为红褐色；托叶呈线状锥形，长 4～7 mm，有明显肋条，宿存。花序腋生，1 或数朵聚生不等，总花梗顶端有 2 枚小苞片，长约 3 mm；花萼长 6～8 mm，顶端急尖，外被疏柔毛；花瓣为黄色，不等大，具短柄，略长于萼片；雄蕊 10 枚，5 长 5 短相间而生。荚果镰形，扁平，被分散的伏贴毛，长 3～6 cm；种子 10～16 粒（陈邦余，1988；Chen et al., 2010）。**染色体**：$2n=16$（Bir & Kumari, 1982）。**物候期**：花、果期通常在 8—10 月。

【原产地及分布现状】 该种原产于美洲热带地区，现归化于非洲马达加斯加、亚洲中国。**国内分布**：安徽、澳门、北京、重庆、福建、广东、广西、贵州、海南、河北、湖北、湖南、江苏、江西、陕西、山东、四川、台湾、天津、香港、云南、浙江。

【生境】 路边、果园、苗圃、山坡、林缘、草地、荒地上。

【传入与扩散】 **文献记载**：明代的《救荒本草》对该种有记载；20 世纪中期将其作为药用植物引入（姚一麟和徐晔春，2013）。**标本信息**：该种的模式标本由 Paul Hermann 采自斯里兰卡，标本现存放于英国自然历史博物馆（BM000621544, BM000621545, BM000621546, BM000621769）。我国较早期的标本有 1882 年 9 月

1 日采自云南省鹤庆县大坪子的标本（J.M.Delavay 501; KUN1206645）、1901 年 7 月 6 日采自北京市天坛的标本（Anonymous 2237; PE00325392）、1908 年采自云南省的标本（Anonymous 2237; PE00325429）、1910 年采自安徽省的标本（Courtois 2111; NAS00380740）（Anonymous 2680; NAS00380746）、1910 年采自湖北省的标本（Courtois 2392; NAS00380739）、1910 年采自海南省的标本（Lei C.I. s.n.; NAS00380735）、1917 年 1 月 5 日采自海南省的标本（Levine s.n.; PE01603539）及 1917 年 7 月 5 日采自广东省博罗县罗浮山的标本（C. O. Levine s.n.; PE01603538）。**传入方式**：有意引入，作为药用植物引进华南（姚一麟、徐晔春，2013），也作为绿肥种植，逸生成为野生。**传播途径**：结实量大，种子生产较易，人为栽培传播或自行繁衍；种子主要靠重力和风力等方式传播。**繁殖方式**：种子繁殖或根茎营养繁殖。**入侵特点**：① 繁殖性　种子易繁殖。② 传播性　随人们栽培而扩散，局部入侵到自然环境。③ 适应性　生长速度极快，气候适应性广，耐旱又耐贫瘠。**可能扩散的区域**：热带、亚热带及暖温带地区。

【危害及防控】 该种成片大量生长，华南地区危害较严重。可以进行人工、机械铲除，也可用化学防除。本种可改良土壤及覆盖裸地，根也可药用，嫩茎叶可以代茶，因此也可尝试通过对其进行利用来达到控制的目的（王瑞江，2019）。

【凭证标本】 香港特别行政区新界元朗区南生围，海拔 0 m，22.456 4°N，114.046 3°E，2015 年 7 月 27 日，王瑞江、薛彬娥、朱双双 RQHN00983（CSH）；福建省南平市将乐县高铁站附近，海拔 191 m，26.702 1°N，117.475 9°E，2015 年 10 月 15 日，曾宪锋 RQHN07538（CSH）；四川省乐山市大佛景区，海拔 675 m，29.545 9°N，103.773 7°E，2016 年 10 月 30 日，刘正宇等 RQHZ05126（CSH）。

山扁豆 [*Chamaecrista mimosoides* (Linnaeus) Greene]

1. 生境；2. 枝叶；3. 花；4. 荚果

参考文献

陈邦余，1988. 决明属［M］// 中国科学院中国植物志编辑委员会 . 中国植物志：第 39 卷 . 北京：科学出版社：123-140.

王瑞江，2019. 广州入侵植物［M］. 广州：广东科技出版社：58.

姚一麟，徐晔春，2013. 入侵者（上）［J］. 园林（3）：65-67.

Bir S S, Kumari S, 1982. Karyotypic studies in *Cassia* Linn. from India[J]. Proceedings of the Indian National Science Academy, 48(3B): 397–404.

Chen D Z, Zhang D X, Kai Larsen, 2010. Tribe Cassieae[M]//Wu Z Y, Raven P H, Hong D Y. Flora of China: vol. 10. Beijing: Science Press & St. Louis: Missouri Botanical Garden Press: 27–34.

Wang Q L, Qiu Y L, Deng Y F, et al., 2014. *Chamaecrista absus* (Fabaceae), a newly recorded species from Hainan, China[J]. Journal of Tropical and Subtropical Botany, 22(4): 341–343.

8. 蝶豆属 *Clitoria* Linnaeus

多年生缠绕草质藤本，植株不被丁字毛。叶为奇数羽状复叶，小叶 3～9 片，全缘，叶缘无锯齿；托叶和小托叶宿存；叶轴顶端无卷须或小尖头。花明显两侧对称，大而下垂，通常单朵或成双腋生，偶有几朵排成总状花序；苞片与托叶同形，成对，宿存；小苞片与苞片等大或较大，稀呈叶状；花萼膜质，呈管状，5 齿裂，裂片近等长，披针形或三角形，与萼管等长或较短；花冠长，伸出萼外，花瓣呈覆瓦状排列，近轴的 1 枚花瓣（旗瓣）位于相邻两侧的花瓣之外，旗瓣大，近平直伸展或有时呈兜状，具瓣柄，无耳，远长于翼瓣和龙骨瓣；远轴的 2 枚花瓣（龙骨瓣）基部沿连接处合生呈龙骨状；雄蕊二体（9+1），花药同型；子房具柄，子房基部常被鞘状花盘包围，花柱扁长而弯曲，沿内侧有髯毛，有胚珠多颗。荚果条形或长圆形，具果颈（韦裕宗，1995），无荚节。

该属约有 70 种，分布于热带和亚热带地区（Sa et al., 2010）。我国有 3 种，外来入侵种有 1 种。

蝶豆 ***Clitoria ternatea*** Linnaeus, Sp. Pl. 2: 753. 1753.

【别名】 **蓝蝴蝶、蓝花豆**

【特征描述】 多年生攀缘状草质藤本。茎纤细，被短柔毛。奇数一回羽状复叶，具5片或7片小叶；线形托叶小；小叶纸质，宽椭圆形，先端钝，微凹，常具细微的小凸尖，两面疏被柔毛或有时无毛；小托叶小，呈刚毛状。花单生于叶腋，下垂；2枚苞片披针形；小苞片生于萼筒下，长5～8 mm，膜质，近圆形，网脉明显；花萼膜质，有纵脉，5裂片披针形，近等长，先端具凸尖；花冠大而美丽，有蓝、粉红或白色，长可达5.5 cm，旗瓣宽倒卵形，直径约3 cm，中央有一白色或橙黄色斑，具短瓣柄，翼瓣呈倒卵状长圆形，龙骨瓣椭圆形，均远较旗瓣小且具柄，花整体形态似蝴蝶；雄蕊二体（9+1）；子房被短柔毛。荚果扁平，具长喙，有种子6～10粒；种子长圆形，成熟时为黑色，种阜显著（韦裕宗，1995；Sa et al., 2010）。**染色体**：$2n$ =14、15、16（George & George, 1978; Kumari & Bir, 1990; Shibata, 1962）。**物候期**：花、果期7—11月。

【原产地及分布现状】 该种原产于亚洲热带赤道地区，现广布于亚洲热带地区、非洲、大洋洲、美洲。**国内分布**：澳门、福建、广东、广西、贵州、海南、上海、四川、台湾、香港、云南、浙江。

【生境】 园林绿地、庭院、海边、旷地、林缘灌丛、围墙篱笆。

【传入与扩散】 **文献记载**：《岭南大学校园植物名录》有收录该种（Sauer, 1947）；侯宽昭于1956年编著的《广州植物志》也有收录。**标本信息**：我国较早期的标本有1917年10月采自广东省的标本（Ah To s.n.; SYS00040588）、1930年9月9日采自台湾地区某地的标本（T. Tanaka 5440; SYS00040598）、1932年4月6日采自台湾地区Mt.Takao的标本（T. Sata; NAS00381386）以及1932年8月21日采自海南省的标本（左景烈、陈念劬 43329; IBSC0173980）。**传入方式**：可能由东南亚自然扩散至华南地区，也可能早期随移民带入栽植以供观赏。**传播途径**：自然扩散或人为引进栽培后逸为野生。**繁殖方式**：种子繁殖。**入侵特点**：① 繁殖性　蔓生快，种子繁殖快。② 传播性　随人工栽植传播。③ 适应性　喜温暖，耐半阴、不耐贫瘠、畏霜冻。**可能扩散的区域**：华东、华南、中南、西南地区。

【危害及防控】人、畜误食会出现恶心、呕吐和腹泻等症状，入侵危害轻微。可以采用人工拔除的方法加以控制。

【凭证标本】云南省西双版纳州勐腊县勐仑镇热带植物园，海拔 580 m，21.9°N，101.25°E，2003 年 5 月 10 日，周仕顺 1296（HITBC104901，IBSC0733234）；海南省三亚市鹿回头马鞍岭，海拔 9 m，18.195 8°N，109.492 8°E，2014 年 10 月 14 日，张挺、蔡杰 14CS8938（KUN）；贵州省石燕子沟，海拔 1 055 m，2015 年 5 月 19 日，杨第芹 SCH1503087（ZY）。

蝶豆（*Clitoria ternatea* Linnaeus）

1. 生境；2～4. 花；5. 枝叶和花；6. 荚果

参考文献

韦裕宗，1995. 蝶豆属［M］// 中国科学院中国植物志编辑委员会 . 中国植物志：第 41 卷 . 北京：科学出版社：261-265.

George M, George K, 1978. Reverse somatic mutation in *Clitoria*[J]. Science and Culture, 44(10): 459–461.

Kumari S, Bir S S, 1990. Karyomorphological evolution in Papilionaceae[J]. Journal of Cytology and Genetics, 25: 173–219.

Sa R, Wu D L, Chen D Z, et al., 2010. Tribe Phaseoleae[M]//Wu Z Y, Raven P H, Hong D Y. Flora of China: vol. 10. Beijing: Science Press & St. Louis: Missouri Botanical Garden Press: 196–261.

Sauer G F, 1947. A list of plants growing in the Lingnan University campus and vicinity[M]. Guangzhou: Tu Liang Yin Zi Guan: 113.

Shibata K, 1962. Estudios citologicos de plantas colombianas silvestres y cultivadas[J]. Journal of Agricultural Science (Tokyo), 8: 49–62.

9. 小冠花属 *Coronilla* Linnaeus

一年生、多年生草本或矮小灌木，植株不被丁字毛。奇数羽状复叶，互生，具小叶 3 至多数，全缘，叶缘无锯齿；托叶小而膜质或大而形状各样，宿存，叶轴顶端无卷须或小尖头。花明显两侧对称，花瓣呈覆瓦状排列，花艳丽，有黄色、紫色或白色，明显有淡紫红色脉纹；伞形花序腋生，多朵排列集生于总花序梗的顶端；苞片及小苞片均披针状，宿存；花萼膜质，呈短钟状，偏斜或二唇形，5 齿裂，披针形或三角形，近相等，不长于萼管，花冠伸出萼外，近轴的 1 枚花瓣（旗瓣）位于相邻两侧的花瓣之外，旗瓣近圆形，有柄，无耳，翼瓣倒卵形或长圆形，远轴的 2 枚花瓣（龙骨瓣）基部沿连接处合生呈龙骨状，翼瓣与龙骨瓣均有柄和耳，雄蕊二体（9+1），花丝全部或有少数顶端膨大，子房具柄，线形，有胚珠多颗，花柱呈丝状，向内弯曲，柱头顶生。荚果细瘦，近圆柱形，有 4 条纵脊或棱角，不开裂，有节，各荚节长圆形而稍扁，内具 1 粒种子；种子为黄褐色，种脐明显（黄德爱，1998）。

该属约有 55 种，多分布于加那利群岛、欧洲北部和中部、地中海地区、非洲东北部、亚洲西部（黄德爱，1998）。我国栽培 3 种，外来入侵种有 1 种。

绣球小冠花 ***Coronilla varia*** **Linnaeus, Sp. Pl. 2: 743. 1753.**

【别名】 **小冠花**

【特征描述】 多年生草本，株高 50～100 cm。茎粗壮直立，多分枝，具纵棱，中空，幼时被毛。奇数一回羽状复叶，互生，具小叶 11～23（～25）片；托叶小，分离，膜质，披针形，长约 3 mm；小叶薄纸质，椭圆形或长圆形，长 1.5～2.5 cm，宽 4～8 mm，先端近截形，微凹，具短尖头，基部近圆形，全缘；小叶柄极短，长约 1 mm；小托叶小。伞形花序腋生，花 5～12（～20）朵，密集排列呈绣球状，苞片和小苞片均为 2 枚，披针形，宿存；花萼膜质；花冠为浅紫色、紫色、淡红色或白色，有明显紫色条纹，旗瓣近圆形，翼瓣近长圆形；龙骨瓣先端成紫黑色喙状。荚果细长圆柱形，稍扁，具 4 棱，先端有宿存的喙，有荚节，各荚节有 1 粒种子；种子长圆球形，光滑，褐色（黄德爱，1998）。**染色体**：$2n$=16、24、48。**物候期**：花期 6—7 月，果期 8—9 月。

【原产地及分布现状】 该种原产于欧洲至地中海地区，现归化于加拿大、美国、中国。**国内分布**：北京、吉林、江苏、辽宁、陕西。

【生境】 公路旁、绿地、荒地。

【传入与扩散】 **文献记载**：1976 年编著的《东北草本植物志》收录了该种；辽宁省南部（李书心，1988）、贵州省（贵州省植物志编辑委员会，1989）、山东省泰安市（陈汉斌，1990）有引种栽培，在江苏省和辽宁省归化，并可列入外来入侵植物观察名单（齐淑艳 等，2012；李惠茹 等，2016）。**标本信息**：该种的模式材料采自欧洲的卢萨蒂亚（Lusatia）、波希米亚（Bohemia）、达尼亚加利亚（Dania Gallia），后选模式由 Lassen 指定，现被存放于伦敦林奈学会植物标本馆（LINN917.12）（Turland & Jarvis, 1997）。我国较早期的标本有 1924 年 6 月采自辽宁省大连市的标本（G. Gato 338; PE00417892）、1953 年 6 月 23 日采自甘肃省天水市吕沟试验场的标本（陕甘队 10357；PE00101082）

以及 1957 年 6 月 24 日采自江苏省南京市的标本（王万里 353；NAS00381418，NAS00381420）。**传入方式**：人为有意带入栽植供观赏或药用（Hembree et al., 1979），也可用于公路护坡。**传播途径**：人为引进栽培后逸为野生。**繁殖方式**：种子繁殖或营养繁殖。**入侵特点**：① 繁殖性　蔓生快，种子繁殖容易，也可用带 3～5 个根茎芽的小段埋入土中，成活率很高。② 传播性　随人工栽植传播。③ 适应性　根系发达，生长健壮，对土壤要求不严，耐寒性强，抗干旱，不耐水涝，适应性强。**可能扩散的区域**：西北、华北、华东地区。

【危害及防控】 该种为杂草且不易清理（Tipping, 2001; Symstad, 2004）。应加强栽培管理，防止逸为野生。

【凭证标本】 吉林省长春市朝阳区鸿达街吉林大学校园，海拔 52 m，41.722 5°N，23.454 22°E，2014 年 6 月 29 日，齐淑艳 RQSB04858（CSH）；陕西省延安市甘泉县劳山村，海拔 1 091 m，36.363 6°N，109.394 8°E，2015 年 9 月 29 日，张勇 RQSB01697（CSH）。

绣球小冠花（*Coronilla varia* Linnaeus）

1. 生境；2. 羽状复叶；3. 托叶；4. 伞形花序；5. 小花；6. 果序

参考文献

陈汉斌，1990. 山东植物志：上卷［M］. 青岛：青岛出版社：477.

贵州省植物志编辑委员会，1989. 贵州植物志：第 7 卷［M］. 成都：四川民族出版社：463.

黄德爱，1998. 小冠花属［M］// 中国科学院中国植物志编辑委员会 . 中国植物志：第 42 卷：第 2 分册 . 北京：科学出版社：228-231.

李惠茹，闫小玲，严靖，等，2016. 江苏省外来归化植物新记录［J］. 杂草学报，34（2）：42-44.

李书心，1988. 辽宁植物志：上册［M］. 沈阳：辽宁科学技术出版社：944.

齐淑艳，曾宪锋，昌恩梓，等，2012. 中国一种新归化植物：绣球小冠花［J］. 广东农业科学，39（21）：168.

Hembree J A, Chang C J, Mclaughlin J L, et al., 1979. Potential antitumor agents: a cytotoxic cardenolide from *Coronilla varia*[J]. Journal of Pharmaceutical Sciences, 42(3): 293–298.

Symstad A J, 2004. Secondary invasion following the reduction of *Coronilla varia* (crownvetch) in sand prairie[J]. The American Midland Naturalist, 152(1): 183–189.

Tipping P W, 2001. Canada thistle (*Cirsium arvense*) control with hexazinone in crown vetch (*Coronilla varia*)[J]. Weed Technology, 15(3): 559–563.

Turland N J, Jarvis C E, 1997. Typification of Linnazean specific and varietal names in the Leguminosae (Fabaceae)[J]. Taxon, 46(3): 457–485.

10. 猪屎豆属 *Crotalaria* Linnaeus

草本、亚灌木或灌木，植株不被丁字毛。茎枝圆或四棱形，单叶或三出掌状复叶；托叶有或无。叶全缘，通常有腺点，叶缘无锯齿；叶轴顶端无卷须或小尖头。总状花序顶生、腋生、与叶对生或密集枝顶形似头状；花明显两侧对称，花瓣呈覆瓦状排列；花萼通常有腺点，5 齿裂，裂片线形或披针形，近等长，二唇形或近钟形，二唇形时，上唇 2 裂片宽大，合生或稍合生，下唇三萼齿较窄小；花冠不短于花萼，黄色或白色，旱时为深紫色或蓝色，近轴的 1 枚花瓣（旗瓣）位于相邻两侧花瓣之处，旗瓣通常为圆形或长圆形，基部具短爪，翼瓣长圆形或长椭圆形，短于旗瓣，远轴的 2 枚花瓣（龙骨瓣）基部沿连接处合生，龙骨瓣形状多样，中部以上通常弯曲，具喙，雄蕊联合成单体；花药二型，一为长圆形，以底部附着花丝，一为卵球形，以背部附着花丝；花柱长，基部弯曲，柱头小，斜生；荚果长圆形、圆柱形或卵状球形，稀四角菱形，膨胀，无荚节，中间无横膈膜，具多粒种子（杨纯瑜，1998）。

该属有 700 余种，分布于美洲、非洲、大洋洲及亚洲热带、亚热带地区（Li et al., 2010）。我国约有 42 种，外来入侵种有 5 种。

圆叶猪屎豆（*Crotalaria incana* Linnaeus），别名恒春野百合、猪屎青，*Flora of Taiwan* 收录该种（Huang, 1977）。我国较早期的有明确记录的标本有 1933 年 9 月 4 日采自海南省崖州区的标本（梁向日 62889；SN007449）、1952 年 10 月 7 日采自江苏省灌云县东辛农场的标本（陈昌笃、王金亭、董惠民 21132；PE01566360）。之后主要是 20 世纪 50—60 年代在我国江苏、安徽、浙江、台湾、广东、广西、云南等处零星采集到一些标本。近年来极少有人采集到该种的标本，最近的一份标本为 2012 年 11 月 27 日采自广西壮族自治区上思县平福乡伟华村太苏屯的标本（梁子宁、蔡毅、刘超娥、杜沛霖、陈龙 450621121127008LY；GXMG0134221）。本项目组成员对全国各地区进行了调查，经数据汇总结果显示，未在野外采集到该种逸生的凭证标本，说明圆叶猪屎豆并未对我国的经济或生态环境造成严重危害，现阶段没有入侵性，故本书不将其列为入侵植物。

参考文献

杨纯瑜，1998. 猪屎豆属［M］// 中国科学院中国植物志编辑委员会 . 中国植物志：第 42 卷：第 2 分册 . 北京：科学出版社：341-379.

Huang T C, 1977. *Crotalaria*[M]//Li H L. Flora of Taiwan: vol. 3. Taipei: Epoch Publishing Co., Ltd.: 217–241.

Li J Q, Sun H, Wei Z, et al., 2010. *Crotalaria*[M]//Wu Z Y, Raven P H, Hong D Y. Flora of China: vol. 10. Beijing: Science Press & St. Louis: Missouri Botanical Garden Press: 105–117.

分种检索表

1 荚果长圆形，幼时密被锈色柔毛，成熟后部分不脱落，花冠稍长于花萼……………………………………………………………………………………… 2. 三尖叶猪屎豆 *C. micans* Link

1 荚果长圆柱形，稀长圆形，幼时略被短柔毛，成熟后全部脱落，花冠长于花萼1倍 ……2

2 花萼无毛；荚果顶端无明显弯曲 ……3

2 花萼有毛；荚果顶端明显弯曲 ……4

3 有细小托叶；小叶长圆形或长椭圆形，长6～10 cm，宽2～3 cm，长是宽的1.5～3.5倍；花冠长约12 mm；荚果径7～12 mm …… 5. 光萼猪屎豆 *C. trichotoma* Bojer

3 无托叶；小叶线形或线状披针形，长5～9（～12）cm，宽0.5～1 cm，长是宽的3.5～20倍；花冠长14～20 mm；荚果径14～16 mm…… 3. 狭叶猪屎豆 *C. ochroleuca* G. Don

4 无托叶；小叶线形或线状披针形，长5～9（～12）cm，宽0.5～1 cm，长是宽的3.5～20倍；花冠长8～10 mm；荚果径4～6 mm …… 1. 长果猪屎豆 *C. lanceolata* E. Meyer

4 有极细小的托叶，早落；小叶长圆形或椭圆形，长3～6 cm，宽1.5～3 cm，长是宽的1.5～3.5倍；花冠长10～12 mm；荚果径5～8 mm…… 4. 猪屎豆 *C. pallida* Aiton

1. **长果猪屎豆** ***Crotalaria lanceolata*** E. Meyer, Comm. Pl. Afr. Austr. 1: 24. 1836.

【别名】 **长叶猪屎豆**

【特征描述】 草本或亚灌木，高可达1 m，茎枝圆柱形，分枝扩展，幼时被柔毛，后渐无毛。无托叶；三出掌状复叶，线形或线状披针形，长5～9（～12）cm，宽0.5～1 cm，长是宽的3.5～20倍，先端渐尖，具短尖头，基部阔楔形，两面无毛或被极稀疏的短柔毛；叶柄长3～6 cm。顶生总状花序，长达20 cm，具花10～40朵；花萼近钟形，5裂，萼齿三角形，被短柔毛；花冠长8～10 mm，长于花萼1倍，黄色，远伸出萼外，旗瓣圆形，直径约1 cm，基部具胼胝体2枚，翼瓣长圆形，长约1 cm，基部边缘被柔毛，龙骨瓣与翼瓣等长，中部以上弯曲，狭缩成长喙，下部两侧被微柔毛；子房无柄。荚果长圆柱形，稀长圆形，长 2～3 cm，径 4～6 mm，顶端明显弯曲，成熟后果皮为黑色，幼时略被短柔毛，成熟后全部脱落；种子多粒，马蹄形（杨纯瑜，1998；Li et al., 2010; Leverett & Woods, 2012）。**染色体：**2*n*=8、16（Gupta & Gupta, 1978; Verma & Raina, 1978）。**物候期：**花期 6—8 月，果期 9—11 月。

【原产地及分布现状】 该种原产于非洲热带地区，现归化于澳大利亚、美洲热带、加勒比海区域、亚洲热带地区。**国内分布：**福建、广东、广西、海南、台湾、云南。

【生境】 路旁、荒山草地。

【传入与扩散】 **文献记载：**杨纯瑜（1980）在《东北林学院植物研究室汇刊》发表的文章收录了本种；在我国台湾地区（Wu et al., 2003）、福建、云南栽培或野生，现归化于广东、海南（曾宪锋 等，2011，2013）。**标本信息：**该种的模式标本（J. F. Drège s.n.）采自南非，现保存于马丁·路德大学（HAL0119992），英国皇家植物园——邱园（K000227334），法国国家自然历史博物馆（P00367954、P00367955），美国密苏里植物园（MO176600），瑞典自然历史博物馆（S10-24666）等标本馆。我国较早期的标本有 1936 年 11 月采自广东省的标本（L.R.S. Benemerito 1574; SYS00046134）。**传入方式：**人为引进栽培或可能混在其他作物种子中无意引入。**传播途径：**人为引进栽培后逸为野生。**繁殖方式：**种子繁殖。**入侵特点：**① 繁殖性　种子繁殖不难。② 传播性　沿着高速公路扩散迅速。③ 适应性　喜温暖湿润，耐干旱贫瘠。**可能扩散的区域：**华南、西南地区。

【危害及防控】 该种为一般杂草。注意监测预防大面积入侵。

【凭证标本】 福建省泉州市永春县，海拔 278 m，25.326 9°N，118.155 6°E，2015 年 7 月 5 日，曾宪锋 RQHN07198（CSH）；福建省龙岩市上杭七峰山服务区，海拔 220 m，25.033 2°N，116.214 9°E，2015 年 9 月 2 日，曾宪锋、邱贺媛 RQHN07386（CSH）。

长果猪屎豆（*Crotalaria lanceolata* E. Meyer）

1. 生境；2. 三出掌状复叶；3. 总状花序的一部分；4. 果序

参考文献

杨纯瑜，1980. 中国猪屎豆属（*Crotalaria*）的订正［J］. 东北林学院植物研究室汇刊（7）: 105-120.

杨纯瑜，1998. 猪屎豆属［M］// 中国科学院中国植物志编辑委员会 . 中国植物志：第 42 卷：第 2 分册 . 北京：科学出版社：341-379.

曾宪锋，邱贺媛，庄东红，等，2011. 广东省 3 种新记录归化植物［J］. 广东农业科学，38（24）：140-141.

曾宪锋，邱贺媛，郑泽华，等，2013. 海南 3 种新记录归化植物［J］. 广东农业科学，40（8）：170-171，封三 .

Leverett L D, Woods M, 2012. The genus *Crotalaria* (Fabaceae) in Alabama[J]. Castanea, 77(4): 364–374.

Li J Q, Sun H, Wei Z, et al., 2010. *Crotalaria*[M]//Wu Z Y, Raven P H, Hong D Y. Flora of China: vol. 10. Beijing: Science Press & St. Louis: Missouri Botanical Garden Press: 105–117.

Gupta R, Gupta P K, 1978. Pachytene karyotypes in the genus *Crotalaria* L. (Leguminosae)[J]. Cytologia, 43(3/4): 655–663.

Verma R C, Raina S N, 1978. Cytogenetics of *Crotalaria*[J]. Cell and Chromosome Newsletter, 1978, 1: 32–33.

Wu S H, Chaw S M, Rejmanek M, 2003. Naturalized Fabaceae (Leguminosae) species in Taiwan: the first approximation[J]. Botanical Bulletin of Academia Sinica, 44(1): 59–66.

2. **三尖叶猪屎豆 *Crotalaria micans*** Link, Enum. Pl. Hort. Berol. Alt. 2: 228. 1822.

【别名】 **黄野百合、美洲野百合、三角叶猪屎豆**

【特征描述】 多年生草本或亚灌木，高可达 2 m；茎枝粗壮，除叶上面及花冠外各部均密被锈色贴伏短柔毛。三出掌状复叶；托叶线形，甚小；小叶椭圆形或长椭圆形，长 5～7 cm，宽 2～4 cm，质薄，顶生小叶较侧生小叶大。顶生总状花序长 10～30 cm，具花 20～30 朵；苞片细小，线形，早落，小苞片生于花梗中部以上；花萼近钟形，5 裂，萼齿阔披针形；花冠稍长于花萼，为黄色，旗瓣圆形，直径约 14 mm，先端圆或微凹，基部具胼胝体 2 枚，垫状，翼瓣长圆形，长 13 mm，龙骨瓣中部以上垂直弯曲。

荚果长圆形，幼时密被锈色柔毛，成熟后部分不脱落，花柱宿存；种子 20～30 粒，成熟时为黑色，光滑（杨纯瑜，1998；Li et al., 2010）。**染色体**：2*n*=16。**物候期**：花期 5—9 月，果期 8—12 月。

【原产地及分布现状】 该种原产于美洲热带地区，现归化于非洲、亚洲热带及亚热带地区。**国内分布**：福建、广东、广西、海南、湖北、湖南、台湾、云南。

【生境】 路边草地、山坡草丛。

【传入与扩散】 **文献记载**：1931 年，该种已引至台湾地区，现已归化或造成入侵（Wu et al., 2003）;《中国主要植物图说》（中国科学院植物研究所，1955）、《广州植物志》（侯宽昭，1956）、《海南植物志》（陈焕镛，1965）均收录该种；20 世纪 60 年代，广东省作为绿肥牧草引进栽培（李克英，1965；华南亚热带作物科学研究所粤西试验站，1966）。**标本信息**：该种模式标本采自中美洲哥伦比亚，现保存于法国国家自然历史博物馆（Humboldt 2172; P00542121）。我国较早期的标本有 1930 年 6 月 15 日采自台湾地区的标本（Anonymous s.n.; PE00101810）、1931 年 8 月 22 日采自云南省温塘山的标本（陈焕镛 7112；PE00101829）、1931 年 7 月 20 日采自福建省永安市的标本（林榕 2778；PE00101808）、1934 年 10 月 19 日采自广东省东沙群岛的标本（S. Y. Lau 20517; IBSC0174209）、1935 年 11 月 14 日采自广西壮族自治区南宁市林垦正果树场的标本（梁向日 67175；IBK00070511）。**传入方式**：人为有意带入栽植作绿肥牧草、公路护坡。**传播途径**：人为引进栽培后逸为野生。**繁殖方式**：种子繁殖。**入侵特点**：① 繁殖性　种子繁殖容易。② 传播性　随人工栽植传播。③ 适应性　根系发达，生长健壮，耐贫瘠，适应性强。**可能扩散的区域**：长江以南各地区。

【危害及防控】 中度危害，但潜在危害大，种子易侵入自然环境并发展为优势群落。应严格栽培管理，防止侵入自然环境，已经发现入侵的，应及时人工拔除，并注意清除种子，建议停止种植以达到防控目的。

【凭证标本】广西壮族自治区崇左市凭祥市友谊镇，海拔 332 m，21.987 6°N，106.711 3°E，2015 年 11 月 19 日，韦春强、李象钦 RQXN07588（CSH）；广东省梅州市平远县大柘镇，海拔 182 m，24.549 1°N，115.859 7°E，2014 年 9 月 7 日，曾宪锋、邱贺媛 RQHN05942（CSH）；福建省宁德市福安市社口村，海拔 55 m，27.185 7°N，119.582 5°E，2015 年 6 月 22 日，曾宪锋 RQHN07014（CSH）。

三尖叶猪屎豆
（*Crotalaria micans* Link）
1. 生境；2. 叶柄基部；
3. 三出掌状复叶；
4. 顶生总状花序；
5. 小花；6. 果序

参考文献

陈焕镛，1965. 蝶形花科［M］// 中国科学院华南植物研究所 . 海南植物志：第 2 卷 . 北京：科学出版社：236-329.

侯宽昭，1956. 广州植物志［M］. 北京：科学出版社 .

华南亚热带作物科学研究所粤西试验站，1966. 粤西地区三种不同土壤上的热带绿肥牧草引种试验［J］. 土壤学报，14（1）：13-21.

李克英，1965. 山毛豆（夏季绿肥）栽培利用试验报告［J］. 耕作与肥料（6）：30-32.

杨纯瑜，1998. 猪屎豆属［M］// 中国科学院中国植物志编辑委员会 . 中国植物志：第 42 卷：第 2 分册 . 北京：科学出版社：341-379.

中国科学院植物研究所，1955. 中国主要植物图说：第五册　豆科［M］. 北京：科学出版社 .

Li J Q, Sun H, Wei Z, et al., 2010. *Crotalaria*[M]//Wu Z Y, Raven P H, Hong D Y. Flora of China: vol. 10. Beijing: Science Press & St. Louis: Missouri Botanical Garden Press: 105–117.

Wu S H, Chaw S M, Rejmanek M, 2003. Naturalized Fabaceae (Leguminosae) species in Taiwan: the first approximation[J]. Botanical Bulletin of Academia Sinica, 44(1): 59–66.

3. **狭叶猪屎豆** ***Crotalaria ochroleuca*** G. Don, Gen. Hist. 2: 138. 1832.

【别名】 **条叶猪屎豆、狭线叶猪屎豆**

【特征描述】 草本或亚灌木，高可达 1.5 m；茎枝通常有棱，幼时被短柔毛，后渐脱落。无托叶；三出掌状复叶，线形或线状披针形，长 5～9（～12）cm，宽 0.5～1 cm，长是宽的 3.5～20 倍，上面无毛，下面被稀疏的柔毛。总状花序顶生，长 10～15 cm，有花 10～15 朵，疏离；苞片与小苞片相似，极细小，线形，小苞片生萼筒基部；花萼近钟形，长约 4 mm，秃净无毛，5 裂，萼齿三角形，比萼筒短；花冠为淡黄色或白色，远伸出萼外，长 14～20 mm，长度为花萼的 1 倍，旗瓣长圆形，长 8～12 mm，基部具胼胝体 2 枚，翼瓣倒卵形，长约 13 mm，龙骨瓣长约 17 mm，下部边缘被微柔毛，中部以上变狭，形成长喙；子房无柄。荚果长圆形，长约 4 cm，直径 1.4～1.6 cm，顶端无明显弯曲，幼时略被短柔毛；种子 20～30 粒，肾形（杨纯瑜，1998；Li et al., 2010; Leverett & Woods, 2012）。**染色体**：$2n$=16（Verma & Raina, 1983）。**物候期**：花期 8—10

月，果期 11—12 月。

【原产地及分布现状】 该种原产于非洲，现归化于大洋洲、北美洲、南美洲、亚洲。**国内分布：**广东、广西、海南、浙江。

【生境】 生荒地半阴干燥处。

【传入与扩散】 **文献记载：**《海南植物志》（陈焕镛，1965）和杨纯瑜（1980）在《东北林学院植物研究室汇刊》发表的文章均收录了该种；现栽培或逸生于广东、海南及广西（杨纯瑜，1998）。**标本信息：**该种的模式标本（G. Don s.n.）采自热带非洲的圣多美（São Tomé）和普林西比（Príncipe），现存放于英国自然历史博物馆（BM000574953）。我国较早期的标本有 1936 年 11 月采自广东省的标本（L. R. S. Benemerito 1573; SYS00046135）。**传入方式：**作绿肥人为有意引进。**传播途径：**人为引进栽培后逸为野生。**繁殖方式：**种子繁殖。**入侵特点：**① 繁殖性 种子繁殖容易。② 传播性 随人工栽植传播。③ 适应性 根系发达，生长健壮，耐贫瘠，适应性强。**可能扩散的区域：**引种栽培地区。

【危害及防控】 该种常逸生为杂草，影响原生植被和生物多样性。应加强引种栽培管理，谨慎引种。

【凭证标本】 海南省白沙县牙叉镇新兴村，海拔 213 m，19.203 6°N，109.437 5°E，2017 年 3 月 29 日，王发国等 RQHN4329（CSH）。

狭叶猪屎豆
（*Crotalaria ochroleuca* G. Don）

1. 生境；2. 三出掌状复叶；
3. 顶生总状花序；4. 小花；
5. 果序

参考文献

陈焕镛，1965. 蝶形花科［M］// 中国科学院华南植物研究所 . 海南植物志：第 2 卷 . 北京：科学出版社：236-329.

杨纯瑜，1998. 中国猪屎豆属（*Crotalaria*）的订正［J］. 东北林学院植物研究室汇刊（7）：105-120.

杨纯瑜，1998. 猪屎豆属［M］// 中国科学院中国植物志编辑委员会 . 中国植物志：第 4 卷：第 2 分册 . 北京：科学出版社：341-379.

Leverett L D, Woods M, 2012. The genus *Crotalaria* (Fabaceae) in Alabama[J]. Castanea, 77(4): 364–374.

Li J Q, Sun H, Wei Z, et al., 2010. *Crotalaria*[M]//Wu Z Y, Raven P H, Hong D Y. Flora of China: vol. 10. Beijing: Science Press & St. Louis: Missouri Botanical Garden Press: 105–117.

Verma R C, Raina S N, 1983. Cytogenetics of *Crotalaria* VIII. Male meiosis in 26 species[J]. Cytologia, 48(3): 719–733.

4. **猪屎豆 *Crotalaria pallida*** Aiton, Hort. Kew. 3: 20. 1789.

【别名】 **黄野百合**

【特征描述】 多年生草本或半灌木，株高 0.6～1 m；茎、叶柄、小叶柄、叶下面、花序梗、花序轴及花梗均被紧贴的短柔毛。三出掌状复叶；托叶极细小，刚毛状，早落；叶柄长 2～5.5 cm；小叶长圆形或椭圆形，长 3～6 cm，宽 1.5～3 cm，长是宽的 1.5～3.5 倍，先端钝圆或微凹，有短尖，基部阔楔形，上面无毛。总状花序顶生，长达 25 cm，有花 10～40 朵；小苞片的形状与苞片相似，线形，花时极细小，生萼筒中部或基部；花萼近钟形，长 4～6 mm，5 裂，萼齿三角形，约与萼筒等长，密被短柔毛；花冠长于花萼 1 倍，长 10～12 mm，黄色，伸出萼外，旗瓣圆形或椭圆形，直径约 10 mm，基部具胼胝体 2 枚，翼瓣长圆形，长约 8 mm，下部边缘具柔毛，龙骨瓣最长，约 12 mm，90° 弯曲，具长喙，基部边缘具柔毛；子房无柄。荚果呈长圆状圆柱形，稀长圆形，长 3～5 cm，直径 5～8 mm，幼时略被短柔毛，成熟后全部脱落，顶端明显弯曲，果瓣开裂后扭转，有种子 20～30 粒（杨纯瑜，1998; Li et al., 2010）。**染色体**：$2n=16$（李建强，1988）。**物候期**：花、果期 9—12 月。

【原产地及分布现状】 该种可能原产于非洲，现归化于亚洲热带地区、大洋洲、美洲。**国内分布：**澳门、福建、广东、广西、海南、陕西、山东、上海、四川、台湾、香港、云南、浙江。

【生境】 山野、路旁、荒地。

【传入与扩散】 **文献记载：**1910年，该种已引至台湾地区，现已形成入侵（Wu et al., 2003）；《中国主要植物图说》（中国科学院植物研究所，1955）、*Flora of Taiwan*（Huang & Ohashi, 1977）和杨纯瑜（1980）在《东北林学院植物研究室汇刊》发表的文章均收录了该种；浙江省茶叶试验场栽培作绿肥和茶苗遮阴（赵晋谦，1957）；江西省宜春农业试验站双季稻田栽培作夏季绿肥（赖占钧，1957）。**标本信息：**该种模式标本采自埃塞俄比亚，现存放于英国自然历史博物馆（Bruce s.n.; BM000574942）。我国较早期的标本有1910年5月1日采自广东省的标本（Anonymous 239; PE00101901）、1913年2月采自云南省某地的标本（G.Forrest 913; PE00101941）、1917年1月17日采自广东省云浮县的标本（黄季庄401；IBSC0174383）。**传入方式：**栽培历史悠久，可能作为花卉或绿肥有意引种栽植。**传播途径：**人为引进栽培后逸为野生。**繁殖方式：**种子繁殖。**入侵特点：**① 繁殖性　种子量大，容易繁殖。② 传播性　随人工栽植传播。③ 适应性　喜温暖湿润，耐干旱贫瘠和湿润，能适应多种生境条件。**可能扩散的区域：**陕西及南方热带、亚热带地区。

【危害及防控】 该种为杂草，在荒地易形成群落中的优势种，种子和幼嫩叶有毒。控制引种，严格管理，在危害严重的地方通过人工砍伐和种植其他灌木代替以达到防控目的。

【凭证标本】 广东省惠州市惠城区马安村永发运动科技公司门前，海拔17 m，23.051 7°N，114.502 6°E，2014年9月16日，王瑞江 RQHN00214（CSH）；陕西省延安市张村驿服务区，海拔976 m，35.911 6°N，109.078 6°E，2015年7月31日，张勇 RQSB02541（CSH）；广西壮族自治区百色市右江区阳圩镇，海拔165 m，23.907 1°N，106.463 9°E，2014年12月25日，唐赛春、潘玉梅 RQXN07651（CSH）。

猪屎豆
（*Crotalaria pallida* Aiton）
1. 生境；2. 植株的一部分；
3. 叶；4. 花序；5. 花；6. 果荚

参考文献

赖占钧，1957. 夏季绿肥肥效试验初步报告［J］. 华中农业科学（3）: 167-168，166.
李建强，1988. 云南猪屎豆属 6 种植物的核型初报［J］. 武汉植物学研究，6（1）: 13-20.
杨纯瑜，1980. 中国猪屎豆属（*Crotalaria*）的订正［J］. 东北林学院植物研究室汇刊，4（7）: 105-120.
杨纯瑜，1998. 猪屎豆属［M］// 中国科学院中国植物志编辑委员会. 中国植物志：第 42 卷：第 2 分册. 北京：科学出版社：341-379.
赵晋谦，1957. 茶苗遮阴［J］. 茶叶（1）: 28-31.
中国科学院植物研究所，1955. 中国主要植物图说：第五册　豆科［M］. 北京：科学出版社.
Huang T C, Ohashi H, 1977. *Crotalaria*[M]//Li H L. Flora of Taiwan: vol. 3. Taipei: Epoch Publishing Co., Ltd.: 233.
Li J Q, Sun H, Wei Z, et al., 2010. *Crotalaria*[M]//Wu Z Y, Raven P H, Hong D Y. Flora of China: vol. 10. Beijing: Science Press & St. Louis: Missouri Botanical Garden Press: 105–117.
Wu S H, Chaw S M, Rejmanek M, 2003. Naturalized Fabaceae (Leguminosae) species in Taiwan: the first approximation[J]. Botanical Bulletin of Academia Sinica, 44(1): 59–66.

5. **光萼猪屎豆** ***Crotalaria trichotoma*** Bojer, Ann. Sci. Nat., Bot., sér. 2. 4: 265. 1835. ——*Crotalaria zanzibarica* Benth. in London Journ. Bot. 2: 584. 1843.

【别名】 **光萼野百合、苦罗豆、南美猪屎豆**

【特征描述】 草本或亚灌木，高可达 2 m；茎枝圆柱形，被短柔毛。托叶极细小，呈钻状；三出掌状复叶，小叶长椭圆形，两端渐尖，长 6～10 cm，宽 2～3 cm，长是宽的 1.5～3.5 倍，先端具短尖，上面为绿色，光滑无毛，下面为青灰色，被短柔毛；叶柄长 3～5 cm。总状花序顶生，有花 10～20 朵，花序长达 20 cm；苞片线形，长 2～3 mm，小苞片与苞片同形，稍短小，生花梗中部以上；花萼近钟形，5 裂，萼齿三角形，约与萼筒等长，无毛；花冠长于花萼 1 倍，约 12 mm，黄色，伸出萼外，旗瓣圆形，直径约 12 mm，基部具胼胝体 2 枚，先端具芒尖，翼瓣长圆形，约与旗瓣等长，龙骨瓣最长，约 15 mm，稍弯曲，中部以上变狭，形成长喙，基部边缘有微柔毛；子房无柄。荚果长圆柱形，稀长圆形，直径 7～12 mm，幼时略被短柔毛，成熟后全部脱落，顶端无明显弯曲，果皮常为黑色，基部宿存花丝及花萼；种子 20～30 粒，肾形，成熟时为朱红色（杨纯瑜，1998; Li et al., 2010）。**染色体**：*n*=8，2*n*=16。**物候期**：花、果期 4—12 月。

【原产地及分布现状】 该种原产于东非，现归化于亚洲热带地区、大洋洲、美洲。**国内分布**：福建、广东、广西、海南、湖南、江苏、四川、台湾、香港、云南。

【生境】 田园路边、荒山草地。

【传入与扩散】 **文献记载**：1931 年，该种已引至台湾地区，现已形成入侵（Wu et al., 2003）;《中国主要植物图说》（中国科学院植物研究所，1955）、《海南植物志》（陈焕镛，1965）、《中国高等植物图鉴》（中国科学院植物研究所，1983）、*Flora of Taiwan*（Huang & Ohashi, 1977）和杨纯瑜（1980）在《东北林学院植物研究室汇刊》发表的文章均收录了该种；1983 年开始在云南省作为绿肥植物引种栽培；滇南热区可栽培作幼林茶树的遮阴作物、作橡胶幼林的覆盖作物、旱作地中套种（李德厚和汪汇海，1987）。**标本信息**：该种的模式标本采自马达加斯加，现保存于英国皇家植物园——邱园（Bojer s.n.; K000227294）。我国较早期的标本有 1931 年 8 月 23 日采自广东省英德市温塘山的标本（陈焕镛 7112; SCUM00116097）、1934 年 11 月 12 日采自广东省广州市栽植于中山大学石牌校园的标本（陈焕镛 8876；IBSC0164611，PE00176292，IBK00070796）、1935 年 11 月 14 日采自广西壮族自治区南宁市林垦区果树场的标本（梁向日 67176；IBSC0168914，IBK00070807）。**传入方式**：栽培历史悠久，作为绿肥有意引种栽植。**传播途径**：人为引进栽培后逸为野生。**繁殖方式**：种子繁殖。**入侵特点**：① 繁殖性　产粒多，繁殖系数大。② 传播性　随人工栽植传播，有时为自然传播。③ 适应性　生长快，产草量高，根瘤多，适应性广。**可能扩散的区域**：南方热带、亚热带地区。

【危害及防控】 该种为杂草，种子有毒，在荒地易形成群落中的优势种，扩散趋势较猛。应控制引种，严格管理，在危害严重的地方通过人工清除和种植其他灌木代替以达到防控目的。

【凭证标本】 广东省揭阳市揭东县白塔乡，海拔 44 m，23.597 3°N，116.180 3°E，2014 年 10 月 31 日，曾宪锋 RQHN06704（CSH）；海南省五指山市毛阳镇河边，海拔 184 m，18.938 2°N，109.501 4°E，2016 年 1 月 26 日，曾宪锋 RQHN03749（CSH）；广西壮族自治区南宁市大塘镇，海拔 96 m，22.345 1°N，108.402 4°E，2009 年 2 月 4 日，刘全儒、孟世勇 GXGS105（CSH）。

光萼猪屎豆
（*Crotalaria trichotoma* Bojer）

1. 生境；2. 三出掌状复叶；
3. 顶生总状花序；4. 小花花瓣；
5. 小花花萼；6. 荚果

参考文献

陈焕镛，1965. 蝶形花科［M］// 中国科学院华南植物研究所 . 海南植物志：第 2 卷 . 北京：科学出版社：236–329.

李德厚，汪汇海，1987. 滇南热区光萼猪屎豆的栽培及其利用研究［J］. 云南植物研究，9（4）：436–442.

杨纯瑜，1980. 中国猪屎豆属（*Crotalaria*）的订正［J］. 东北林学院植物研究室汇刊，4（7）：105–120.

杨纯瑜，1998. 猪屎豆属［M］// 中国科学院中国植物志编辑委员会 . 中国植物志：第 42 卷：第 2 分册 . 北京：科学出版社：341–379.

中国科学院植物研究所，1955. 中国主要植物图说：第五册　豆科［M］. 北京：科学出版社 .

中国科学院植物研究所，1983. 中国高等植物图鉴：第 2 册［M］. 北京：科学出版社：371.

Huang T C, Ohashi H, 1977. *Crotalaria*[M]//Li H L. Flora of Taiwan: vol. 3. Taipei: Epoch Publishing Co., Ltd.: 241.

Li J Q, Sun H, Wei Z, et al., 2010. *Crotalaria*[M]//Wu Z Y, Raven P H, Hong D Y. Flora of China: vol. 10. Beijing: Science Press & St. Louis: Missouri Botanical Garden Press: 105–117.

Wu S H, Chaw S M, Rejmanek M, 2003. Naturalized Fabaceae (Leguminosae) species in Taiwan: the first approximation[J]. Botanical Bulletin of Academia Sinica, 44(1): 59–66.

11. 合欢草属 *Desmanthus* Willdenow

乔木、灌木或多年生草本。托叶呈刚毛状，宿存。二回羽状复叶，羽片 1～15 对，通常在最下一对羽片着生处有腺体，小叶小，不敏感。头状花序呈卵状球形，单生于叶腋；花 5 基数，辐射对称，两性或下部的为雄花或中性花且常无花瓣而具短的退化雄蕊；花萼呈钟状，具短齿；花瓣分离或基部稍联合，呈镊合状排列于蕾中；雄蕊 10 或 5 枚，分离，突露；花药顶端无腺体；子房近无柄；胚珠多颗；花柱近钻状或上部增粗，柱头顶生。荚果线形，劲直或弯曲，扁平至圆柱形，成熟后沿缝线开裂为 2 瓣；种子纵列或斜列，卵形至椭圆形，压扁（吴德邻，1988; Wu & Nielsen, 2010）。

该属约有 25 种，主产于美洲的热带、亚热带地区，少数产于温带地区（Wu & Nielsen, 2010）。我国广东、福建、台湾地区等引入栽培有 1 种，现已逸生为入侵种。

合欢草 ***Desmanthus pernambucanus*** (Linnaeus) Thellung, Mém. Soc. Sci. Nat. Math. Cherbourg, sér. 4. 38: 256. 1912. —— *Mimosa pernambucana* Linnaeus, Sp. Pl. 1: 519. 1753.

【特征描述】 多年生亚灌木状草本，高达 2 m；分枝纤细，具棱，棱上被短柔毛。托叶呈刚毛状。二回羽状复叶，最下一对羽片着生处有长圆形腺体 1 枚；羽片 2～4（6）对；小叶 6～21 对，长圆形，先端具小凸尖，基部截平，具缘毛，稍不对称。头状花序直径约 5 mm，绿白色，有花 4～10 朵；小苞片卵形，具长尖头；花瓣狭长圆形；雄蕊 10 枚。荚果线形，长 4～11 cm，宽 0.2～0.4 cm，直或稍弯，边不缢缩，但稍稍增厚；种子斜列（吴德邻，1988；Wu & Nielsen, 2010）。**物候期：** 花、果期 8—10 月。

【原产地及分布现状】 该种原产于美洲热带地区，现广泛栽培于世界热带地区。**国内分布：** 福建、广东、台湾（吴德邻，1988；Wu & Nielsen, 2010）。

【生境】 荒地、路旁。

【传入与扩散】 **文献记载：**《中国植物志》（吴德邻，1988）中记载，广东省南部、云南省南部有引种。**标本信息：** 我国较早期的标本有 1963 年 5 月 2 日采自广东省广州市华南植物园的标本（邓良 10182；CDBI 0055608）。**传入方式：** 栽培历史悠久，作为绿肥有意引种栽植。**传播途径：** 人为引进栽培后逸为野生。**繁殖方式：** 种子繁殖。**入侵特点：** ① 繁殖性　产粒不多，繁殖系数小。② 传播性　随人工栽植传播，有时为自然传播。③ 适应性　生长一般，产草量不高，适应性一般。**可能扩散的区域：** 华南地区。

【危害及防控】 该种为一般杂草，台湾地区逸生较严重，其入侵已对广东省台山地区当地的生物多样性造成了严重的危害。可以人工拔除的方式进行防控。

【凭证标本】 广东省江门市台山市赤溪镇长沙村小马村小马桥附近，海拔 6.5 m，21.906 5°N，112.874 0°E，2019 年 3 月 22 日，周欣欣、梁丹、江国彬、董书鹏、黄毅 5792（IBSC）。

合欢草

[*Desmanthus pernambucanus* (Linnaeus) Thellung]

1. 生境；2. 植株的一部分；3. 花序；4. 果荚

参考文献

吴德邻，1988. 合欢草属［M］// 中国科学院中国植物志编辑委员会 . 中国植物志：第 39 卷 . 北京：科学出版社：20-22.

Wu D L, Nielsen I C, 2010. *Desmanthus*[M]//Wu Z Y, Raven P H, Hong D Y. Flora of China: vol. 10. Beijing: Science Press & St. Louis: Missouri Botanical Garden Press: 54.

12. 山蚂蝗属 *Desmodium* Desvaux

草本、亚灌木或灌木，稀为小乔木，植株不被丁字毛。三出羽状复叶或退化为单小叶，稀有 5 片以上的小叶，互生，全缘，叶缘无锯齿；具托叶和小托叶，托叶通常干膜质，有条纹，小托叶钻形或呈丝状；小叶全缘或呈浅波状；叶轴顶端无卷须或小尖头。总状花序或圆锥花序腋生或顶生，稀有单生或成对生于叶腋；苞片宿存或早落，小苞片有或缺，有时生于花萼基部；花萼呈钟状，4～5 裂，上部 2 裂片合生或多少合生，下部 3 裂片基部合生；花明显两侧对称，花瓣呈覆瓦状排列，花冠为白色、绿白、黄白、粉红、紫色、紫堇色，近轴的 1 枚花瓣（旗瓣）位于相邻两侧的花瓣之外，旗瓣椭圆形至近圆形，远轴的 2 枚花瓣（龙骨瓣）基部沿连接处合生呈龙骨状，翼瓣与龙骨瓣贴生，均有瓣柄；雄蕊二体（9+1）或少有单体，花药同型；子房通常无柄，有胚珠数颗。荚果扁平，不开裂，背腹两缝线稍缢缩；荚节数个，呈近矩形，成熟时逐节脱落，每荚节有 1 粒种子（杨衔晋和黄普华，1995）。

该属约有 280 种，多分布于亚热带和热带地区（Huang et al., 2010）。我国有 32 种（含 3 种引种栽培植物），外来入侵种有 1 种。

南美山蚂蝗 ***Desmodium tortuosum*** (Swartz) Candolle, Prodr. 2: 332. 1825. —— *Hedysarum tortuosum* Swartz, Prodr. 107. 1788.

【特征描述】 多年生草本，高达 1 m。茎直立，具条纹，被毛。三出羽状复叶；条状披针形托叶下部合生呈鞘状，宿存；小叶纸质，椭圆形或卵形；小托叶呈刺毛状条形；

叶柄、叶轴、叶下面均被毛。总状花序顶生或腋生，顶生的有少数分枝而呈圆锥花序状；总花梗及小花梗密被小钩状毛和腺毛；苞片狭卵形，先端长渐尖，具条纹，外面被毛，边缘具长柔毛；花2朵生于每节上；花萼5深裂，密被毛，较萼筒长；花冠为红色、白色或黄色，旗瓣倒卵形，先端微凹入，基部渐狭，翼瓣长圆形，先端钝，基部具耳和短瓣柄，龙骨瓣斜长圆形，具瓣柄；雄蕊二体（9+1）；子房线形，被毛。荚果窄长圆形，呈念珠状，荚节近圆形，长3～5 mm，长与宽几乎相等，或长稍大于宽，但不超过1倍，边缘有时微卷曲，被灰黄色钩状小柔毛（杨衔晋和黄普华，1995；Huang et al., 2010）。**染色体**：$2n$=22。**物候期**：花、果期7—9月。

【原产地及分布现状】 该种原产于南美洲和中美洲，现广布于亚洲热带地区、大洋洲、美洲。**国内分布**：澳门、福建、广东、海南、江西、台湾、香港。

【生境】 疏林、路旁、荒地、菜园、校园绿地、滨海绿地、农田。

【传入与扩散】 **文献记载**：1930年，该种已归化于台湾地区，现已形成入侵（Wu et al., 2003）；《中国植物志》（杨衔晋和黄普华，1995）记载该种在广州市逸生于荒地、平原。**标本信息**：该种的模式标本采自牙买加，现存放于瑞典自然历史博物馆和瑞典隆德大学植物博物馆（O. P. Swartz s.n.; S-R-2776, S10-14459, LD1263585）。我国较早期的标本有1930年10月采自广东省的标本（Fung Hom A-406; SYS00048253）、1941年8月27日采自广西壮族自治区的标本（陈立卿 93129；IBK00072065）。**传入方式**：栽培历史悠久，作为绿肥有意引种栽植。**传播途径**：人为引进栽培后逸为野生。**繁殖方式**：种子繁殖、根蘖繁殖。**入侵特点**：① 繁殖性　根蘖繁殖容易，种子量大，可迅速繁殖（刘壮 等，2009）。② 传播性　果实具钩毛，易贴伏于人类衣服或动物皮毛上进行传播，有时为自然传播。③ 适应性　喜温暖湿润，耐贫瘠，生长迅速，适应性强。**可能扩散的区域**：华南地区。

【危害及防控】 广东省全省危害严重，福建省西南部次之，海南省、江西省数量尚不足以造成大面积危害，虽只是局部危害，但危害严重。野外监测，发现入侵时应及时拔除，在危害严重的地方应利用物理、化学、生物等手段进行全面彻底的清除。

【凭证标本】 海南省海口市美兰区海南大学校园，海拔 10 m，20.059 4°N，110.318 4°E，2015 年 8 月 6 日，王发国、李仕裕、李西贝阳、王永淇 RQHN03145（CSH）；广东省广州市南沙区天后宫，海拔 4 m，22.767 7°N，113.612 2°E，2014 年 10 月 20 日，王瑞江 RQHN00633（CSH）；福建省漳州市东山县，海拔 10 m，23.734 6°N，117.499 3°E，2014 年 9 月 21 日，曾宪锋 RQHN06108（CSH）。

【相似种】 蝎尾山蚂蝗［*Desmodium scorpiurus* (Swartz) Desvaux］原产于美洲热带地区，现在澳大利亚、太平洋岛屿和菲律宾均有引种栽培。该种在我国台湾地区南部逸为野生。生于低海拔和中海拔空旷干燥地方。本种荚果线形；荚节线形，荚节长 4～6 mm，长为宽的 3～4 倍。南美山蚂蝗的荚果为窄长圆形；荚节近圆形，长 3～5 mm，长与宽几乎相等，或长稍大于宽，但不超过 1 倍。目前能参考到的标本有 1928 年 6 月 11 日采自我国台湾地区桃园县的标本（S. Saito 8257; PE01598159）、1988 年 11 月 10 日采自我国台湾地区兴田至大树的标本（Y. Tateishi 24789; PE00412011）及 1989 年 11 月 3 日采自我国台湾地区某地的标本（T. C. Huang、W. Y. Huang 14490; NAS00398671）。

南美山蚂蝗

[*Desmodium tortuosum* (Swartz) Candolle]

1. 生境；2. 植株的一部分；3. 小花；4. 顶生花序；5. 果序

参考文献

杨衔晋，黄普华，1995. 山蚂蝗属［M］// 中国科学院中国植物志编辑委员会 . 中国植物志：第 41 卷 . 北京：科学出版社：14–47.

刘壮，刘国道，高玲，等，2009. 山蚂蝗属 13 种热带绿肥植物营养元素含量及品质评价［J］. 中国农学通报，25（4）：145–148.

Huang P H, Ohashi H, Iokawa Y, et al., 2010. *Desmodium*[M]//Wu Z Y, Raven P H, Hong D Y. Flora of China: vol. 10. Beijing: Science Press & St. Louis: Missouri Botanical Garden Press: 268–278.

Wu S H, Chaw S M, Rejmanek M, 2003. Naturalized Fabaceae (Leguminosae) species in Taiwan: the first approximation[J]. Botanical Bulletin of Academia Sinica, 44(1): 59–66.

13. 木蓝属 *Indigofera* Linnaeus

落叶灌木、亚灌木或草本，稀小乔木；全株多少被白色或褐色平贴单毛或丁字毛，稀开展毛及多节毛，有时被腺毛或腺体。一回奇数羽状复叶，偶为三出掌状复叶或单叶；托叶小，呈针状，着生于叶柄上，脱落或留存，小托叶有或无；小叶常对生，少互生，全缘，有短柄，叶缘无锯齿。总状或穗状花序腋生；花明显两侧对称，花瓣呈覆瓦状排列；苞片常早落；花萼呈钟状或斜杯状，顶端 5 齿裂，近等长或下萼 1 裂片常稍长；花冠为紫红色至淡红色，偶为白色或黄色，早落或旗瓣留存稍久，近轴的 1 枚花瓣（旗瓣）位于相邻两侧花瓣之外，旗瓣卵形或圆形至长圆形，先端钝圆，微凹或具尖头，基部具短瓣柄，外面常被短绢毛或柔毛，翼瓣较狭长，具耳，与龙骨瓣（远轴的 2 枚花瓣）多少合生，龙骨瓣基部沿连接处合生呈龙骨状匙形，有爪，常具距突与翼瓣钩连；雄蕊二体（9+1），花药同型，背着或近基着，药隔顶端常具硬尖或腺点，有时具髯毛；子房无柄，花柱线形，内弯，通常无毛，柱头头状，胚珠 1 至多颗。荚果圆柱形，稀具 4 棱，膨胀，偶具刺，内果皮通常具红色斑点；种子呈肾形、长圆形或近方形（方云忆和郑朝宗，1994）。

该属有 750 余种，多分布于亚热带与热带地区，以非洲占多数（Gao et al., 2010）。我国有 79 种，外来入侵种有 1 种。

野青树 *Indigofera suffruticosa* Miller, Gard. Dict. ed. 8. Indigofera no. 2. 1768.

【特征描述】 半灌木，高 0.8～1.5 m。茎直立，有棱，被平贴丁字毛，少分枝。羽状复叶，长 7～15 cm，被丁字毛；托叶钻形，脱落；小叶对生，长椭圆形或倒披针形，上面近无毛，下面密被平贴丁字毛，先端圆钝具小短尖。总状花序腋生；苞片线形，被粗丁字毛，早落；花萼呈钟状，长约 1.5 mm，外面有毛，萼齿宽短，约与萼筒等长；花冠为红色，旗瓣倒阔卵形，长约 5 mm，外面密被毛，有瓣柄，翼瓣与龙骨瓣等长，龙骨瓣有距，被毛；花药球形，顶端具短尖头，无髯毛；子房在腹缝线上密被丁字毛。荚果圆柱形，弯曲呈镰刀状，密被丁字毛，有短圆柱状褐色种子 6～8 粒（方云忆和郑朝宗，1994；Gao et al., 2010）。**染色体：** $2n$=16、32（Gupta & Agarwal, 1982; Shibata, 1962）。**物候期：** 花期 3—5 月，果期 6—10 月。

【原产地及分布现状】 该种原产于美洲热带地区。现归化于亚洲热带地区、大洋洲。**国内分布：** 澳门、北京、福建、广东、广西、贵州、海南、江苏、江西、台湾、上海、香港、云南、浙江。

【生境】 路旁、山谷疏林、空旷地、田野沟边及海滩沙地。

【传入与扩散】 **文献记载：** 1864 年，该种在香港路边荒地逸生；《中国主要植物图说》（中国科学院植物研究所，1955）、《海南植物志》（陈焕镛，1965）、《中国高等植物图鉴》（中国科学院植物研究所，1983）、*Flora of Taiwan*（Huang & Ohashi, 1977）、《中国植物志》（方云忆和郑朝宗，1994）对该种均有收录，记载我国江苏、浙江、福建、台湾、广东、广西、海南、云南有栽培。**标本信息：** 模式标本采自牙买加（引种栽培于英国），后选模式现保存于英国自然历史博物馆（BM001134347）。我国较早期的标本有 1910 年 9 月 30 日采自北京市的标本（陆费执 s.n.；PE00178393）。**传入方式：** 栽培历史悠久，可能作为观赏植物、药用植物或经济作物有意引种栽植。**传播途径：** 人为引进栽培后逸为野生。**繁殖方式：** 种子繁殖。**入侵特点：** ① 繁殖性　种子多，繁殖容易。

② 传播性　随人工栽植传播，有时为自然传播。③ 适应性　喜温暖湿润，耐贫瘠，生长迅速，适应性强。**可能扩散的区域：**热带、亚热带地区。

【危害及防控】 全草有毒，含有灰叶素和鱼藤素，少量误食会引起头痛，大量误食则引起喉咙紧缩、恶心、剧烈呕吐、腹痛等症状，口服未经炒制的根的水煎剂可导致中毒死亡，野外数量不是很多，生长分散，没有形成大面积侵害，但因对人畜有毒，危害不容小觑。可通过人工拔除、机械清除或利用昆虫（*Piezodorus guildinii*）进行生物防治达到防控目的。

【凭证标本】 贵州省毕节市大方县市郊 326 省道旁，海拔 1 595 m，27.184 4°N，105.588 6°E，2016 年 4 月 28 日，马海英、王曌、杨金磊 RQXN05048（CSH）；福建省泉州市石狮市沙堤村，海拔 33 m，24.683 3°N，118.709 5°E，2014 年 10 月 3 日，曾宪锋 RQHN06309（CSH）；广东省潮州市湘桥区韩江北堤，海拔 17 m，23.704 4°N，116.631 5°E，2014 年 10 月 23 日，曾宪锋 RQHN06533（CSH）。

野青树（*Indigofera suffruticosa* Miller）

1. 生境；2. 植株的一部分；3. 总状花序；4. 小花；5. 果序

参考文献

陈焕镛，1965. 蝶形花科［M］// 中国科学院华南植物研究所 . 海南植物志：第 2 卷 . 北京：科学出版社：236-329.

方云忆，郑朝宗，1994. 木蓝属［M］// 中国科学院中国植物志编辑委员会 . 中国植物志：第 40 卷 . 北京：科学出版社：239-325.

中国科学院植物研究所，1955. 中国主要植物图说：第五册　豆科［M］. 北京：科学出版社 .

中国科学院植物研究所，1983. 中国高等植物图鉴：第 2 册［M］. 北京：科学出版社：388.

Gao X F, Sun H, Schrire B D, 2010. *Indigofera*[M]//Wu Z Y, Raven P H, Hong D Y. Flora of China: vol. 10. Beijing: Science Press & St. Louis: Missouri Botanical Garden Press: 137–164.

Gupta P K, Agarwal K, 1982. Cytological studies in the genus *Indigofera* L.[J]. Cytologia, 47(3/4): 665–681.

Huang T C, Ohashi H, 1977. *Indigofera*[M]//Li H L. Flora of Taiwan: vol. 3. Taipei: Epoch Publishing Co., Ltd.: 301–312.

Shibata K, 1962. Estudios citologicos de plantas colombianas silvestres y cultivadas[J]. Journal of Agricultural Science (Tokyo), 8: 49–62.

14. 银合欢属 *Leucaena* Bentham

常绿灌木或乔木。无刺。托叶呈刚毛状或极小，早落。二回羽状复叶；小叶小而多或大而少，偏斜，不敏感；总叶柄或叶轴上常具腺体。球形头状花序，单生或簇生于叶腋，具多数小花；花为白色，通常两性，5 基数，辐射对称，无梗；苞片 2 枚，宿存或脱落；萼管呈钟状，具 5 短裂齿；花瓣分离，呈镊合状排列；雄蕊 10 枚，分离，伸出于花冠之外；花药顶端无腺体，常被柔毛；子房具柄，胚珠多颗，花柱线形，柱头小。荚果直，扁平，光滑，革质，带状，成熟后沿缝线开裂为 2 瓣；种子多粒，之间无横隔膜，卵形，扁平（吴德邻，1988；Wu & Nielsen, 2010）。

该属约有 40 种，主要产于美洲（Wu & Nielsen, 2010）。我国引进栽培 1 种，后逸生为入侵植物。

银合欢 ***Leucaena leucocephala*** (Lamarck) de Wit, Taxon. 10: 54. 1961. —— *Mimosa leucocephala* Lamarck, Encycl. 1: 12. 1783.

【别名】 **白合欢**

【特征描述】 小乔木，高 4～8 m；幼枝被毛且具褐色皮孔；托叶三角形，小，早落。二回羽状复叶，羽片 4～8 对，叶柄与叶轴幼时被柔毛，在最下一对及最上一对羽片着生处稍下的叶轴上分别有黑色椭圆形腺体 1 枚；小叶呈条状长圆形，中脉偏向上缘，两侧不等宽。球形头状花序腋生，具多数花；花为白色；花萼顶端具 5 细齿，仅边缘被柔毛；雄蕊 10 枚，被毛；子房具短柄，上部被柔毛，柱头凹下呈杯状。荚果呈带状，长 10～18 cm，宽 1.4～2 cm，顶端凸尖，基部有柄，纵裂，被微柔毛；种子 6～25 粒，卵形，褐色，扁平，光亮（吴德邻，1988；Wu & Nielsen, 2010）。**染色体**：$2n$=56、104（Freitas et al., 1991; Pandey & Pal, 1980）。**物候期**：花期 4—7 月，果期 8—10 月。

【原产地及分布现状】 该种原产于美洲热带地区，现广布于全球热带、亚热带地区。**国内分布**：澳门、重庆、福建、广东、广西、贵州、海南、湖南、江苏、江西、台湾、陕西、上海、四川、台湾、香港、云南、浙江。

【生境】 荒地、城市园林绿地、路旁、林缘。

【传入与扩散】 **文献记载**：1645 年，该种由荷兰人引入我国台湾地区（李振宇和解焱，2002）；16 世纪以来，广泛引种于菲律宾、马来西亚、美国（夏威夷）、泰国、印度等国，并大量栽培繁殖（刘化琴 等，1994）；1957 年，由海南省热带作物研究所从墨西哥引进我国；《海南植物志》（陈焕镛，1965）、《中国高等植物图鉴》（中国科学院植物研究所，1983）对该种均有收录。**标本信息**：该种的模式标本是一栽培植物，可能引种于中美洲或南美洲，目前存放于法国国家自然历史博物馆，大英自然历史博物馆也有一份被鉴定为此种的模式标本（BM000952387）。我国较早期的标本有 1918 年 7 月 7 日采自福建省厦门市鼓浪屿的标本（Anonymous 428; PE01114597）、1918 年 7 月 7 日采自福建省的标本（Tsoong 4816; N128078188）、1919 年 9 月 30 日采自台湾地区台北市的标本（Anonymous s.n.; PE00322904）、1928 年 4 月 18 日采自香港特别行政区落架道四周的标本（蒋英 266；IBSC0161135）。**传入方式：**栽培历史悠久，原可能作为饲料有意引种栽植（Jones et al., 1979; 赵英 等，2006）。**传播途径：**人为引进栽培后逸为野生。**繁殖方式：**种子繁殖（罗瑛 等，2009）或根蘖繁殖。**入侵特点：**① 繁殖性　种子数量多，可以在土壤中长期存留，根蘖萌芽力强，繁殖容易。② 传播性　随人工栽植传播，有时银合欢的果荚成熟后会自行开裂，种子靠风力和重力进行自然传播。③ 适应性　根系深而广泛且特别发达（Normaniza et al., 2008），抗旱性强，耐贫瘠，生长迅速，成熟植株抗冻能力强，适应性强（刘化琴 等，1994）。**可能扩散的区域：**热带、亚热带地区。

【危害及防控】 该种被 IUCN 列入世界 100 种恶性入侵物种名单（Lowe et al., 2000）。公路两旁绿化因种子产量高和枝条萌生力强，极易扩散蔓延入侵到周围的自然生境，并易形成单优群落，通过化感作用影响其他植物生长；枝叶有毒，牛羊啃食过量会导致皮毛脱落。部分地区入侵危害程度很严重，在我国台湾屏东县的恒春半岛，银合欢几乎“攻占”了全岛，随处可见（姚一麟和徐晔春，2013）。控制引种，定期清理公路两旁撒落的种子，在入侵严重的地区可以通过人工、机械清除或种植其他树种代替来达到防控目的。

【凭证标本】 澳门特别行政区小潭山环山径，海拔 45 m，22.159 8°N，114.823 6°E，2014 年 10 月 9 日，王发国 RQHN02609（CSH）；广西壮族自治区贵港市平南县丹竹村，海拔 20.5 m，23.474 6°N，110.514 3°E，2015 年 12 月 25 日，韦春强、李象钦 RQXN07865（CSH）；重庆市丰都县工业园区，海拔 230 m，29.912 2°N，107.758 8°E，2014 年 9 月 28 日，刘正宇、张军等 RQHZ06500（CSH）。

银合欢

[*Leucaena leucocephala* (Lamarck) de Wit]

1. 生境；2. 植株的一部分；
3. 球形头状花序；4. 果序

参考文献

陈焕镛，1965. 含羞草科［M］// 中国科学院华南植物研究所 . 海南植物志：第 2 卷 . 北京：科学出版社：204-215.

李振宇，解焱，2002. 中国外来入侵种［M］. 北京：中国林业出版社：117.

刘化琴，张长海，蔡静，等，1994. 银合欢生态适应性研究［J］. 林业科学研究，7（3）：301-305.

罗瑛，吴开永，刘国道，2009. 不同处理对银合欢种子发芽率的影响［J］. 安徽农业科学，37（13）：6227-6228，6231.

吴德邻，1988. 银合欢属［M］// 中国科学院中国植物志编辑委员会 . 中国植物志：第 39 卷 . 北京：科学出版社：18-20.

姚一麟，徐晔春，2013. 美丽杀手（上）［J］. 园林（1）：76-77.

赵英，陈小斌，蒋昌顺，2006. 我国银合欢研究进展［J］. 热带农业科学，26（4）：55-58，63.

中国科学院植物研究所，1983. 中国高等植物图鉴：第 2 册［M］. 北京：科学出版社：326.

Freitas L H C de, Wittmann M T S, Paim N R, 1991. Floral characteristics, chromosome number and meiotic behavior of hybrids between *Leucaena leucocephala* ($2n$=104) and tetraploid L. *diversifolia* ($2n$=104) (Leguminosae)[J]. Revista Brasileira De Genetica, 14(3): 781–789.

Jones R, 1979. The value of *Leucaena leucocephala* as a feed for ruminants in the tropics[J]. World Animal Review, 31: 13–23.

Lowe S, Browne M, Boudjelas S, et al., 2000. 100 of the world's worst invasive species, a selection from the global invasive species database[Z]. The Invasive Species Specialist Group (ISSC) a Specialist Group of the Species Survival Commission (SSC) of the World Conservation Union (IUCN): 1–12.

Normaniza O, Faisal H A, Barakbah S S, 2008. Engineering properties of *Leucaena leucocephala* for prevention of slope failure[J]. Ecological Engineering, 32(3): 215–221.

Pandey R M, Pal M, 1980. In chromosome number reports LXVIII[J]. Taxon, 29(4): 544–545.

Wu D L, Nielsen I C, 2010. *Leucaena*[M]//Wu Z Y, Raven P H, Hong D Y. Flora of China: vol. 10. Beijing: Science Press & St. Louis: Missouri Botanical Garden Press: 53.

15. 大翼豆属 *Macroptilium* (Bentham) Urban

直立、攀缘、匍匐或蔓生草本，植株不被丁字毛。三出羽状复叶互生，无腺点，小叶全缘，叶缘无锯齿，托叶具清晰脉纹，基部着生，叶轴顶端无卷须或小尖头，小枝和叶柄变态为刺状。花序长，花通常成对或数朵生于花序轴的每节上，明显两侧对称；苞片有时宿存；花萼呈钟状或圆柱形，裂齿5，无腺点；花冠为白色、紫色、或深红，花瓣呈覆瓦状排列，近轴的1枚花瓣（旗瓣）位于相邻两侧的花瓣之外，旗瓣反折，翼瓣圆形，大，长于旗瓣和龙骨瓣，翼瓣及龙骨瓣均具长瓣柄，部分与雄蕊管联合，远轴的2枚花瓣（龙骨瓣）基部沿连接处合生呈龙骨状，旋卷；雄蕊二体，其中对旗瓣的1枚离生，其余的雄蕊联合成管；花药同型，背着；花柱通常膨大，增厚部分作2次垂直弯曲，以至轮廓近方形，常有髯毛。荚果细长圆柱形无荚节；种子小而多数，表面有斑纹或凹痕，种脐通常有海绵状残留物（吴德邻，1995；Sa et al., 2010）。

该属约有20种，分布于美洲（Sa et al., 2010）；我国引入栽培2种，现均已成为入侵植物。

参考文献

吴德邻，1995. 大翼豆属［M］// 中国科学院中国植物志编辑委员会 . 中国植物志：第41卷 . 北京：科学出版社：293–295.

Sa R, Wu D L, Chen D Z, et al., 2010. *Macroptilium*[M]//Wu Z Y, Raven P H, Hong D Y. Flora of China: vol. 10. Beijing: Science Press & St. Louis: Missouri Botanical Garden Press: 259–260.

分种检索表

1 多年生蔓生草本；托叶呈三角状卵形，长4～5 mm；顶生小叶卵形至菱形，上面被短柔毛 ………………………… 1. 紫花大翼豆 *M. atropurpureum* (Candolle) Urban

1 一年生或二年生直立草本，有时蔓生或攀缘；托叶披针形，长5～10 mm；小叶狭椭圆形至卵状披针形，上面光滑无毛 ……………………… 2. 大翼豆 *M. lathyroides* (Linnaeus) Urban

1. **紫花大翼豆** ***Macroptilium atropurpureum*** (Candolle) Urban, Symb. Antill. 9: 457. 1928. —— *Phaseolus atropurpureus* Candolle, Prodr. 2: 395. 1825.

【特征描述】 多年生蔓生草本。茎平卧，多分枝，上部缠绕；茎被毛。三出羽状复叶；托叶呈三角状卵形，长 4～5 mm，有棱，迟落；顶生小叶卵形至菱形，长 3～7 cm，宽 2～5 cm，基部宽楔形，上面被短柔毛，下面被银色茸毛，边缘常全缘，稀具裂片，先端圆钝；侧生小叶斜宽卵形，稍短，外侧具 1 浅裂片，先端钝或急尖，基部圆形。总状花序，具花 10 余朵，在花序轴的每节上成对着生，总花梗长 10～25 cm；花萼呈筒状，具 5 齿；花冠为深紫色，旗瓣长 15～20 mm，开花后反折，绿色，有深紫色斑纹，具长瓣柄，翼瓣为深紫蓝色，具两耳和柄，龙骨瓣为紫色，条形，具柄和内侧短耳。荚果细长呈圆柱状，长 7～9 mm，宽约 5 mm，先端具尖喙；种子呈长圆状椭圆形，12～15 粒，具深紫蓝色花纹（吴德邻，1995）。**染色体**：$2n=22$。**物候期**：花期 7 月，果期 9—11 月。

【原产地及分布现状】 该种原产于美洲热带地区（Sa et al., 2010），现我国有归化。**国内分布**：澳门、福建、广东、海南、江西、台湾。

【生境】 荒地、海边绿地、校园绿地等。

【传入与扩散】 **文献记载**：1985 年，该种已引至台湾地区，现已归化或形成入侵（Wu et al., 2003）;《中国植物志》（吴德邻，1995）记载我国广东及广东沿海岛屿有栽培。**标本信息**：该种的模式标本采自墨西哥的 Novae Hispaniaes Chilapae。我国较早期的标本有 1969 年 11 月 17 日采自香港特别行政区新界崇基学院的标本（胡秀英 8759; PE00302632）、1983 年采于台湾地区台北市的标本（M. C. Ho s.n.; PE01880018）。**传入方式**：可能作为牧草人为引进栽植，也可能由台湾地区自然传入。**传播途径**：人为引进栽培后逸为野生或自然传播。**繁殖方式**：种子繁殖。**入侵特点**：① 繁殖性　种子产量高，繁殖容易。② 传播性　随人工栽植传播或种子靠风力和重力进行自然传播。③ 适应

性　抗旱、耐放牧，有良好的固氮作用，土壤适应性广，生长迅速。**可能扩散的区域：**华南地区。

【危害及防控】 本种多见于热带和亚热带沿海地区，有时会成片生长，危害较严重。初发地可以通过人工拔除，危害严重的片区则通过化学除草剂清除以达到防控的目的。

【凭证标本】 海南省海口市美兰区海南大学校园，海拔 10 m，20.062 7°N，110.321 8°E，2015 年 8 月 6 日，王发国、李仕裕、李西贝阳、王永淇 RQHN03126（CSH）；福建省漳州市诏安县，海拔 7 m，23.937 1°N，117.351 4°E，2014 年 10 月 14 日，曾宪锋 RQHN06424（CSH）；广东省深圳市，2010 年 7 月 17 日，王菁兰、龚玲 DJ-S002（CSH）。

紫花大翼豆 [*Macroptilium atropurpureum* (Candolle) Urban]

1. 生境；2. 植株的一部分；3. 花；4. 果

参考文献

吴德邻，1995. 大翼豆属［M］// 中国科学院中国植物志编辑委员会 . 中国植物志：第 41 卷 . 北京：科学出版社：293-295.

Sa R, Wu D L, Chen D Z, et al., 2010. *Macroptilium*[M]//Wu Z Y, Raven P H, Hong D Y. Flora of China: vol. 10. Beijing: Science Press & St. Louis: Missouri Botanical Garden Press: 259–260.

Wu S H, Chaw S M, Rejmanek M, 2003. Naturalized Fabaceae (Leguminosae) species in Taiwan: the first approximation[J]. Botanical Bulletin of Academia Sinica, 44(1): 59–66.

2. **大翼豆 *Macroptilium lathyroides*** (Linnaeus) Urban, Symb. Antill. 9（4）: 457. 1928. —— *Phaseolus lathyroides* Linnaeus, Sp. Pl. ed. 2. 2: 1018. 1763.

【特征描述】 一年生或二年生直立草本，高 0.6～1.2 m，有时蔓生或攀缘，茎密被短柔毛。三出羽状复叶；托叶披针形，长 5～10 mm；小叶狭椭圆形至卵状披针形，长 3～8 cm，宽 1～3.5 cm，先端急尖，基部楔形，上面光滑无毛，下面密被短柔毛或薄被长柔毛，无裂片或微具裂片；叶柄长 1.5 cm。花序长 3.5～15 cm，总花梗长 15～40 cm；花成对疏生于花序轴的上部；花萼呈管状钟形，萼齿短三角形；花冠为紫红色，旗瓣近圆形，有时染绿，翼瓣长约 2 cm，具白色瓣柄，龙骨瓣先端旋卷。荚果线形，长 5.5～10 cm，密被短柔毛，具 18～30 粒种子；种子斜长圆形，棕色或具棕色的黑色斑，长约 3 mm（吴德邻，1995）。**染色体**：n=11，2n=22（Ayonoadu, 1974）。**物候期**：花期 7 月，果期 9—11 月。

【原产地及分布现状】 该种原产于美洲热带地区（Sa et al., 2010），现广布于美洲，在亚洲的菲律宾、斯里兰卡也有分布。**国内分布**：澳门、福建、广东、广西、贵州、海南、江西、台湾、香港。

【生境】 荒地、路旁、海边、垃圾场边缘、平地。

【传入与扩散】 **文献记载**：《中国植物志》（吴德邻，1995）记载广东省、福建省有栽培；我国于1974年由澳大利亚引进试种。**标本信息**：该种的模式标本采自牙买加。我国较早期的标本有1913年10月采自贵州省某地的标本（M. Ramos 1513; PE00208388）；此外，1952年11月16日在广东省广州市河南康乐中山大学南门西足球场也采集到该种的标本（陈少卿 8049；IBK00074526、PE00208389）。**传入方式**：作为牧草人为引进栽植。**传播途径**：人为引进栽培后逸为野生或自然传播。**繁殖方式**：种子繁殖。**入侵特点**：①繁殖性 种子产量高，繁殖容易。②传播性 随人工栽植传播或种子靠风力和重力进行自然传播。③适应性 耐瘦瘠的酸性土。**可能扩散的区域**：华南地区。

【危害及防控】 危害较轻，可以通过人工拔除的方式来达到防控目的。

【凭证标本】 香港特别行政区新界元朗区南生围，海拔1 m，22.456 4°N，114.046 3°E，2015年7月27日，王瑞江、薛彬娥、朱双双 RQHN00982（CSH）；福建省泉州市永春县，海拔288 m，25.327 8°N，118.155 8°E，2015年7月5日，曾宪锋 RQHN07200（CSH）；海南省三亚市育秀路12号动车车站附近，海拔10 m，18.296 9°N，109.484 7°E，2015年8月7日，王发国、李仕裕、李西贝阳、王永淇 RQHN03162（CSH）。

大翼豆

[*Macroptilium lathyroides* (Linnaeus) Urban]

1. 生境；2. 植株的一部分；
3. 小花；4. 花、果序；
5. 种子

参考文献

吴德邻，1995. 大翼豆属［M］// 中国科学院中国植物志编辑委员会 . 中国植物志：第 41 卷 . 北京：科学出版社：293-295.

Ayonoadu U W U, 1974. Nuclear DNA variation in *Phaseolus*[J]. Chromosoma, 48(1): 41–49.

Sa R, Wu D L, Chen D Z, et al., 2010. *Macroptilium*[M]//Wu Z Y, Raven P H, Hong D Y. Flora of China: vol. 10. Beijing: Science Press & St. Louis: Missouri Botanical Garden Press: 259–260.

16. 苜蓿属 *Medicago* Linnaeus

一年生或多年生草本，稀为灌木。三出羽状复叶互生；托叶部分与叶柄合生，全缘或齿裂；小叶卵圆形或近圆形，近顶端处边缘通常具锯齿，侧脉直伸至齿尖。总状花序腋生，短，有时呈头状或单生；花小，明显两侧对称，常具花梗；苞片小或无；花萼钟形或筒形，齿 5 裂，裂片等长；花冠为黄色或深蓝至暗紫色，花瓣呈覆瓦状排列，近轴的 1 枚花瓣（旗瓣）位于相邻两侧的花瓣之外，旗瓣倒卵形至长圆形，基部窄，常反折，翼瓣长圆形，比龙骨瓣长，一侧有齿尖突起与龙骨瓣的耳状体互相钩住，授粉后脱开，龙骨瓣（远轴的 2 枚花瓣）基部沿连接处合生呈龙骨状，直立，钝头，花瓣凋落；雄蕊二体（9+1），花丝顶端不膨大，花药同型；花柱短，针形，无毛，头状柱头顶生，子房线形，无柄或具短柄。荚果小，螺旋状卷曲或转曲呈肾形、镰形或马蹄形，不开裂，比萼长，背缝常具棱或刺；具种子 1 至数粒；种子小，通常平滑，近肾形，无种阜（韦直和黄以之，1998；Wei & Vincent, 2010）。

本属有 85 余种，分布于地中海区域、西南亚、中亚和非洲地区（Wei & Vincent, 2010）。我国约有 15 种，外来入侵种有 2 种。

参考文献

韦直，黄以之，1998. 苜蓿属［M］// 中国科学院中国植物志编辑委员会 . 中国植物志：第 42 卷：第 2 分册 . 北京：科学出版社：312-328.

Wei Z, Vincent M A, 2010. *Medicago*[M]//Wu Z Y, Raven P H, Hong D Y. Flora of China: vol. 10. Beijing: Science Press & St. Louis: Missouri Botanical Garden Press: 553–557.

分种检索表

1 一年生或二年生草本；托叶大，呈卵状长圆形，先端渐尖；总花梗比叶短，花长 3～4 mm，花冠为黄色 ………………………………………………… 1. 南苜蓿 *M. polymorpha* Linnaeus

1 多年生草本；托叶大，呈卵状披针形，先端锐尖；总花梗比叶长，花长 6～12 mm，花冠为深蓝至暗紫色 …………………………………………………… 2. 紫苜蓿 *M. sativa* Linnaeus

1. **南苜蓿** ***Medicago polymorpha*** Linnaeus, Sp. Pl. 2: 779. 1753.

【特征描述】 一年生或二年生草本。株高约 30 cm。茎平卧、上升或直立，有棱，基部分枝多，无毛或少毛。羽状复叶具 3 小叶；托叶大，呈卵状长圆形，长 4～7 mm，先端渐尖，基部呈耳状，边缘具不整齐细条裂或深裂刻；小叶纸质倒卵形，先端钝，近截平或凹缺，具细尖，基部阔楔形，边缘在 1/3 以上具细锯齿，上面无毛，下面被疏柔毛，无斑纹。伞形头状花序腋生，具花（1）2～10 朵；总花梗纤细，比叶短，花长 3～4 mm；花冠为黄色，旗瓣倒卵形，先端凹缺，基部阔楔形，比翼瓣和龙骨瓣长，翼瓣长圆形，基部具耳和稍阔的瓣柄，齿突十分发达，龙骨瓣比翼瓣稍短，基部具小耳，呈钩状；子房长圆形，呈镰状上弯，微被毛。荚果盘形，旋转 1.5～2.5 圈，呈暗绿褐色，边缘具棘刺或瘤突；种子每圈 1～2 粒，长肾形，棕褐色，平滑（韦直和黄以之，1998）。**染色体：** $2n$=14、16（Kumari & Bir., 1990; Mohamed, 1997; Runemark, 2006）。**物候期：** 花期 3—5 月，果期 5—10 月。

【原产地及分布现状】 该种原产于非洲北部地区、亚洲南部地区和欧洲南部地区（Wei & Vincent, 2010）。**国内分布：** 安徽、北京、重庆、福建、甘肃、广东、广西、贵州、海南、河北、河南、湖北、湖南、江苏、江西、辽宁、内蒙古、陕西、上海、四川、台湾、西藏、香港、云南、浙江。

【生境】田边、路旁、草地、沟谷。

【传入与扩散】**文献记载：**我国19世纪中叶出版的《植物名实图考》对此种已有记载；《中国主要植物图说》(中国科学院植物研究所，1955)对该种有收录；南方各省引种栽培作绿肥，与水稻轮种，历史悠久(孙醒东和缪应庭，1963)。**标本信息：**本种的模式标本为栽培植物，引种地不详，除目前存放于英国自然历史博物馆的标本(Forskohl s.n.; BM000997199)被标记为模式标本外，也有一些标本被认为是原始凭证材料，如采自荷兰乔治·克利福德三世哈特营花园、现存放于英国自然历史博物馆的标本(BM000646782, BM000646785, BM000646788, BM000646789, BM000646791, BM000646792, BM000646793, BM000646796)。我国较早期的标本有1908年4月采自上海市的标本(A.K.Schindler 263; NAS00120537)。**传入方式：**人为带入栽植作牧草、绿肥。**传播途径：**人为引进栽培后逸为野生或混杂于农作物种子中传播。**繁殖方式：**种子繁殖或营养繁殖(Scarpa et al., 1993)。**入侵特点：**① 繁殖性　蔓生快，种子繁殖容易。② 传播性　随人工栽植传播、混杂于农作物种子中传播、靠种子重力和风力传播。③ 适应性　根系发达，生长健壮，对土壤要求不严，耐寒性强，抗干旱，适应性强(Pozo et al., 2002)；因含苜蓿皂苷而具有抗植食性昆虫、抗真菌等作用(杨再波 等，2011)。**可能扩散的区域：**全国各地。

【危害及防控】该种为旱地杂草，逸生地及栽培园圃会发生霜霉病、苜蓿白粉病、苜蓿锈病，危害程度较轻。应严格引种，避免将种子带入农田，出现入侵时可以用施泰隆、甲硫嘧磺隆除草剂防除。

【凭证标本】广西壮族自治区桂林市雁山镇，海拔156 m，25.069 2°N，110.298 5°E，2016年2月23日，韦春强、李象钦 RQXN08049(CSH)；浙江省宁波市慈溪市大岐山村，海拔15 m，30.168 1°N，121.465 4°E，2014年10月31日，严靖、闫小玲、王樟华、李惠茹 RQHD01203(CSH)；辽宁省营口市老边区路南镇赵平房村，海拔52 m，41.861 0°N，123.475 7°E，2014年6月29日，齐淑艳 RQSB04854(CSH)。

南苜蓿
（*Medicago polymorpha* Linnaeus）

1. 生境；2. 植株；3. 托叶；
4. 花序；5～6. 果序

参考文献

韦直，黄以之，1998. 苜蓿属［M］// 中国科学院中国植物志编辑委员会 . 中国植物志：第 42 卷：第 2 分册 . 北京：科学出版社：312-328.

孙醒东，缪应庭，1963. 华北地区重要绿肥的研究［J］. 河北农业大学学报，2（2）：33-50.

杨再波，龙成梅，毛海立，等，2011. 微波辅助顶空固相微萃取法分析印度草木犀不同部位挥发油化学成分［J］. 精细化工，28（8）：765-769.

中国科学院植物研究所，1955. 中国主要植物图说：第五册　豆科［M］. 北京：科学出版社 .

Kumari S, Bir S S, 1990. Karyomorphological evolution in Papilionaceae[J]. Journal of Cytology and Genetics, 25(1): 173–219.

Mohamed M K, 1997. Chromosome counts in some flowering plants from Egypt[J]. Egyptian Journal of Botany, 37(2): 129–156.

Pozo A D, Ovalle C, Aronson J, et al., 2002. Ecotypic differentiation in *Medicago polymorpha* L. along an environmental gradient in central Chile. I. Phenology, biomass production and reproductive patterns[J]. Plant Ecology, 159(2): 119–130.

Runemark H, 2006. Mediterranean chromosome number reports 16 (1473–1571)[J]. Flora Mediterranea, 16: 408–425.

Scarpa G M, Pupilli F, Damiani F, et al., 1993. Plant regeneration from callus and protoplasts in *Medicago polymorpha*[J]. Plant Cell Tissue and Organ Culture, 35(1): 49–57.

Wei Z, Vincent M A, 2010. *Medicago*[M]//Wu Z Y, Raven P H, Hong D Y. Flora of China: vol. 10. Beijing: Science Press & St. Louis: Missouri Botanical Garden Press: 553–557.

2. **紫苜蓿** ***Medicago sativa*** Linnaeus, Sp. Pl. 2: 778. 1753.

【**特征描述**】多年生草本。茎直立、斜升或平卧，高 20～60 cm，无毛或微被柔毛，基部多分枝。羽状三出复叶；托叶大，长约 5 mm，呈卵状披针形，先端锐尖，疏被长柔毛；叶柄比小叶短；小叶长卵形、倒长卵形至线状卵形，等大或顶生小叶稍大，纸质，先端钝圆，有小短尖，基部楔形，边缘中上部具锯齿，上面无毛，深绿色，下面仅幼时被贴伏柔毛。花序总状或头状，长 10～25 mm，具花 5～10 朵；总花梗挺直，长 15～20 mm，比叶长，与花序轴、花梗、花萼及子房均被毛；苞片呈线状锥形，与花梗近等长；花长 6～12 mm；花梗短，长约 2 mm；花萼钟形，长 3～5 mm，萼齿呈线状锥形，比萼筒长；花冠为深蓝至暗紫色，花瓣均具长瓣柄，旗瓣长圆形，先端微凹，翼瓣稍短，龙骨瓣最短；子房线形，花柱短阔，柱头呈点状，胚珠多颗。荚果螺旋状卷2～6圈，熟时为棕色；有种子10～20粒；种子卵形，平滑，黄色或棕色（韦直和黄以之，1998；Wei & Vincent, 2010）。**染色体**：2*n*=16、32、48（Nazarova & Ghukasyan, 2004; Mariani, 1975; Schlarbaum et al., 1988）。**物候期**：花期5—9月，果期8—11月。

【原产地及分布现状】 该种原产于西亚，现归化于美洲、加勒比海区域。**国内分布**：安徽、澳门、北京、重庆、福建、甘肃、广西、贵州、河北、河南、黑龙江、湖北、湖南、吉林、江苏、江西、辽宁、内蒙古、宁夏、青海、陕西、山东、山西、四川、上海、台湾、天津、西藏、香港、新疆、云南、浙江。

【生境】 田边、沟谷、草地、路旁、旷野、河岸。

【传入与扩散】 **文献记载**：大约公元前100年，汉代张骞出使西域时首先引种到陕西（马金双，2014）。我国汉代引入的苜蓿应该是开紫花苜蓿（孙启忠 等，2018）。《重要牧草栽培》（孙醒东，1954）对该种也有收录；陕西省、浙江省引种栽培作蜜源植物（韩鸿涛，1954）；1931年，该种已引至台湾地区，现已归化或形成入侵（Wu et al., 2003）；《中国主要植物图说》（中国科学院植物研究所，1955）和《西藏植物志》（李沛琼和倪志诚，1985）均收录了该种。**标本信息**：该种的模式标本采自欧洲西南部的葡萄牙和西班牙等区域；后选模式曾被Heyn于1959年指定过，但由于不能获得相关文献而无法确定。一些存放于英国自然历史博物馆的标本也都被认为是原始凭证材料［如（George Clifford s.n.; BM000646777, BM000646778, BM000646779）］。我国较早期的标本有1901年5月5日采自北京市天坛的标本（Anonymous 3630; PE00399554）。**传入方式**：人为有意带入栽植作牧草、绿肥、蜜源植物。**传播途径**：人为引进栽培后逸为野生或混杂于农作物种子中传播。**繁殖方式**：种子繁殖或营养繁殖。**入侵特点**：① 繁殖性　种子繁殖容易。② 传播性　随人工栽植传播、混杂于农作物种子中传播、靠种子重力和风力传播。③ 适应性　根系发达，生长健壮，对土壤要求不严，耐寒性强，抗干旱，适应性强。**可能扩散的区域**：全国各地。

【危害及防控】 该种为旱地杂草，有时危害农作物、果园等造成减产，有时抑制当地乡土植物生长但危害不大。控制引种，精选种子，出现入侵时可以通过人工拔除或用施泰隆、草甘膦、二甲四氯除草剂来防除。

【凭证标本】 贵州省黔南布依族苗族自治州长顺县城郊，海拔 1 146 m，26.005 0°N，106.438 06°E，2014 年 8 月 1 日，马海英、秦磊、敖鸿舜 GZ101（CSH）；江苏省盐城市东台市弶富线唐洋镇朱家墩，海拔 13.93 m，32.660 6°N，120.686 9°E，2015 年 5 月 25 日，严靖、闫小玲、李惠茹、王樟华 RQHD02007（CSH）；辽宁省抚顺市顺城区沿滨路月牙岛生态公园，海拔 72 m，41.859 7°N，123.836 4°E，2015 年 8 月 22 日，齐淑艳 RQSB03650（CSH）。

紫苜蓿（*Medicago sativa* Linnaeus）

1. 生境；2. 三出羽状复叶；3. 托叶；4. 小花；5. 果序

参考文献

李沛琼，倪志诚，1985. 豆科［M］// 吴征镒 . 西藏植物志：第 2 卷 . 北京：科学出版社：737.

马金双，2014. 中国外来入侵植物调查报告：下卷［M］. 北京：高等教育出版社：454.

韩鸿涛，1954. 白苜蓿和紫苜蓿［J］. 中国养蜂杂志（9）：16−18.

韦直，黄以之，1998. 苜蓿属［M］// 中国科学院中国植物志编辑委员会 . 中国植物志：第 42 卷：第 2 分册 . 北京：科学出版社：312−328.

孙启忠，柳茜，李峰，等，2018. 我国古代苜蓿物种考述［J］. 草业学报，27（8）：155−174.

孙醒东，1954. 重要牧草栽培［M］. 北京：科学出版社：13.

中国科学院植物研究所，1955. 中国主要植物图说：第五册　豆科［M］. 北京：科学出版社 .

Mariani A, 1975. Cytogenetic research on hexaploid alfalfa, *Medicago sativa* L.[J]. Caryologia, 28(3): 359−373.

Nazarova E A, Ghukasyan A G, 2004. In chromosome numbers of flowering plants of Armenian flora[Z]. Yerevan: Institute of Botany, National Academy of Sciences RA: 1−171.

Schlarbaum S E, Johnson L B, Stuteville D L, 1988. Characterization of somatic chromosome morphology in alfalfa, *Medicago sativa* L.: comparison of donor plant with regenerated protoclone[J]. Cytologia, 53(3): 499−507.

Wei Z, Vincent M A, 2010. *Medicago*[M]//Wu Z Y, Raven P H, Hong D Y. Flora of China: vol. 10. Beijing: Science Press & St. Louis: Missouri Botanical Garden Press: 553−557.

Wu S H, Chaw S M, Rejmanek M, 2003. Naturalized Fabaceae (Leguminosae) species in Taiwan: the first approximation[J]. Botanical Bulletin of Academia Sinica, 44(1): 59−66.

17. 草木犀属 *Melilotus* Miller

一年生或二年生草本，全株有香气。主根直。茎直立，多分枝。叶为三出羽状复叶，互生；托叶全缘或具齿裂，先端锥尖，贴生于叶柄上；顶生小叶具较长小叶柄，侧小叶几无柄，边缘多有锯齿，披针形至长椭圆形；小托叶无。多花疏列成的总状花序腋生，细长，花序轴伸长；苞片针刺状，小苞片缺；花小，明显两侧对称；花萼钟形，无毛或被毛，具 5 萼齿，近等长，具短梗；花冠为黄色或白色，偶带淡紫色晕斑，花瓣分离，呈覆瓦状排列，近轴的 1 枚花瓣（旗瓣）位于相邻两侧的花瓣之外，旗瓣呈长圆状卵形，无爪，翼瓣狭细，龙骨瓣（远轴的 2 枚花瓣）基部沿连接处合生呈龙骨状，阔镰形，钝头，直立，通常最短；

雄蕊联合成二体，上方 1 枚完全离生或中部联合于雄蕊筒；花柱向内弯曲，果期常宿存，柱头呈点状。荚果短直，阔卵形、球形或长圆形，表面有纹或褶，迟裂，具种子 1～2 粒；种子阔卵形，有香气，光滑（韦直和黄以之，1998；Wei & Vincent, 2010）。

本属有 20 余种，分布于地中海区域、西南亚、中亚和非洲（Wei & Vincent, 2010）。我国有 4 种，外来入侵种有 3 种（李沛琼和倪志诚，1985；韦直和黄以之，1998）。

参考文献

李沛琼，倪志诚，1985. 豆科［M］// 吴征镒 . 西藏植物志：第 2 卷 . 北京：科学出版社：781～907.

韦直，黄以之，1998. 草木犀属［M］// 中国科学院中国植物志编辑委员会 . 中国植物志：第 42 卷：第 2 分册 . 北京：科学出版社：297-302.

Wei Z, Vincent M A, 2010. *Melilotus*[M]//Wu Z Y, Raven P H, Hong D Y. Flora of China: vol. 10. Beijing: Science Press & St. Louis: Missouri Botanical Garden Press: 552–553.

分种检索表

1 托叶基部边缘膜质，呈小耳状，偶具 2～3 细齿；花小，长 2～2.5 mm；荚果球形，较小，长约 2 mm …………………………………………… 1. 印度草木犀 *M. indicus* (Linnaeus) Allioni

1 托叶基部边缘非膜质，全缘或基部有 1 尖齿；花较大，长 4～7 mm；荚果卵形，较大，长 3～5 mm ……………………………………………………………………………………………… 2

2 花冠为黄色；托叶呈镰状线形；荚果先端钝圆……2. 草木犀 *M. officinalis* (Linnaeus) Lamarck

2 花冠为白色；托叶呈尖刺状锥形；荚果先端锐尖 ………… 3. 白花草木犀 *M. albus* Medikus

1. **印度草木犀** ***Melilotus indicus*** (Linnaeus) Allioni, Fl. Pedem. 1: 308. 1785. —— *Trifolium indicum* Linnaeus, Sp. Pl. 2: 765. 1753.

【别名】 **小花草木犀**

【特征描述】一年生或二年生草本，高 20～80 cm。茎直立，呈之字形曲折，自基部分枝，圆柱形，初被细柔毛，后脱落无毛。三出羽状复叶；托叶披针形，长 4～6 mm，基部边缘膜质，呈小耳状，偶具 2～3 细齿；叶柄细，与小叶近等长，小叶倒卵状楔形至狭长圆形，近等大，长 10～25（～30）mm，宽 5～12 mm，基部楔形，顶端截形或微凹，边缘中上部具疏细锯齿，上面无毛，下面被贴伏柔毛。总状花序细，腋生，被柔毛，具花 15～25 朵；小苞片呈刺毛状，甚细；花小，长 2～2.5 mm；花梗甚短，长约 1 mm；花萼呈杯状，长约 1.5 mm，脉纹 5 条，明显隆起，萼齿三角形，稍长于萼筒；花冠为黄色，旗瓣阔卵形，先端微凹，与翼瓣、龙骨瓣近等长，或龙骨瓣稍伸出；子房呈卵状长圆形，无毛，具 2 颗胚珠。荚果球形，较小，长约 2 mm，具单粒种子；种子阔卵形，暗褐色（韦直和黄以之，1998；Wei & Vincent, 2010）。**染色体**：$2n$=16。**物候期**：花期 3—6 月，果期 5—7 月。

【原产地及分布现状】该种原产于南亚、中亚、南欧，现归化于东亚、南美洲、北美洲，以及拉丁美洲的哥斯达黎加、危地马拉、洪都拉斯、加勒比海地区。**国内分布**：安徽、重庆、福建、甘肃、广东、广西、贵州、海南、湖北、湖南、江苏、江西、辽宁、青海、陕西、山东、上海、四川、台湾、西藏、云南、浙江。

【生境】旷地、路旁及盐碱性土壤。

【传入与扩散】**文献记载**：1918 年，该种已引至台湾地区，现已归化或形成入侵（Wu et al., 2003）；《中国主要植物图说》（中国科学院植物研究所，1955）、《广州植物志》（侯宽昭，1956）、《西藏植物志》（李沛琼和倪志诚，1985）均收录了该种；其具有在三峡库区消落区生长窗口期快速建成植被的潜力（潘晓娇 等，2017）。**标本信息**：该种的模式标本采自印度和非洲，现存放于伦敦林奈学会植物标本馆（LINN930.2）。我国较早期的标本有 1918 年 10 月 25 日采自江苏省镇江市的标本（Courtois 22687; NAS00120673）。**传入方式**：人为有意带入栽植作牧草。**传播途径**：人为引进栽培后逸为野生。**繁殖方式**：种子繁殖或营养繁殖。**入侵特点**：① 繁殖性 蔓生快，种子繁殖容易。② 传播性 随人工栽植传播。③ 适应性　根系发达，生长健壮，对土壤要求不严，耐盐碱，耐寒性强，抗干旱，适应性强（Emada, 2009）。**可能扩散的区域**：全国各地。

【危害及防控】 该种为旱地杂草，主要危害果园，有时侵入农田（陈超 等，2014；Schwartz et al., 1987），危害程度较轻。控制引种，避免将种子带入农田，出现入侵时可以通过人工拔除或用化学除草剂来防除。

【凭证标本】 贵州省铜仁市松桃县苗王城，海拔 951 m，27.969 4°N，108.245 6°E，2015 年 8 月 7 日，马海英、邱天雯、徐志茹 ROXN07442（CSH）；青海省海西蒙古族藏族自治州乌兰县郊区，2015 年 7 月 14 日，张勇 RQSB02743（CSH）；湖南省怀化市洪江市，海拔 300～400 m，2016 年 7 月 16 日，金效华、张成、江燕 JXH17318（CSH）。

印度草木犀 [*Melilotus indicus* (Linnaeus) Allioni]

1. 植株的一部分；2. 小叶；3. 托叶；4. 花序；5. 果序

参考文献

陈超，黄顶，王堃，等，2014. 北方农牧交错带草木犀属外来植物沿公路分布和扩展的影响因素探讨［J］. 草地学报，22（4）：722-727.

侯宽昭，1956. 广州植物志［M］. 北京：科学出版社.

李沛琼，倪志诚，1985. 豆科［M］// 吴征镒. 西藏植物志：第 2 卷. 北京：科学出版社：735.

潘晓娇，林锋，刘园园，等，2017. 三峡库区 3 种豆科植物种子水淹耐受性及淹后萌发动态［J］. 重庆师范大学学报（自然科学版），34（4）：33-39.

韦直，黄以之，1998. 草木犀属［M］// 中国科学院中国植物志编辑委员会. 中国植物志：第 42 卷：第 2 分册. 北京：科学出版社：297-302.

中国科学院植物研究所，1955. 中国主要植物图说：第五册　豆科［M］. 北京：科学出版社.

Emada A S, 2009. *Melilotus indicus* (L.) All., a salt-tolerant wild leguminous herb with high potential for use as a forage crop in salt-affected soils[J]. Flora, 204(10): 737–746.

Schwartz A, Gilboa S, Koller D, 1987. Photonastic control of leaflet orientation in *Melilotus indicus* (Fabaceae)[J]. Plant Physiology, 84(2): 318–323.

Wei Z, Vincent M A, 2010. *Melilotus*[M]//Wu Z Y, Raven P H, Hong D Y. Flora of China: vol. 10. Beijing: Science Press & St. Louis: Missouri Botanical Garden Press: 552–553.

Wu S H, Chaw S M, Rejmanek M, 2003. Naturalized Fabaceae (Leguminosae) species in Taiwan: the first approximation[J]. Botanical Bulletin of Academia Sinica, 44(1): 59–66.

2. 草木犀 *Melilotus officinalis* (Linnaeus) Lamarck, Fl. Franc. 2: 594. 1779. —— *Trifolium officinale* Linnaeus, Sp. Pl. 2: 765. 1753.

【别名】 **辟汗草、黄香草木犀**

【特征描述】 一年生或二年生草本，高 40～150 cm。全株有香气。茎直立，粗壮，多分枝，具纵棱，微被柔毛。三出羽状复叶互生；托叶呈镰状线形，长 3～7 mm，中央有 1 条脉纹，基部边缘非膜质，全缘或基部有 1 尖齿；叶柄细长；小叶倒长卵形、倒窄披针形至线形，长 15～30 mm，宽 4～6 mm，先端钝圆或截形，具短尖，基部阔楔形，边缘具参差不齐的浅锯齿，上面粗糙但无毛，下面散生短柔毛。总状花序腋生，长 6～15 cm，具花 30～70 朵，花序轴在花期中显著伸展；苞片呈刺毛状，长约 1 mm；

花较大，长 4～7 mm；花梗与苞片等长或稍长；花萼钟形，长约 2 mm，具 5 条明显脉纹，萼齿呈三角状披针形，比萼筒短；花冠为黄色，旗瓣呈矩状倒卵形，顶端凹，与翼瓣近等长，龙骨瓣稍短或近等长；雄蕊筒在花后常宿存包于果外；子房呈卵状披针形，具（4）6（～8）颗胚珠。荚果卵形，较大，长 3～5 mm，先端钝圆，具宿存花柱，棕黑色，有柔毛，网脉明显，具 1 粒种子；种子长圆球形，黄褐色，平滑（韦直和黄以之，1998；Wei & Vincent, 2010）。**染色体**：$2n$=16。**物候期**：花期 5—8 月，果期 6—10 月。

【原产地及分布现状】 该种原产于西亚至南欧，现归化于亚洲的中国、南美洲的智利和玻利维亚、北美洲的加拿大及美国与墨西哥。**国内分布**：安徽、北京、重庆、福建、甘肃、广东、广西、贵州、河北、河南、黑龙江、湖北、湖南、吉林、江苏、江西、辽宁、宁夏、内蒙古、青海、山东、山西、陕西、上海、四川、台湾、天津、西藏、新疆、云南、浙江。

【生境】 路边、田边、荒地、果园、村旁、沙丘、山坡、草原。

【传入与扩散】 **文献记载**：该种作为牧草、绿肥和蜜源植物引种栽培（章元玮，1954；孙醒东和缪应庭，1963）；《中国主要植物图说》（中国科学院植物研究所，1955）、《西藏植物志》（李沛琼和倪志诚，1985）均收录了该种；1984 年已引至台湾地区，现已归化或形成入侵（Wu et al., 2003）；**标本信息**：Sales 和 Hedge（1993）指定 Joachim Burser 采自卢萨蒂亚（Lusatia），巴伐利亚（Bavaria），海尔维第（Helvetia），达尼亚（Dania）等地的一份标本作为后选模式，现存放于法国乌普萨拉自然历史博物馆（UPS: V-175226：台纸左边①）。我国较早期的标本有 1918 年 6 月 17 日采自江苏省的标本（Courtois 21360; NAS00120718），随后几年 Courtois 在江苏省又采集到好几份标本（Courtois 23706; NAS00120747）、（Courtois 33154; NAS00120746）、（Courtois 35503; NAS00120714）。**传入方式**：人为有意带入栽植作牧草（孙醒东和缪应庭，1963）。**传播途径**：人为引进栽培

---

① 该台纸上有 2 份标本，左边为本种后选模式标本。

后逸为野生。**繁殖方式**：种子繁殖或营养繁殖。**入侵特点**：① 繁殖性 蔓生快，种子繁殖容易。② 传播性 随人工栽植传播。③ 适应性 根系发达，生长健壮，对土壤要求不严，耐寒性强，抗干旱，适应性强（Wolf et al., 2004）。**可能扩散的区域**：全国各地。

【危害及防控】 在南方地区，主要为旱地杂草，危害果园，有时侵入农田，但危害程度较轻；在北方的农牧交错带，草木犀在公路沿线植物群落中已成为优势种，对公路两侧植物多样性和景观已造成一定的危害（陈超 等，2014）。控制引种，避免将种子带入农田，出现入侵时可以通过人工拔除或用化学除草剂来防除。

【凭证标本】 江苏省盐城市东台市富安镇高速出口处，海拔 3.62 m，32.657 0°N，120.509 7°E，2015 年 5 月 25 日，严靖、闫小玲、李惠茹、王樟华 RQHD01985（CSH）；新疆维吾尔自治区和田地区洛甫县喀拉喀什买里，海拔 823 m，37.080 7°N，80.014 6°E，2015 年 8 月 20 日，张勇 RQSB01946（CSH）；吉林省延边朝鲜族自治州珲春市口岸大路，海拔 41 m，42.827 2°N，130.380 4°E，2015 年 8 月 2 日，齐淑艳 RQSB03907（CSH）。

草木犀 [*Melilotus officinalis* (Linnaeus) Lamarck]

1. 生境；2. 植株的一部分；3. 根瘤；4. 三出羽状复叶；5. 托叶；6. 花序；7. 小花；8. 果序

参考文献

陈超，黄顶，王堃，等，2014. 北方农牧交错带草木犀属外来植物沿公路分布和扩展的影响因素探讨［J］. 草地学报，22（4）：722-727.

李沛琼，倪志诚，1985. 草木犀属［M］// 吴征镒 . 西藏植物志：第 2 卷 . 北京：科学出版社：735-736.

孙醒东，缪应庭，1963. 华北地区重要绿肥的研究［J］. 河北农业大学学报（2）：33-50.

韦直，黄以之，1998. 草木犀属［M］// 中国科学院中国植物志编辑委员会 . 中国植物志：第 42 卷：第 2 分册 . 北京：科学出版社：297-302.

章元玮，1954. 豆科中几种号称“苜蓿”的重要蜜源植物的区别和统一名称的建议［J］. 中国养蜂杂志，12（11）：11-20.

中国科学院植物研究所，1955. 中国主要植物图说：第五册　豆科［M］. 北京：科学出版社 .

Sales F S, Hedge I C, 1993. Notulae. *Melilotus* Miller (Leguminosae): typification and nomenclature[J]. Anales del Jardín Botánico de Madrid, 51(1): 171–175.

Wei Z, Vincent M A, 2010. *Melilotus*[M]//Wu Z Y, Raven P H, Hong D Y. Flora of China: vol. 10. Beijing: Science Press & St. Louis: Missouri Botanical Garden Press: 552–553.

Wolf J J, Beatty S W, Seastedt T R, 2004. Soil characteristics of Rocky Mountain National Park grasslands invaded by *Melilotus officinalis* and *M. alba*[J]. Journal of Biogeography, 31(3): 415–424.

Wu S H, Chaw S M, Rejmanek M, 2003. Naturalized Fabaceae (Leguminosae) species in Taiwan: the first approximation[J]. Botanical Bulletin of Academia Sinica, 44(1): 59–66.

3. **白花草木犀** ***Melilotus albus*** Medikus, Vorles. Churpfälz. Phys.-Ökon. Ges. 2: 382. 1787.

【别名】 **白蓓草木犀、白甜车轴草、白香草木犀**

【特征描述】 二年生草本，高 1～2 m，有香气。茎直立，圆柱形，中空，多分枝，毛极少或无。三出羽状复叶；托叶呈尖刺状锥形，长 0.6～1 cm，基部边缘非膜质，全缘，偶具 1 齿，中央有脉纹 1 条；叶柄短于小叶，纤细；小叶长圆形或披针状椭圆形，长 15～35 mm，宽 4～12 mm，顶端圆形，基部楔形，边缘疏生浅锯齿，上面无毛，下面被细柔毛，侧脉平行，12～15 对，顶生小叶稍大，具稍长小叶柄。总状花序腋生，长

9～20 cm，具花 40～100 朵，排列疏松；苞片线形，长约 2 mm；花长 4～7 mm；花梗短，长约 1 mm；花萼钟形，长约 2.5 mm，微被柔毛，萼齿呈三角状披针形，短于萼筒；花冠为白色，较萼长，旗瓣椭圆形，稍长，龙骨瓣与翼瓣稍短，几乎等长；子房呈卵状披针形，无毛，具胚珠 3～4 颗。荚果卵形，先端锐尖，较大，长 3～5 mm，具尖喙，褐色，具 1～2 粒种子；种子卵球形，黄褐色，表面具细瘤点（韦直和黄以之，1998；Wei & Vincent, 2010）。**染色体：**$2n$=16。**物候期：**花期 5—7 月，果期 7—9 月。

【原产地及分布现状】 该种原产于西亚至南欧，现归化于东亚、南美洲、加勒比海地区，北美洲的伯利兹、墨西哥、美国，以及大洋洲的澳大利亚。**国内分布：**安徽、北京、重庆、福建、甘肃、广东、贵州、河北、河南、黑龙江、湖北、湖南、吉林、江苏、江西、辽宁、内蒙古、宁夏、青海、山东、陕西、上海、四川、天津、西藏、新疆、云南、浙江。

【生境】 田边、路旁、山坡草丛、沟边湿地。

【传入与扩散】 **文献记载：**我国于 1922 年引进该种（张鹏，2017），作为牧草和蜜源植物等栽培（章元玮，1954；孙醒东和缪应庭，1963；王鹤桥，1993）；《中国主要植物图说》（中国科学院植物研究所，1955）、《东北草本植物志》（辽宁省林土壤研究所，1976）、《西藏植物志》（李沛琼和倪志诚，1985）均收录了该种；2005 年该种首次在广东省被发现（曾宪锋和文志强，2013）；2016 年首次在浙江省被发现（高浩杰，2018）。**标本信息：**本种的模式标本采自欧洲，后选模式标本由 Sales 和 Hedge（1993）指定，现存放于伦敦林奈学会植物标本馆（LINN930.5）。该种较早期的标本有 1929 年 10 月采自北京市的标本（刘慎谔 1247；PE00400170）。**传入方式：**人为有意带入栽植作牧草。**传播途径：**人为引进栽培后逸为野生。**繁殖方式：**种子繁殖或营养繁殖。**入侵特点：**① 繁殖性　蔓生快，种子繁殖容易。② 传播性　随人工栽植传播。③ 适应性　根系发达，生长健壮，对土壤要求不严，耐贫瘠、耐盐碱、耐水湿、耐寒，抗干旱（Evans & Kearney, 2003; Wolf et al., 2004）。**可能扩散的区域：**全国各地。

【危害及防控】 该种为一般杂草，主要危害果园，有时侵入农田，但危害程度较轻。控制引种，避免将种子带入农田，出现入侵时可以通过人工拔除或用化学除草剂来防除。

【凭证标本】 新疆维吾尔自治区阿勒泰地区北屯县高速路口，海拔 542 m，47.326 7°N，87.949 9°E，2015 年 8 月 11 日，张勇 RQSB02258（CSH）；河南省南阳市西峡市西坪镇西平服务区，海拔 443 m，33.465 0°N，111.116 2°E，2016 年 10 月 25 日，刘全儒、何毅等 RQSB09541（CSH）；黑龙江省鸡西市虎林市解放东街，海拔 414 m，42.827 2°N，130.380 4°E，2015 年 8 月 2 日，齐淑艳 RQSB03907（CSH）。

白花草木犀
（*Melilotus albus* Medikus）
1. 生境；2. 植株的一部分；
3. 三出羽状复叶；
4. 托叶；5. 花序；6. 小花

参考文献

高浩杰，2018. 浙江舟山群岛三种新记录植物 [J] . 广西植物，38 (10): 1286-1289.

辽宁省林业土壤研究所，1976. 东北草本植物志：第 5 卷 [M] . 北京：科学出版社：74-76.

李沛琼，倪志诚，1985. 草木犀属 [M] // 吴征镒 . 西藏植物志：第 2 卷 . 北京：科学出版社：736-737.

孙醒东，缪应庭，1963. 华北地区重要绿肥的研究 [J] . 河北农业大学学报 (2): 33-50.

韦直，黄以之，1998. 草木犀属 [M] // 中国科学院中国植物志编辑委员会 . 中国植物志：第 42 卷：第 2 分册 . 北京：科学出版社：297-302.

王鹤桥，1993. 黑龙江省主要绿肥牧草的生态特性及其栽培利用 [J] . 现代化农业 (1): 9-11.

曾宪锋，文志强，2013. 潮汕地区产 3 种广东省新记录植物 [J] . 广东农业科学 (7): 155-156.

张鹏，2017. 饲料用草白花草木犀的种植技术 [J] . 畜牧兽医科技信息 (7): 131.

章元玮，1954. 豆科中几种号称“苜蓿”的重要蜜源植物的区别和统一名称的建议 [J] . 中国养蜂杂志，12 (11): 11-20.

中国科学院植物研究所，1955. 中国主要植物图说：第五册　豆科 [M] . 北京：科学出版社 .

Evans P M, Kearney G A, 2003. *Melilotus albus* (Medik.) is productive and regenerates well on saline soils of neutral to alkaline reaction in the high rainfall zone of south-western Victoria[J]. Australian Journal of Experimental Agriculture, 43(4): 349–355.

Sales F S, Hedge I C, 1993. Notulae. *Melilotus* Miller (Leguminosae): typification and nomenclature[J]. Anales del Jardín Botánico de Madrid, 51(1): 171–175.

Wei Z, Vincent M A, 2010. *Melilotus*[M]//Wu Z Y, Raven P H, Hong D Y. Flora of China: vol. 10. Beijing: Science Press & St. Louis: Missouri Botanical Garden Press: 552–553.

Wolf J J, Beatty S W, Seastedt T R, 2004. Soil characteristics of Rocky Mountain National Park grasslands invaded by *Melilotus officinalis* and *M. alba*[J]. Journal of Biogeography, 31(3): 415–424.

18. 含羞草属 *Mimosa* Linnaeus

多年生、有刺草本或灌木，稀为乔木或藤本。托叶小，呈钻状。二回羽状复叶，常很敏感，触之即闭合或下垂，叶轴上通常无腺体；小叶细小，多数。花小，辐射对称，两性或杂性（雄花、两性花同株），通常 4～5 朵，组成稠密的球形头状花序或圆柱形的穗状花序，花序单生或簇生；花萼呈钟状，具短裂齿；花瓣下部合生，花瓣呈镊合状排列；雄蕊与花瓣同数或为花瓣数的 2 倍，分离，伸出花冠之外，花药顶端无腺体；子房无柄或有柄，胚珠 2 至多颗。荚果长椭圆形或线形，扁平，直或略弯曲，有荚节 3～6 个，荚节成熟后逐节脱 落，脱落后具长刺毛的荚缘宿存在果柄上；种子卵形或圆形，扁平。

本属约有 500 种，大部分产于美洲热带地区，少数分布于全世界的热带、温带地区。《中国植物志》（吴德邻，1988）和 *Flora of China*（Wu & Nielsen, 2010）收载了 3 种及 1 种变种，《台湾树木图志》（吕福原 等，2000）新增了 1 种，即刺轴含羞草（*Mimosa pigra* Linnaeus）。含羞草属植物在中国分布于澳门、福建、广东、广西、江西、海南、台湾、香港、云南，均非原产，且均为危害严重或较为严重的入侵种。本书收载该属入侵植物 4 种及 1 种变种。

参考文献

吕福原，欧辰雄，陈运造，等，2000. 台湾树木图志：第 1 卷［M］. 台中：欧辰雄：170-171.

吴德邻，1988. 含羞草属［M］// 中国科学院中国植物志编辑委员会 . 中国植物志：第 39 卷 . 北京：科学出版社：15-18.

Wu D L, Nielsen I C, 2010. Tribe Mimoseae[M]//Wu Z Y, Raven P H, Hong D Y. Flora of China: vol. 10. Beijing: Science Press & St. Louis: Missouri Botanical Garden Press: 53–54.

分种检索表

1 羽片通常为 2 对 ………………………………………………… 4. 含羞草 *M. pudica* Linnaeus

1 羽片为 5～15 对 …………………………………………………………………………… 2

2 亚灌木状草本 ……………………………………………………………………………… 3

2 灌木至小乔木 ……………………………………………………………………………… 4

3 茎上有钩刺，荚果边缘及荚节上有刺毛……2. 巴西含羞草 *M. diplotricha* C. Wright ex Sauvalle

3 茎上无钩刺，荚果边缘及荚节上无刺毛……………………………………………………………
……………………………2a. 无刺巴西含羞草 *M. diplotricha* var. *inermis* (Adelbert) Veldkamp

4 小叶 12～16 对；花为白色……………… 1. 光荚含羞草 *M. bimucronata* (de Candolle) Kuntze

4 小叶 49～53 对；花为粉红色………………………………… 3. 刺轴含羞草 *M. pigra* Linnaeus

1. **光荚含羞草 *Mimosa bimucronata*** (de Candolle) Kuntze, Revis. Gen. Pl. 1: 198. 1891. —— *Acacia bimucronata* de Candolle, Prodr. 2: 469. 1825.

【别名】 **簕仔树**

【特征描述】 常绿或落叶灌木至小乔木，多有刺，少有无刺者，高 3～6 m；小枝密被黄色茸毛。二回羽状复叶，羽片 6～7 对，长 2～6 cm，叶轴被短柔毛，小叶 12～16 对，线形，长 5～7 mm，宽 1～1.5 mm，革质，先端具小尖头，除边缘疏具缘毛外，其余无毛，中脉略偏上缘。头状花序球形；花为白色；花萼呈杯状，极小；花瓣长圆形，长约 2 mm，仅基部联合；雄蕊 8 枚，花丝长 4～5 mm。荚果呈带状，劲直，长 3.5～4.5 cm，宽约 6 mm，无刺毛，褐色，通常有 5～7 个荚节，成熟时荚节脱落而残留荚缘。**染色体**：$2n$=26（Castro et al., 2013）。**物候期**：花期 3—9 月，果期 10—11 月。

【原产地及分布现状】 该种原产于美洲热带地区，现归化于北美洲、亚洲热带和亚热带地区。**国内分布**：澳门、福建、广东、广西、海南、江西、香港。

【生境】 路旁、溪边、荒野成片生长。

【传入与扩散】 **文献记载**：20 世纪 50 年代，广东省中山县华侨将该种引入我国（万

方浩 等，2012）。**标本信息**：该种的模式标本采自巴西，现存放于德国慕尼黑国立植物学收藏馆（C.F.P. von Martius 2292）。1920 年 1 月 25 日在广东省东沙群岛采集到该种标本（To Kang Peng 6252; IBSC0176422），定名为簕边含羞草（*Mimosa sepiaria* Bentham）；蒋英于 1928 年 4 月 21 日在香港特别行政区采集到该种植物的标本（蒋英 335；IBSC0176430），也定名为簕边含羞草。**传入方式**：人工引种。**传播途径**：因其有刺，生长繁茂，各地栽培作为防护功能的林带，种子随带土苗木传播。**繁殖方式**：种子繁殖。**入侵特点**：① 繁殖性 种子繁殖数量大，生长繁殖快，易形成优势群落。② 传播性 花序大型，种子产生量较多，可以出苗繁殖，还有作为防护绿篱引种栽培的现象，传播性较强。③ 适应性 喜光、喜温暖湿润的气候，耐瘠薄，抗性强。**可能扩散的区域**：热带、亚热带地区。

【危害及防控】 光荚含羞草具有生长迅速、耐热、耐旱、耐涝等特点，且广东、海南等省的气候条件非常适合光荚含羞草的生长和繁殖，具有很强的入侵威胁（刘吉峰和刘强，2011）。目前，光荚含羞草的入侵范围扩展了很多，在江西省赣州市也有了分布（曾宪锋 等，2013），入侵性较强，危害严重。应限制引种栽培。通过人工和化学方式来防治光荚含羞草费时费力，且化学防治易造成环境污染。因此，生物防治和综合利用就成为光荚含羞草防治研究的重要方向（刘吉峰和刘强，2011）。但是，目前最好的办法仍是人工伐除。

【凭证标本】 广东省梅州市平远县大柘镇，海拔 176 m，24.335 0°N，115.551 8°E，2014 年 9 月 7 日，曾宪锋、邱贺媛 RQHN05955（CSH）；广东省清远市连山县太保镇白沙坪村，海拔 206 m，24.422 3°N，112.133 2°E，2014 年 7 月 12 日，王瑞江 RQHN00061（CSH）；广东省湛江市赤坎区瑞云湖公园，海拔 28 m，21.155 2°N，110.204 1°E，2015 年 7 月 6 日，王发国、李西贝阳、李仕裕 RQHN02963（CSH）。

光荚含羞草 [*Mimosa bimucronata* (de Candolle) Kuntze]

1. 生境；2. 二回羽状复叶；3. 茎和叶轴上的皮刺；4. 花序；5. 头状花序；6. 果

参考文献

刘吉峰，刘强，2011. 外来植物光荚含羞草的防治和综合利用［J］. 中国热带农业（5）：81–84.

万方浩，刘全儒，谢明，2012. 生物入侵：中国外来入侵植物图鉴［M］. 北京：科学出版社：104–105.

曾宪锋，邱贺媛，杜晓童，等，2013. 江西省新记录入侵植物赛葵、光荚含羞草［J］. 福建林业科技，40（4）：108–109，162.

Castro J P, Luiz G R S, Alves L F, et al., 2013. In IAPT/IOPB chromosome data 15[J]. Taxon, 62(5): E1–E6.

2. **巴西含羞草** ***Mimosa diplotricha*** C. Wright ex Sauvalle, Anales Acad. Ci. Med. Habana. 5: 405. 1868.

【别名】 **美洲含羞草、含羞草**

【特征描述】 亚灌木状草本；茎攀缘或平卧，长可达数米，具棱，茎上生有钩刺，其余被疏长毛，老时毛脱落。二回羽状复叶，长 10～15 cm；总叶柄及叶轴有钩刺 4～5 列；羽片（4～）7～8 对，长 2～4 cm；小叶（12～）20～30 对，呈线状长圆形，长 3～5 mm，宽约 1 mm，被白色长柔毛。头状花序花时连花丝直径约 1 cm，1 或 2 个生于叶腋，总花梗长 5～10 mm；花为紫红色，花萼极小，4 齿裂；花冠呈钟状，长 2.5 mm，中部以上 4 瓣裂，外面稍被毛；雄蕊 8 枚，花丝长为花冠的数倍；子房呈圆柱状，花柱细长。荚果长圆形，长 2～2.5 cm，宽 4～5 mm，边缘及荚节有刺毛。**染色体**：$2n$=26（黄少甫 等，1989）。**物候期**：花、果期几乎全年。

【原产地及分布现状】 该种原产于南美洲及墨西哥。现归化于非洲、亚洲、加勒比海地区、中南美洲以及印度洋地区的毛里求斯、太平洋地区的北马里亚纳群岛、大洋洲的澳大利亚等地。**国内分布**：福建、广东、广西、海南、台湾、香港、云南。

【生境】路旁、旷野、荒地、果园及苗圃等。

【传入与扩散】**文献记载**：《广州植物志》（侯宽昭，1956）以及《海南植物志》（陈焕镛，1965）对该种有记载。**标本信息**：该种模式标本采自古巴，后选模式标本（C. Wright 3541）保存于瑞典自然历史博物馆（S-R-8556）、法国国家自然历史博物馆（P00756039）和哈佛大学标本馆（GH00040808）。1950年，陈少卿在广东省广州市石牌中山大学采集到该种的标本（陈少卿 6908；IBK00068136）。**传入方式**：有意引入，作为花卉栽培（何家庆，2012）。**传播途径**：随带土苗木、草皮传播，人畜钩带。**繁殖方式**：种子繁殖。**入侵特点**：① 繁殖性　种子数量较大，繁殖能力强。② 传播性　果荚上的刺能钩住人畜，随人畜四处传播，或种子随水流带到另一个地方迅速入侵。③ 适应性　该种在热带、南亚热带地区生态适应性强，生长迅速。**可能扩散的区域**：热带、亚热带地区。

【危害及防控】该种生态适应性强，生长迅速，单种群落密不透风，一旦蔓延，可能造成重大生态或经济损害。危害严重。可以通过机械清除，采用开花前连根拔除的方式来达到防控目的。

【凭证标本】海南省儋州市东城镇，海拔46 m，19.402 2°N，109.283 5°E，2015年12月18日，曾宪锋 RQHN03530（CSH）；广西壮族自治区崇左市夏石镇，海拔209 m，22.649 5°N，106.534 8°E，2015年11月20日，韦春强、李象钦 RQXN07766（CSH）；香港特别行政区新界大埔区大埔滘，海拔25 m，22.261 7°N，114.953 0°E，2015年7月28日，王瑞江、薛彬娥、朱双双 RQHN01005（CSH）。

巴西含羞草（*Mimosa diplotricha* C. Wright ex Sauvalle）

1. 生境及群落；2. 二回羽状复叶；3～4. 茎上的钩刺；5. 花序及花；6. 果实

参考文献

陈焕镛，1965. 含羞草科［M］// 中国科学院华南植物研究所 . 海南植物志：第 2 卷 . 北京：科学出版社：204–215.
何家庆，2012. 中国外来植物［M］. 上海：上海科技出版社：185.
侯宽昭，1956. 广州植物志［M］. 北京：科学出版社：311.
黄少甫，赵治芬，陈忠毅，等，1989. 一百种植物的染色体计数［M］// 中国科学院华南植物研究所 . 中国科学院华南植物研究所集刊：第五集 . 北京：科学出版社：161–176.

2a. **无刺巴西含羞草** ***Mimosa diplotricha*** var. ***inermis*** (Adelbert) Veldkamp, Fl. Males. Bull. 9: 416. 1987.—— *Mimosa invisa* Martius var. *inermis* Adelbert, Reinwardtia 2: 359. 1953.

【别名】 **毒死牛**

【特征描述】 亚灌木状草本，一年生株高 30 cm，多枝杈，多年生株高 3～5 m。小叶深绿色羽毛状，头状花序呈圆球状，花为紫红色，花量极多，密布叶丛中。茎上无钩刺，荚果边缘及荚节上无刺毛。**物候期：**花期 6—12 月。

【原产地及分布现状】 该种原产于巴西，现归化于全世界热带地区。**国内分布：**澳门、福建、广东、广西、海南、香港。

【生境】 荒地、果园、路边等。

【传入与扩散】 **文献记载：**《广西植物名录》（广西植物研究所，1971）、《广东植物志》（吴德邻，2003）、《广西植物志》（李树刚，2005）均收载本变种。**标本信息：**该种的模式标本（A. J. H. van Haaren s.n.=H.B. 116118）采自栽培于印度尼西亚爪哇 Bogor Centrale Profestations Vereniging 试验园的植物，主模式标本存放于茂物植物标本馆（BO）（Kostermans, 1953），等模式标本存放于荷兰莱顿大学标本馆（L0019079）。陈少卿于 1961 年 4 月 29 日在海南省万宁市兴隆镇采集到该变种的植物标本（陈少卿 17904；IBSC0161314）。**传入方式**：作为绿肥引种（刘悦义，1992；马金双，2014），逸为野生。**传播途径**：人为引种栽培，逸生进而入侵。**繁殖方式**：种子繁殖。**入侵特点**：① 繁殖性　种子数量较大，繁殖率高。② 传播性　种子小，可随苗木、草皮交易传播。③ 适应性　适应温暖湿润的气候，喜光，稍耐荫蔽，果园等疏林下也可生存；对土质要求不严，喜温暖，喜光照，耐热，怕冷，最佳生长温度为 15～30℃，夏季可耐 45℃的高温。冬季须保持在 6～8℃才能安全越冬，0～2℃易受冷枯死。**可能扩散的区域**：热带、亚热带地区。

【危害及防控】 在荒地、路边、林窗、林缘、果园内都能旺盛生长，植株含有皂素，牲畜误食会中毒致死，海南省琼海市牌楼村就曾发生过同一块荒草地（生长大量无刺含羞草）接连毒死了 3 头牛的事故。危害严重。应根除现有的植株；不得再引种栽培。

【凭证标本】 福建省漳州市云霄县县城，海拔 16 m，23.534 3°N，117.202 8°E，2014 年 10 月 16 日，曾宪锋 RQHN06425（CSH）；广东省茂名市化州胶林公园，海拔 22 m，21.382 7°N，110.372 0°E，2015 年 7 月 8 日，王发国、李西贝阳、李仕裕 RQHN03001（CSH）；海南省儋州市三都镇堂柏村，海拔 6 m，19.474 7°N，109.135 9°E，2015 年 12 月 19 日，曾宪锋 RQHN03575（CSH）。

【相似种】 作为巴西含羞草的变种与巴西含羞草的主要区别在于茎上无钩刺，荚果边缘及荚节上无刺毛。

无刺巴西含羞草 [*Mimosa diplotricha* var. *inermis* (Adelbert) Veldkamp]

1. 群落及生境；2. 开花的植株群落；3. 花序；4. 放大的头状花序；5. 果实；6. 种子

参考文献

广西植物研究所，1971. 广西植物名录：第 2 册［M］. 桂林：广西植物研究所：280.
李树刚，2005. 含羞草科［M］// 中国科学院广西植物研究所 . 广西植物志：第 2 卷 . 南宁：广西科学技术出版社：416-441.
刘悦义，1992. 优良绿肥覆盖作物：无刺含羞草［J］. 农业科技通讯（3）：31
马金双，2014. 中国外来入侵植物调研报告：下卷［M］. 北京：高等教育出版社：592-593.
吴德邻，2003. 含羞草科［M］// 中国科学院华南植物研究所 . 广东植物志：第五卷 . 广州：广东科技出版社：141-163.
Kostermans A J G H, 1953. New and critical Malaysian plants-I[J]. Reinwardtia, 2(2): 357–366.

3. **刺轴含羞草** ***Mimosa pigra*** Linnaeus, Cent. Pl. 1: 13. 1755.

【别名】 **含羞树**

【特征描述】 多年生灌木，稀为乔木。茎被疏毛，具短刺；托叶小，呈钻状。二回羽状复叶，羽片 10～15 对，常很敏感，触之即闭合或下垂，叶轴上通常无腺体，但在每对小羽片之间的近轴面生有 1 枚长刺，侧轴面生 1 枚短刺；小叶 49～53 对，线形至线状长圆形，长 4～11 mm，宽 0.8～1.5 mm，顶端渐尖，基部钝圆，上面光滑，破布被细毛，具缘毛。头状花序，常 1～3 个，腋生或顶生呈总状；总花梗长 1.5～3.5 cm，被贴伏向上的毛；花小，两性或杂性，通常 4～5 数，为粉红色；花萼呈钟状，具短裂齿；花瓣下部合生；雄蕊与花瓣同数或为花瓣数的 2 倍，分离，伸出花冠之外，花丝为紫红色至苍白色，花药顶端无腺体；子房无柄或有柄，胚珠 2 至多颗。荚果常 4～6 个簇生，长 4～8 cm，宽 1～1.2 cm，长椭圆形或线形，扁平，直或略弯曲，有荚节 3～6 个，荚节脱落后具长刺毛的荚缘宿存在果柄上；种子卵形或圆形，扁平。**染色体**：$2n=26$（Castro et al., 2013）。**物候期**：花期 4—6 月，果期 5—12 月。

【原产地及分布现状】 该种原产于美洲热带地区，现归化于亚洲热带地区和澳大利亚。**国内分布**：海南、台湾、云南。

【生境】海滩、河边、荒地，该种的生境广泛，不受条件限制。

【传入与扩散】**文献记载：**汪嘉熙、丁志遵于1958年首次在云南省红河哈尼族彝族自治州河口瑶族自治县采集到该种植物。20世纪90年代，在云南省西双版纳傣族自治州勐海县打洛镇打洛江边也有发现（马金双，2014）。我国台湾地区南部已归化（吕福原 等，2000；Yang & Peng, 2001）。2012年春，在海南省海口市南渡江河边发现该种（Zeng et al., 2013）。**标本信息：**Verdcourt（1989）建议将 *Mimosa pigra* L. 作为该种的保留名，并将采自莫桑比克加沙地区的标本（Barbosa & Lemos 7999）作为保留模式，主模式标本现存放于英国皇家植物园——邱园（K000232405），等模式标本被存放于葡萄牙科英布拉大学标本馆（COI）、里斯本大学标本馆（LISC）等标本馆。1958年，汪嘉熙、丁志遵首次在云南省红河哈尼族彝族自治州河口瑶族自治县采集到该种植物的标本（汪嘉熙和丁志遵 1138；NAS00391133），但该标本被错误定名为巴西含羞草（*Mimosa diplotricha*）。**传入方式：**可能随海运船舶无意带入。**传播途径：**其荚果断裂成含1粒种子的荚节，可随水流传播，也有可能随轮船压舱水传播。**繁殖方式：**种子繁殖。**入侵特点：**① 繁殖性　种子数量大，发芽率高。② 传播性　果实成熟后断裂成含有1粒种子的荚节，荚节密封性好，可随水流、洋流漂流传播，荚节上有钩刺毛，可随人畜活动传播。③ 适应性　生境不受条件限制，适应性强，耐水湿，干旱瘠薄的沙砾地或田边肥沃土地均能生长，传播速度快。**可能扩散的区域：**热带和南亚热带地区。

【危害及防控】该种全株长满钩刺，给生产管理上带来不便。一旦扩散，将很难铲除。该种已被IUCN列入世界100种恶性入侵物种名单，危害潜力巨大。据预测，刺轴含羞草在我国的适生区主要分布在云南省、海南省、广东省西南部以及台湾地区（岳茂峰 等，2013）。实际上，该种目前仅在台湾地区以及云南省南部部分区域生长较多，在海南省海口市也仅发现2个居群，因此暂定危害等级为轻度。在防控上，应组织人力迅速根除已经入侵我国局部地区的植株；加强检疫，防止通过种子、花木输入我国；严禁引种栽培。

【凭证标本】海南省海口市琼山区南渡江边，海拔5 m，2012年5月28日，曾宪锋 ZXF12223（CZH）。

刺轴含羞草（*Mimosa pigra* Linnaeus）

1. 生境及群落；2. 二回羽状复叶；3. 刺；4. 花序及花；5. 果实；6. 果、缝线（荚缘）、荚节及种子

参考文献

马金双，2014. 中国外来入侵植物调研报告：下卷［M］. 北京：高等教育出版社：593.

吕福原，欧辰雄，陈运造，等，2000. 台湾树木图志：第 1 卷［M］. 台中：欧辰雄：170-171.

岳茂峰，冯莉，田兴山，等，2013. 基于 MaxEnt 的入侵植物刺轴含羞草的适生分布区预测［J］. 生物安全学报，22（3）：173-180.

Castro J P, Luiz G R S, Alves L F, et al., 2013. In IAPT/IOPB chromosome data 15[J]. Taxon, 62(5): E1–E6.

Verdcourt B, 1989. Proposal to conserve the name *Mimosa pigra* L. with a conserved type (Spermatophyta: Leguminosae-Mimosoideae)[J]. Taxon, 38(3): 522–523.

Yang S Z, Peng C I, 2001. An invading plant in Taiwan: *Mimosa pigra* L.[J]. Quarterly Journal of Forest Research, 23 (2): 1–6.

Zeng X F, Qiu H Y, Ma J S, 2013. *Mimosa pigra* L.: a newly naturalized invasive plant of mainland of China[J]. Guangdong Agriculture Sciences, 40 (4): 72–73.

4. **含羞草 *Mimosa pudica*** Linnaeus, Sp. Pl. 1: 518. 1753.—— *Mimosa pudica* var. *unijuga* (Duchass. & Walp.), Griseb. Abh. Königl. Ges. Wiss. Göttingen 7: 211. 1857.

【别名】 **知羞草、呼喝草、怕丑草、双羽含羞草**

【特征描述】 亚灌木状草本，高可达 1 m，茎呈圆柱状，具散生钩刺及倒生刺毛。叶为二回羽状复叶，触之即闭合下垂；羽片通常为 2 对，近指状排列，长 3～8 cm；每一羽片具 10～20 对小叶，小叶呈线状长圆形，长 8～13 mm，宽 1.5～2.5 mm。花小，多数，淡红色，组成直径约 1 cm 的头状花序；雄蕊 4 枚，伸出于花冠之外。荚果长圆形，长 1～2 cm，宽约 5 mm，扁平，边缘呈波状并有刺毛。每荚节含 1 粒种子。**染色体**：$2n$=52（Nazeer & Madhusoodanan, 1983; 万方浩 等，2012）。**物候期**：花期 3—10 月，果期 5—11 月（吴德邻 , 1988）。

【原产地及分布现状】 该种原产于美洲热带地区。现已成为泛热带杂草，中美洲、南美洲、非洲、亚洲的热带和亚热带地区都有分布。**国内分布**：安徽、澳门、北京、重庆、福建、广东、广西、贵州、海南、湖北、江苏、江西、上海、山东、山西、陕西、台湾、香港、新疆、云南、浙江。

【生境】 旷野荒地、果园、苗圃。

【传入与扩散】 **文献记载**：明朝末期该种作为观赏植物引入华南地区，1777 年出版的《南越笔记》对该种有记载（李振宇和解焱，2002）。1848 年，吴其濬在《植物名实图考》中对含羞草有详细的介绍（何家庆，2012）。**标本信息**：该种的模式标本采自从巴西引种到荷兰乔治·克利福德三世哈特营花园的栽培植株，后选模式标本（George Clifford s.n.; BM000628752）现存放于英国自然历史博物馆。据编者查证，1907 年 9 月 1 日，在广东省广州市白云山曾采集到该种植物标本（Anonymous 1588; PE01684986）。**传入方式**：作为观赏植物有意引入。**传播途径**：人为种植，逸生。**繁殖方式**：种子繁殖。**入侵特点**：① 繁殖性 种子繁殖。② 传播性 荚果断裂成含 1 粒种子的荚节，有刺毛，可黏附在人或动物身上传播。③ 适应性 喜光、喜温暖湿润的气候，喜沙质土壤，不耐寒。**可能扩散的区域**：热带、亚热带地区。

【危害及防控】 该种为南方秋熟旱地作物和果园杂草。全株有毒，广东西部和广西南部曾有牛误食该种而中毒死亡的报道（马金双，2014）。危害中度。应控制引种栽培；在发生地及时清除以达到防控目的。

【凭证标本】 广东省梅州市平远县大柘镇，海拔 182 m，24.325 7°N，115.513 6°E，2014 年 9 月 7 日，曾宪锋、邱贺媛 RQHN05941（CSH）；香港特别行政区九龙水塘，海拔 150 m，22.211 2°N，114.924 6°E，2015 年 7 月 27 日，王瑞江、薛彬娥、朱双双 RQHN00965（CSH）；广西壮族自治区来宾市象州县寺村镇，海拔 169.77 m，23.581 1°N，109.496 0°E，2016 年 8 月 5 日，韦春强、李象钦 RQXN08565（CSH）。

含羞草

（*Mimosa pudica* Linnaeus）

1. 群落及生境；
2. 二回羽状复叶及花序；
3. 总苞片及刺；
4. 花期植株；
5. 果实

参考文献

何家庆，2012. 中国外来植物［M］. 上海：上海科技出版社：185−186.
李振宇，解焱，2002. 中国外来入侵种［M］. 北京：中国林业出版社：118.
马金双，2014. 中国外来入侵植物调研报告：下卷［M］. 北京：高等教育出版社：593−594.
万方浩，刘全儒，谢明，2012. 生物入侵：中国外来入侵植物图鉴［M］. 北京：科学出版社：108−109.
吴德邻，1988. 含羞草属［M］// 中国科学院中国植物志编辑委员会. 中国植物志：第 39 卷. 北京：科学出版社：15−18.
Nazeer M A, Madhusoodanan K J, 1983. Intraspecific polyploidy in *Mimosa pudica* Linn.[J]. Current Sciences, 52(3): 128−129.

19. 刺槐属 *Robinia* Linnaeus

乔木或灌木，有时植物株各部（花冠除外）具腺刚毛，全株不被丁字毛。无顶芽，腋芽为叶柄下芽。奇数羽状复叶；托叶呈刚毛状或刺状；小叶全缘，无锯齿；具小叶柄及小托叶，叶轴顶端无卷须或小尖头。总状花序腋生，下垂；苞片膜质，早落；花萼呈钟状，5 齿裂，上方 2 萼齿近合生；花冠为白色、粉红色或玫瑰红色，花明显两侧对称，花瓣具柄，呈覆瓦状排列，近轴的 1 枚花瓣（旗瓣）位于相邻两侧的花瓣之外，旗瓣大，反折，翼瓣弯曲，龙骨瓣（远轴的 2 枚花瓣）基部沿连接处合生呈龙骨状，内弯，钝头；雄蕊二体，对旗瓣的 1 枚分离，其余 9 枚合生，花药同型，2 室纵裂；子房具柄，花柱呈钻状，顶端具毛，柱头小，顶生，胚珠多颗。荚果扁平，无荚节，沿腹缝线具狭翅，果瓣薄，有时外面密被刚毛；种子长圆形或偏斜肾形，无种阜。

该属约有 20 种，分布于北美洲至中美洲。我国栽培 2 种，2 变种。入侵种仅有刺槐 1 种。

刺槐 *Robinia pseudoacacia* Linnaeus, Sp. Pl. 2: 722. 1753.

【别名】 **洋槐**

【特征描述】 落叶乔木，高 10～25 m；树皮为灰褐色至黑褐色，浅裂至深纵裂，稀光滑。小枝为灰褐色，幼时有棱脊，微被毛，后无毛；具托叶刺，长达 2 cm；冬芽小，被毛。羽状复叶长 10～25（～40）cm；叶轴上面具沟槽；小叶 2～12 对，常对生，椭圆形、长椭圆形或卵形，先端圆，微凹，具小尖头，基部圆至阔楔形，全缘，上面为绿色，下面为灰绿色，幼时被短柔毛，后变无毛；小叶柄长 1～3 mm；小托叶呈针芒状。总状花序腋生，长 10～20 cm，下垂，花多数，芳香；苞片早落；花梗长 7～8 mm；花萼呈斜钟状，长 7～9 mm，具 5 萼齿，三角形至卵状三角形，密被柔毛；花冠为白色，各瓣均具瓣柄，旗瓣近圆形，长约 16 mm，宽约 19 mm，先端凹缺，基部圆，反折，内有黄斑，翼瓣斜倒卵形，与旗瓣几乎等长，长约 16 mm，基部一侧具圆耳，龙骨瓣呈镰状，三角形，与翼瓣等长或稍短，前缘合生，先端钝尖；雄蕊二体，对旗瓣的 1 枚分离；子房线形，长约 1.2 cm，无毛，柄长 2～3 mm，花柱钻形，上弯，顶端具毛，柱头顶生。荚果为褐色，或具红褐色斑纹，呈线状长圆形，扁平，先端上弯，具尖头，果颈短，沿腹缝线具狭翅；花萼宿存，有种子 2～15 粒；种子为褐色至黑褐色，微具光泽，有时具斑纹，近肾形，种脐圆形，偏于一端。**染色体**：2*n*=20、22（刘博 等，2005；Sun & Bartholomew, 2010）。**物候期**：花、果期 4—6 月。

【原产地及分布现状】 该种原产于北美洲，现归化于中美洲、南美洲、亚洲。**国内分布**：安徽、澳门、北京、重庆、福建、甘肃、贵州、广东、广西、河北、河南、湖北、湖南、吉林、江西、江苏、辽宁、内蒙古、宁夏、青海、山东、山西、陕西、上海、四川、香港、新疆、云南、浙江。

【生境】 山坡、路旁、荒地。

【传入与扩散】 **文献记载**：《中国主要植物图说》指明该种在崔友文的《华北经济植物志要》、周汉藩的《河北习见树木图说》中均有记载，可作行道树、造林树种、饲料、绿肥（中国科学院植物研究所，1955）；《中国外来植物》（何家庆，2012）中介绍，陈诏绂在《金陵园墅志》中记载：清光绪三至四年（1877—1878 年），由日本引种刺槐到南京，1897 年从欧洲引入青岛，最初称洋槐。**标本信息：**本种的模式标本为从美国弗吉尼亚引种至荷兰乔治·克利福德三世哈特营花园的植株。Jarvis 等人（1993）将存放于英国自然历史博物馆的标记为“Herb. Clifford 354, Robinia no.1B”（BM000646538）的这份标本定为后选模式，标记为“Robinia no.1A”（BM000646537）和“Robinia no.1C”（BM000646539）的植株同定为该种的原始模式标本。北江调查队于 1914 年在广东省清远地区也采到刺槐的标本（Hongkong Herb. No. 10907; IBSC0155047）。**传入方式：**人为引进。**传播途径：**引种栽培，后自然增殖。**繁殖方式：**种子或根蘖繁殖。**入侵特点：**① 繁殖性　种子数量大，繁殖力强，加之其根蘖繁殖力旺盛，因此刺槐生长繁殖很快。② 传播性　人工种植广泛，成熟种子就近传播，根蘖也可繁殖。③ 适应性　适应各种环境，环境适宜时长成高大乔木，环境贫瘠时长成灌木丛。**可能扩散的区域：**全国各地。

【危害及防控】目前，刺槐林用途广泛，生态效益亦佳（徐秀琴和杨敏生，2006）。易形成优势种群，影响入侵地的生物多样性。对我国北方地区的影响较重，对南方地区的影响轻微或没有危害。北方地区应控制种植规模，多方利用，减少刺槐的分布量，南方地区应严格控制引种以达到防控目的。

【凭证标本】福建省南平市建瓯市，海拔 106 m，26.572 4°N，118.195 6°E，2015 年 7 月 4 日，曾宪锋 RQHN07195（CSH）；甘肃省庆阳市西峰区陇东学院，海拔 1 379 m，35.434 7°N，107.405 9°E，2015 年 7 月 28 日，张勇、张永 RQSB03037（CSH）；贵州省毕节市黔西县近郊海子坝附近，海拔 1 252 m，27.004 8°N，106.000 3°E，2016 年 4 月 28 日，马海英、王罂、杨金磊 RQXN05072（CSH）。

刺槐（*Robinia pseudoacacia* Linnaeus）

1. 刺槐群落和生境；2. 带花枝系；3. 托叶刺；4. 花序及花；5. 果实；6. 种子及缝线

参考文献

何家庆，2012. 中国外来植物［M］. 上海：上海科技出版社：185-186.
刘博，陈成彬，李秀兰，等，2005. 豆科三属八种植物的核型及 rDNA 定位研究［J］. 云南植物研究，27（3）：261-268.
徐秀琴，杨敏生，2006. 刺槐资源的利用现状［J］. 河北林业科技（Z1）：54-57.
中国科学院植物研究所，1955. 中国主要植物图说：第五册 豆科［M］. 北京：科学出版社：302-304.
Jarvis C E, Barrie F R, Allan D M, et al., 1993. A list of Linnaean generic names and their types[J]. Regnum Vegetabile, 127: 1–100.
Sun H, Barthomew B, 2010. *Robinia*[M]//Wu Z Y, Raven P H, Hong D Y. Flora of China: vol. 10. Beijing: Science Press & St. Louis: Missouri Botanical Garden Press: 320.

20. 番泻决明属 *Senna* Miller

乔木、灌木、亚灌木或草本。叶呈螺旋状排列，为一回偶数羽状复叶；托叶早落；叶柄和叶轴上常有腺体；小叶对生，无柄或具短柄；托叶多样，无小托叶。花稍两侧对称（近辐射对称），通常为黄色，组成腋生的总状花序或顶生的圆锥花序，或有时 1 至数朵簇生于叶腋；苞片与小苞片缺如；萼筒很短，具 5 裂片，呈覆瓦状排列；花瓣通常为 5 片，近等长或下面 2 片较大，呈覆瓦状排列，近轴的 1 枚花瓣（旗瓣）位于相邻两侧的花瓣（翼瓣）之内；雄蕊 4～10 枚，常不相等，常分离，其中有些花药退化，花药背着或基着，孔裂或短纵裂；子房纤细，有时弯扭，无柄或有柄，有胚珠多颗，花柱内弯，柱头小。荚果形状多样，圆柱形或扁平，很少具 4 棱或有翅，木质、革质或膜质，2 瓣裂或不开裂，内面与种子之间有横隔；种子横生或纵生，有胚乳。

本属约有 260 种，分布于泛热带地区。我国有 15 种，其中 13 种为引进栽培或逸生。本书收录入侵种 5 种。

毛荚决明［*Senna hirsuta* (Linnaeus) H. S. Irwin & Barneby］，别名毛果决明、毛决明，原产于美洲热带地区，为灌木，嫩枝、叶柄与叶轴均被黄褐色长毛，在叶柄基部的上面有黑褐色腺体 1 枚；小叶呈卵状长圆形或长圆状披针形，长 3～8 cm，宽

1.5～3.5 cm，顶端渐尖，基部近圆形，边全缘，两面均被长毛。花序生于枝条顶端的叶腋；总花梗和花梗均被长柔毛。荚果细长，扁平，长 10～15 cm，宽约 6 mm，表面密被长粗毛。常于 8—9 月开花，10—12 月结果。该种在北美洲、亚洲热带地区和大洋洲的澳大利亚均已经归化，我国主要在福建、广东、海南、台湾、香港和云南有引种。陈焕镛于 1927 年在广东省采到该种植物的标本（陈焕镛 6610；IBSC0172046），初期在海南、广东、云南有栽培或逸生（中国科学院植物研究所，1955），至今野外极少见，暂无危害。

槐叶决明［*Senna sophera* (Linnaeus) Roxburgh］，别名茳芒决明，原产于亚洲热带地区，为灌木，具羽状复叶，小叶 6～10 对；叶柄基部具腺体。伞房状总状花序，花冠为黄色；雄蕊 7 枚发育，3 枚退化，最下面 2 枚雄蕊的花药较大。荚果近圆筒形，膨胀，为棕黄色。目前广泛种植于全世界热带、亚热带地区。我国安徽、重庆、广东、广西、贵州、海南、江苏、陕西、上海、四川、台湾、香港、云南、浙江有引种。该种虽然具有良好的适应性，但是目前在我国尚未发现明显的危害（马金双，2014）。

钝叶决明［*Senna obtusifolia* (Linnaeus) H. S. Irwin & Barneby］，又名草决明、马蹄决明，可能原产于美洲热带地区，现广泛作为药用植物种植。该种为灌木状草本，小叶 2～4 对，花常成对腋生；子房细长，被有细毛。荚果长可达 20 cm，直径约 0.5 cm，内有种子 30～35 粒。我国在安徽、贵州、江苏、四川等地有栽培，种子常被作为“决明子”入药。该种目前在我国东部省份推广种植，但因其入侵性尚不明显，故本书暂不收录。

原来被认为是入侵植物的决明［*Senna tora* (Linnaeus) Roxburgh］，其原产地为我国（马金双和李惠茹，2018），非外来入侵种，故本书不收录。

参考文献

马金双，2014. 中国外来入侵植物调研报告：下卷［M］. 北京：高等教育出版社：857.
马金双，李惠茹，2018. 中国外来入侵植物名录［M］. 北京：高等教育出版社：212-213.
中国科学院植物研究所，1955. 中国主要植物图说：第五册　豆科［M］. 北京：科学出版社：67.

分种检索表

1 叶柄具狭翅，无腺体；荚果具翅 ……………………1. 翅荚决明 *S. alata* (Linnaeus) Roxburgh

1 叶柄无狭翅，具腺体；荚果圆柱状或压扁 …………………………………………………… 2

2 小叶顶端渐尖；荚果呈带状镰形，宽 8～9 mm …… 3. 望江南 *S. occidentalis* (Linnaeus) Link

2 小叶顶端圆钝；荚果呈圆柱状，直径约 1.6 cm ………………………………………………

……………………………………………… 2. 双荚决明 *S. bicapsularis* (Linnaeus) Roxburgh

1. **翅荚决明** ***Senna alata*** (Linnaeus) Roxburgh, Fl. Ind., ed. 1832. 2: 349. 1832. —— *Cassia alata* Linnaeus, Sp. Pl. 1: 378. 1753.

【别名】 **有翅决明、刺荚黄槐、具翅决明、蜡烛花、翼柄决明、翅荚槐**

【特征描述】 直立灌木，高 1.5～3 m；枝粗壮，绿色。叶长 30～60 cm；在靠腹面的叶柄和叶轴上有两条纵棱条，具狭翅，托叶三角形；小叶 6～12 对，薄革质，呈倒卵状长圆形或长圆形，长 8～15 cm，宽 3.5～7.5 cm，顶端圆钝而有小短尖头，基部斜截形，下面叶脉明显凸起；小叶柄极短或近无柄，无腺体。花序顶生和腋生，具长梗，单生或分枝，长 10～50 cm；花直径约 2.5 cm；花瓣为黄色，有明显的紫色脉纹；位于上部的 3 枚雄蕊退化，7 枚雄蕊发育，下面 2 枚的花药大，侧面的较小。荚果呈长带状，长 10～20 cm，宽 1.2～1.5 cm，每果瓣的中央顶部有直贯至基部的翅，翅纸质，具圆钝的齿；种子扁平，三角形。**染色体**：$2n$=28（Biondo, 2005; Chen et al., 2010）。**物候期**：花期 11 月至翌年 1 月，果期 12 月至翌年 2 月。

【原产地及分布现状】 本种原产于美洲热带地区。现广泛分布于全世界热带地区，在部分地区已经成为入侵种。**国内分布**：澳门、福建、广东、海南、台湾、香港、云南。

【生境】 荒地、路旁、沟边。

【传入与扩散】 **文献记载**:《中国主要植物图说》(中国科学院植物研究所，1955)、《海南植物志》(陈焕镛，1965)和《中国外来植物》(何家庆，2012)对该种均有记载。**标本信息**:该种的模式标本为从美洲引种至荷兰乔治·克利福德三世哈特营花园的植株。后选模式标本现存放于英国自然历史博物馆(George Clifford s.n.; BM000558725)。黄志于1934年在海南省保亭黎族苗族自治县城东北七指岭的山坡上采到该种的标本(黄志36218; IBSC0162142)。**传入方式**:作为观赏灌木引种栽培，华南各地都有逸为野生的植株。**传播途径**:人为引种。**繁殖方式**:种子或扦插繁殖。**入侵特点**:① 繁殖性　种子较多，目前繁殖能力不强。② 传播性　种子随带土苗木或草皮传播。③ 适应性　喜温暖湿润的气候，喜酸性沙质土壤，喜光，据古锦汉等(2006)所做油页岩废渣场人工林下植被自然入侵情况分析，在30种试种的树种中，翅荚决明的生长势头最好。

【危害及防控】 沿海地区该种的逸生群落对园林景观、农田有一定危害。危害等级为轻微。可以通过人工拔除来达到防控目的。

【凭证标本】 福建省泉州市石狮市子房路G15路口附近，海拔11 m，24.461 8°N，118. 374 5°E，2014年10月2日，曾宪锋 RQHN06289(CSH)；广东省云浮市新兴县百合山公园，海拔36 m，22.423 2°N，112.135 7°E，2015年7月3日，王发国、李西贝阳、李仕裕 RQHN02881(CSH)；海南省儋州市洋浦镇，海拔7 m，19.443 4°N，109.110 7°E，2015年12月19日，曾宪锋 RQHN03587(CSH)。

翅荚决明 [*Senna alata* (Linnaeus) Roxburgh]

1. 群落及生境；2. 一回偶数羽状复叶；3. 带花植株；4. 花和幼果；5. 花部放大；6. 果实上的棱翅；7. 胚珠

参考文献

陈焕镛，1965. 苏木科［M］// 中国科学院华南植物研究所 . 海南植物志：第 2 卷 . 北京：科学出版社：215-236.

古锦汉，冯光钦，梁亦肖，等，2006. 油页岩废渣场人工林下植被自然入侵情况分析［J］. 广东林业科技，22（4）：92-95，99.

何家庆，2012. 中国外来植物［M］. 上海：上海科学技术出版社：73.

中国科学院植物研究所，1955. 中国主要植物图说 ：第五册　豆科［M］. 北京：科学出版社：69.

Biondo E, Miotto S T S, Schifino-Wittmann M T, 2005. Números cromosômicos e implicacões sistemáticas em espécies da subfamília Caesalpinioideae (Leguminosae) ocorrentes na região sul do Brasil[J]. Revista Brasileira de Botanica, 28(4): 797–808.

Chen D Z, Zhang D X, Larsen K, 2010. *Senna*[M] //Wu Z Y, Raven P H, Hong D Y. Flora of China: vol. 10. Beijing: Science Press & St. Louis: Missouri Botanical Garden Press: 28–33.

2. **双荚决明** ***Senna bicapsularis*** (Linnaeus) Roxburgh, Fl. Ind., ed. 1832. 2: 342. 1832. —— *Cassia bicapsularis* Linnaeus, Sp. Pl. 1: 376. 1753.

【特征描述】 直立灌木，多分枝，无毛。叶长 7～12 cm，有小叶 3～4 对；叶柄长 2.5～4 cm，无狭翅，具腺体；小叶倒卵形或倒卵状长圆形，膜质，长 2.5～3.5 cm，宽约 1.5 cm，顶端圆钝，基部渐狭，偏斜，下面为粉绿色，侧脉纤细，在近边缘处呈网结；在最下方的一对小叶间有黑褐色线形且钝头的腺体 1 枚。总状花序生于枝条顶端的叶腋间，常集成伞房花序状，长度约与叶相等，花为鲜黄色，直径约 2 cm；雄蕊 10 枚，7 枚能育，3 枚退化而无花药，能育雄蕊中有 3 枚特大，高出于花瓣，4 枚较小，短于花瓣。荚果呈圆柱状，膜质，直或微曲，长 13～17 cm，直径约 1.6 cm，缝线狭窄；种子 2 列。**染色体：**$2n$=28（殷爱华　等，2006）。**物候期：**花期 10—11 月，果期 11 月至翌年 3 月。

【原产地及分布现状】 该种原产于美洲热带地区。现归化于世界热带地区。**国内分布：**澳门、重庆、广东、广西、贵州、海南、辽宁、香港、云南、浙江。

【生境】 路旁、荒地、高速路口。

【传入与扩散】 **文献记载：**《广州植物志》（侯宽昭，1956）和《海南植物志》（陈焕镛，1965）均记载了该种；《中国外来植物》（何家庆，2012）把该种列为外来植物。**标本信息：** 该种的后选模式标本现保存于伦敦林奈学会植物标本馆（LINN528.10）。1923年4月4日，在广东省广州市中山大学标本园曾采集到该种的标本（Kang Ping To 245; SYS00045032）。**传入方式：** 有意引种。**传播途径：** 人工引种。**繁殖方式：** 种子繁殖，出于种皮的原因，其种子的发芽率低（李荣林，2006）。**入侵特点：** ① 繁殖性 繁殖能力较强，逸生能力不强。② 传播性 种子随带土苗木传播。③ 适应性 喜光、喜温暖湿润的环境。**可能扩散的区域：** 可能在热带和亚热带地区归化、入侵。

【危害及防控】 可以通过拔除逸生植株、控制引种来达到防控目的。

【凭证标本】 广东省阳江市阳春市东湖公园，海拔 47 m，22.091 5°N，111.480 1°E，2015年10月5日，王发国、段磊、王永琪 RQHN03267（CSH）；贵州省毕节市大方县市郊 326 省道旁，海拔 1 595 m，27.110 4°N，105.351 9°E，2016年4月28日，马海英、王曌、杨金磊 RQXN05047（CSH）；浙江省丽水市莲都区丽水学院，海拔 68.15 m，28.462 4°N，119.899 4°E，2016年7月5日，严靖、王樟华 RQHD02896（CSH）。

双荚决明 [*Senna bicapsularis* (Linnaeus) Roxburgh]

1. 群落和生境；2. 带花、果的枝条；3. 一回偶数羽状复叶及叶轴上的腺体；
4. 放大显示叶轴上的腺体；5. 花序及花；6. 放大显示的花

参考文献

陈焕镛，1965. 苏木科［M］// 中国科学院华南植物研究所 . 海南植物志：第 2 卷 . 北京：科学出版社：215-236.
何家庆，2012. 中国外来植物［M］. 上海：上海科学技术出版社：74.
侯宽昭，1956. 广州植物志［M］. 北京：科学出版社：323.
李荣林，2006. 双荚决明的生物学特性与木本模式植物研究［D］. 南京：南京林业大学 .
殷爱华，金辉，韩正敏，等，2006.18 种豆科树种染色体数目与结瘤关系的研究［J］. 林业科学，42（1）：26-28.

3. **望江南** ***Senna occidentalis*** (Linnaeus) Link, Handb. 2: 140. 1831. —— *Cassia occidentalis* Linnaeus, Sp. Pl. 1: 377. 1753.

【别名】 **羊角豆、野扁豆、喉白草、狗屎豆**

【特征描述】 直立亚灌木或灌木，无毛，高 0.8～1.5 m；枝草质，有棱。叶长约 20 cm；叶柄无狭翅，叶柄近基部有大且带褐色、圆锥形的腺体 1 枚；小叶 4～5 对，膜质，卵形至卵状披针形，长 4～9 cm，宽 2～3.5 cm，顶端渐尖，有小缘毛；小叶柄长 1～1.5 mm，揉之有腐败气味；托叶膜质，呈卵状披针形，早落。花数朵组成伞房状总状花序，腋生和顶生，长约 5 cm；苞片呈线状披针形或长卵形，长渐尖，早脱；花长约 2 cm；萼片不等大，外生的近圆形，长 6 mm，内生的卵形，长 8～9 mm；花瓣为黄色，外生的卵形，长约 15 mm，宽 9～10 mm，其余可长达 20 mm，宽 15 mm，顶端圆形，均有短狭的瓣柄；雄蕊 7 枚发育，3 枚不育，无花药。荚果呈带状镰形，褐色，压扁，长 10～13 cm，宽 8～9 mm，稍弯曲，边较淡色，加厚，有尖头；果柄长 1～1.5 cm；有种子 30～40 粒，种子间有薄隔膜。**染色体**：$2n=28$（Ohri et al., 1986）。**物候期**：花期 4—8 月，果期 6—10 月。

【原产地及分布现状】 该种原产于美洲热带地区，现归化于亚洲热带地区和大洋洲的澳大利亚。**国内分布**：安徽、澳门、北京、重庆、福建、广东、广西、贵州、海南、河北、河南、湖北、湖南、江苏、江西、山东、上海、四川、台湾、天津、香港、云南、浙江。

【生境】 河边滩地、村边荒地、旷野或丘陵的灌木林或疏林。

【传入与扩散】 **文献记载：** 该种的相关史料见于朱橚撰写的《救荒本草》(何家庆，2012),《中国主要植物》(中国科学院植物研究所，1955)、《中国外来入侵物种编目》(徐海根和强胜，2004)均收录了该种。**标本信息：** 该种的模式标本为引自牙买加、栽培于荷兰乔治·克利福德三世哈特营花园的植株，现存放于英国自然历史博物馆(BM000558727)。我国较早期的标本有1917年9月28日采自广东省的标本(C. O. Levine 1662; PE00325573)、1924年9月27日采自广东省韶关市翁源县的标本(刘心祈 24605; IBSC0162307)。**传入方式：** 有意引进，人工引种。**传播途径：** 作为药材引种，随种子传播扩散。**繁殖方式：** 种子繁殖。**入侵特点：** ① 繁殖性 种子数量大，繁殖能力强。② 传播性 间杂在作物种子中传播，或随带土苗木传播。③ 适应性 喜温、喜光，也能抵抗低温，稍耐荫蔽，喜沙质土壤，适应力强，在抗旱性能方面比较突出(李冬琴 等，2016)。**可能扩散的区域：** 热带、亚热带至温带的广大地区。

【危害及防控】 该种有微毒，牲畜误食过量可以致死。其为一般性杂草，危害轻微。应控制引种，或利用二甲四氯、麦草畏(百草敌)进行化学防控。

【凭证标本】 福建省漳州市东山县，海拔39 m，23. 423 2°N，117. 285 9°E，2014年9月21日，曾宪锋 RQHN06109(CSH)；广西壮族自治区钦州市浦北县泉水镇，海拔57.8 m，21.555 5°N，109.297 7°E，2015年9月19日，韦春强、李象钦 RQXN07723(CSH)；江西省新余市分宜县，海拔98.84 m，27.808 5°N，114.661 9°E，2016年10月24日，严靖、王樟华 RQHD03419(CSH)。

望江南
[*Senna occidentalis* (Linnaeus) Link]
1. 群落和生境；2. 果期植株；3. 花；4. 果实纵剖；5. 种子

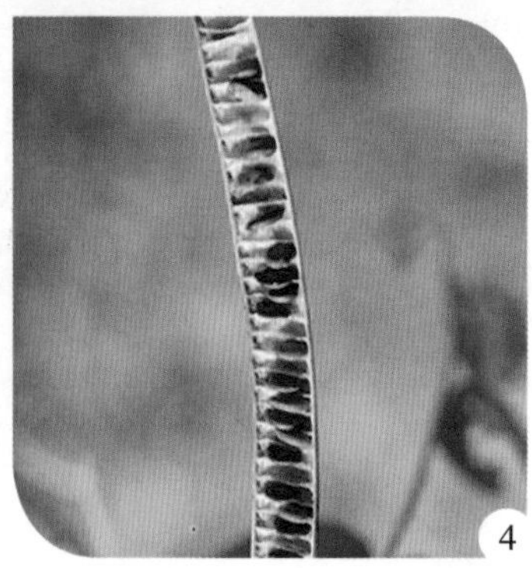

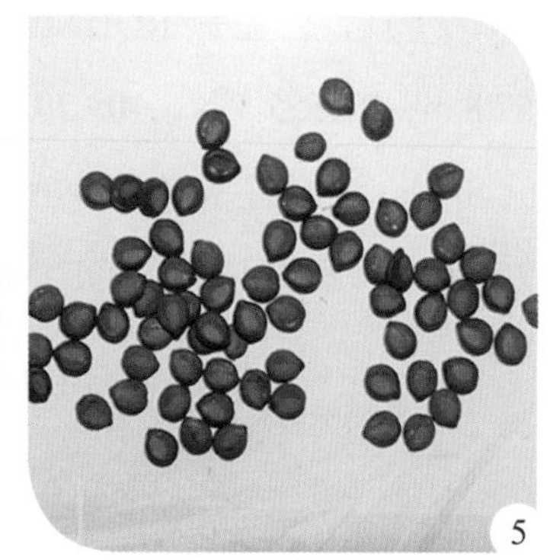

参考文献

何家庆，2012. 中国外来植物［M］. 上海：上海科学技术出版社：76–77.

李冬琴，曾鹏程，陈桂葵，等，2016. 干旱胁迫对 3 种豆科灌木生物量分配和生理特性的影响［J］. 中南林业科技大学学报，36（1）：33–39.

徐海根，强胜，2004. 中国外来入侵物种编目［M］. 北京：中国环境科学出版社：196–197.

中国科学院植物研究所，1955. 中国主要植物：第五册　豆科［M］. 北京：科学出版社：65–66.

Ohri D, Kumar A, Pal M, 1986. Correlations between 2C DNA values and habit in *Cassia* (Leguminosae: Caesaipinioiideae)[J]. Plant Systematics and Evolution, 153: 223–227.

21. 田菁属 *Sesbania* Scopoli

草本或落叶灌木，稀乔木状，植株不被丁字毛。偶数羽状复叶；叶柄和叶轴上面常有凹槽，叶轴顶端无卷须或小尖头；托叶小；早落；小叶多数，全缘，叶缘无锯齿；具小叶柄；小托叶小或缺如。总状花序腋生于枝端；苞片和小苞片钻形，早落；花梗纤细；花明显两侧对称，花萼呈阔钟状，具 5 萼齿，近等大，稀近二唇形；花冠为黄色或具斑点，稀白色、红色或紫黑色，伸出萼外，无毛，花瓣呈覆瓦状排列，近轴的 1 枚花瓣（旗瓣）位于相邻两侧的花瓣之外，旗瓣宽，瓣柄上有 2 个胼胝体，翼瓣呈镰状长圆形，龙骨瓣（远轴的 2 枚花瓣）弯曲，呈龙骨状，下缘合生，与翼瓣均具耳，瓣柄均较旗瓣的长；雄蕊二体，花药同型，花药背着，2 室纵裂，雄蕊管较花丝分离部分的长；雄蕊常无毛，子房线形，具柄，花柱细长弯曲，柱头小，头状顶生，胚珠多颗。荚果常为细长圆柱形，无荚节，先端具喙，基部具果颈，熟时开裂，种子间具横隔，有多粒种子；种子圆柱形，种脐为圆形，无残留物。

该属约有 30 种，分布于全球热带至亚热带地区。我国有 5 种和 1 变种，均为引种栽培并且已归化。本书收载入侵植物 2 种。

大花田菁［*Sesbania grandiflora* (Linnaeus) Poiret］为小乔木，具总状花序，花大，长 7～10 cm，花冠为白色、粉红色至玫瑰红色，荚果线形。该种原产于西印度群岛，现在美洲、亚洲热带地区和大洋洲的澳大利亚已归化。我国广东、海南和云南曾作为观赏植物引种栽培，但生长不良，故本书不收录。

印度田菁［*Sesbania sesban* (Linnaeus) Merrill］原产于印度至非洲北部，现在南美洲、非洲、亚洲热带地区已归化。本种与其他种的不同之处在于其为灌木状草本，小叶有 10～20 对，总状花序具花 4～10 朵，荚果幼时扭曲，熟时近圆柱形。《中国主要植物图说》(中国科学院植物研究所，1955) 收录了该种。我国较早期的标本有 1918 年 6 月 27 日采于福建省厦门市同安区集美社的标本 (Anonymous 532，PE00320344)。我国曾作为绿肥引种，据报道，在福建、广东、海南、湖南、台湾 (吕福源 等，2000) 和云南等地均有分布。但野外调查没有发现此种的野生居群，故本书不将其列为入侵植物。

参考文献

吕福原，欧辰雄，陈运造，等，2000. 台湾树木图志：第 1 卷［M］. 台中：欧辰雄：200-201.

中国科学院植物研究所，1955. 中国主要植物图说：第五册 豆科［M］. 北京：科学出版社：308-309.

分种检索表

1 小枝、叶轴有皮刺，小叶通常无毛 ……………… 1. 刺田菁 *S. bispinosa* (Jacquin) W. Wight
1 小枝、叶轴光滑，小叶下面幼时疏被绢毛 ……………… 2. 田菁 *S. cannabina* (Retzius) Poiret

1. **刺田菁** ***Sesbania bispinosa*** (Jacquin) W. Wight, U.S.D.A. Bur. Pl. Industr. Bull. 137: 15. 1909. —— *Aeschynomene bispinosa* Jacquin, Icon. Pl. Rar. 3: 13. 1793.

【别名】 **多刺田菁**

【特征描述】 灌木状草本，高 1～3 m。枝圆柱形，稍具绿白色线条，通常疏生扁小皮刺。偶数羽状复叶，长 13～30 cm；叶轴上面有沟槽，顶端尖，下方疏生皮刺；托叶呈线状披针形，长约 7 mm，宽约 1 mm，先端渐尖，无毛，早落；小叶 20～40 对，呈线状长圆形，长 10～16 mm，宽 2～3 mm，先端钝圆，有细尖头，基部圆，上面为绿色，下面为灰绿色，两面密生紫褐色腺点，无毛；小托叶细小，呈针芒状。总状花序长 5～10 cm，具花 2～6 朵；总花梗常具皮刺；苞片呈线状披针形，长约 3 mm，下面疏被毛；花长 9～12 mm；花梗纤细，长 6～8 mm；小苞片 2 枚，呈卵状披针形，无毛，与苞片均早落；花萼呈钟状，长约 4 mm，无毛，具 5 萼齿，短三角形，花冠为黄色，旗瓣外面有红褐色斑点，近卵形，长大于宽，长约 10 mm，先端微凹，基部变狭成柄，胼胝体三角形，翼瓣长椭圆形，具长柄，一侧具耳，龙骨瓣长倒卵形，基部具耳，呈齿牙状；雄蕊二体，对旗瓣的 1 枚分离，长 9～12 mm，花药倒卵形，背部为褐色；雄蕊线形，花柱细长向上弯曲，柱头顶生，呈头状。荚果为深褐色，圆柱形，直或稍镰状弯曲，长 15～22 cm，直径约 3 mm，喙长 10～12 mm，种子间微缢缩，横隔间距约 5 mm，有多粒种子；种子近圆柱状，长约 3 mm，直径约 2 mm，种脐圆形，在中部。**染色体**：2*n*=24（Salimuddin & Ramesh, 1993; Sun & Barthomew, 2010）。**物候期**：花、果期 8—12 月。

【原产地及分布现状】 该种原产于亚洲热带地区（东半球热带地区），加勒比海地区和马达加斯加地区现已归化。我国南方地区各地引种栽培，逸生后扩散入侵。**国内分布**：澳门、福建、广东、广西、海南、四川、香港、云南。

【生境】 河边、路边、山谷、山坡、湿润地。

【传入与扩散】 **文献记载**：《中国主要植物图说》记载了该种（中国科学院植物研究所，1955）。**标本信息**：我国较早期的标本有 1932 年采自四川省会理县的标本（俞德俊 1556；PE00214326）、1933 年 4 月采自海南省的标本（Y. Tsiang 12314，PE00214339）。**传入方式**：作为饲草引入。**传播途径**：人为引种，热带、亚热带地区种植，逸生。**繁殖方式**：种子繁殖。**入侵特点**：① 繁殖性　种子数量大，繁殖力强。② 传播性　人为引种栽培，在栽培区域附近大量逸生。③ 适应性　喜温暖湿润的环境，不耐低温，喜沙质土壤。**可能扩散的区域：**热带、亚热带地区。

【危害及防控】 本种植株高大、密集，往往形成单种群落。中度危害。可以通过人工拔除、化学防治来达到防控目的。

【凭证标本】 香港特别行政区新界元朗区南生围，海拔 3 m，22.271 3°N，114.251 1°E，2015 年 7 月 27 日，王瑞江、薛彬娥、朱双双 RQHN00972（CSH）；广西壮族自治区贺州市大宁镇，海拔 132.5 m，24.251 7°N，111.303 6°E，2016 年 8 月 5 日，韦春强、李象钦 RQXN08513（CSH）。

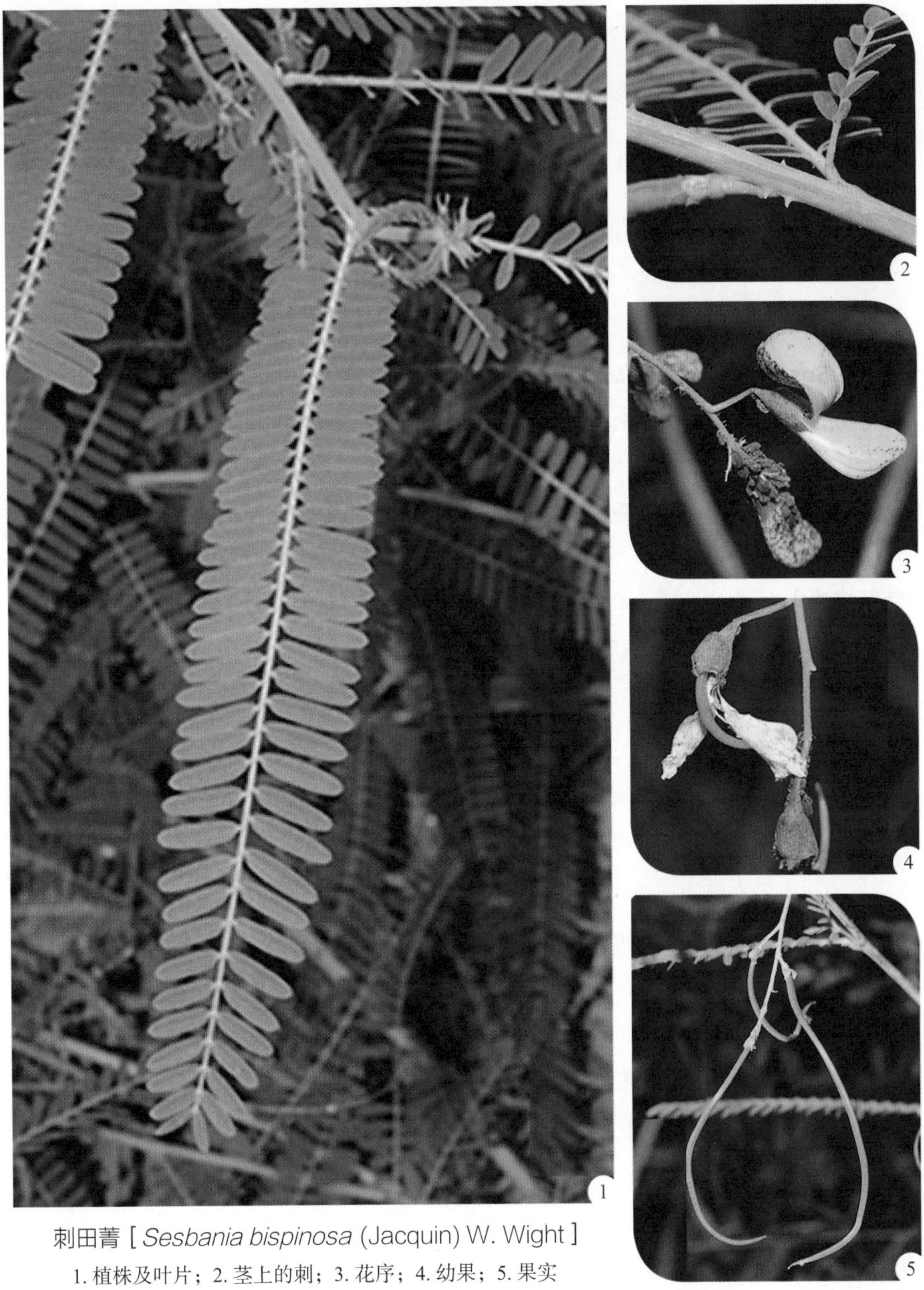

刺田菁 [*Sesbania bispinosa* (Jacquin) W. Wight]

1. 植株及叶片；2. 茎上的刺；3. 花序；4. 幼果；5. 果实

参考文献

中国科学院植物研究所，1955. 中国主要植物图说：第五册　豆科［M］. 北京：科学出版社：306-308.

Salimuddin, Ramesh B, 1993. Karyological studies in the genus *Sesbania*[J]. Cytologia, 58(3): 241–246.

Sun H, Barthomew B, 2010. *Sesbania*[M]//Wu Z Y, Raven P H, Hong D Y. Flora of China: vol. 10. Beijing: Science Press & St. Louis: Missouri Botanical Garden Press: 313–315.

2. **田菁 *Sesbania cannabina*** (Retzius) Poiret, in Lam. Encycl. 7: 130. 1806. —— *Aeschynomene cannabina* Retzius, Observ. Bot. 5: 26. 1789.

【别名】 **碱青、铁青草、涝豆**

【特征描述】 一年生草本，高 3～3.5 m。茎为绿色，有时带褐色或红色，微被白粉，有不明显淡绿色线纹。平滑，基部有多数不定根，幼枝疏被白色绢毛，后秃净，折断有白色黏液，枝髓粗大充实。羽状复叶；叶轴长 15～25 cm，上面具沟槽，幼时疏被绢毛，后变无毛，光滑；托叶披针形，早落；小叶 20～30（～40）对，对生或近对生，线状长圆形，长 8～20（～40）mm，宽 2.5～4（～7）mm，位于叶轴两端者较短小，先端钝至截平，具小尖头，基部圆形，两侧不对称，上面无毛，下面幼时疏被绢毛，后秃净，两面被紫色小腺点，下面尤密；小叶柄长约 1 mm，疏被毛；小托叶钻形，短于或等于小叶柄，宿存。总状花序长 3～10 cm，具花 2～6 朵，疏松；总花梗及花梗纤细，下垂，疏被绢毛；苞片呈线状披针形，小苞片 2 枚，均早落；花萼呈斜钟状，长 3～4 mm，无毛；萼齿短三角形，先端锐齿，各齿间常有 1～3 个腺状附属物，内面边缘具白色细长曲柔毛；花冠为黄色，旗瓣横椭圆形至近圆形，长 9～10 mm，先端微凹至圆形，基部近圆形，外面散生大小不等的紫黑点和线，胼胝体小，梨形，瓣柄长约 2 mm；翼瓣呈倒卵状长圆形，与旗瓣近等长，宽约 3.5 mm，基部具短耳，中部具较深色的斑块，并横向皱折，龙骨瓣较翼瓣短，三角状阔卵形，长宽近相等，先端圆钝，平三角形，瓣柄长约 4.5 mm；雄蕊二体，对旗瓣的 1 枚分离，花药卵形至长圆形；雌蕊无毛，柱头顶生，呈头状。荚果细长，长圆柱形，长 12～22 cm，宽 2.5～3.5 mm，微弯，外面具黑褐色斑纹，喙尖，长 5～7（～10）mm，果颈长约 5 mm，开裂，种子间具横隔，有种子 20～35 粒；种子为绿褐色，有光泽，呈短圆柱状，长约 4 mm，直径 2～3 mm，种脐圆形，稍偏于一端。**染色体：** $2n$=12（Al-Mayah & Al-Shehbaz, 1977; Sun & Barthomew, 2010）。**物候期：** 花、果期 7—10 月。

【原产地及分布现状】 该种原产于澳大利亚至西南太平洋岛屿（Sun & Barthomew, 2010）。现归化于亚洲、非洲部分地区以及印度洋岛屿。**国内分布：** 安徽、澳门、重庆、福建、广东、广西、海南、湖北、湖南、江苏、江西、陕西、上海、四川、台湾、香港、云南、浙江。

【生境】 田边、路旁、荒坡。

【传入与扩散】 **文献记载：**《广州常见经济植物》（中国植物学会广州分会，1952）曾记载本种当时在华南地区少见，其茎叶可作绿肥和牛马饲草。马金双（2014）主编的《中国外来入侵植物调研报告》对该种也有记载。**标本信息：** 该种的模式标本（J. G. König s.n.）采自印度，现存放于德国 Botanische Staatssammlung München（M0187498）。我国较早期的标本有 1910 年 9 月 23 日在江苏省海门市采集到的标本（Anonymous 532; PE00214408）、1922 年 9 月 23 日在福建省采集到的标本（H. H. Chung 51; PE00214367）、1929 年 8 月 26 日在广东省广州市东山采集到的标本（蒋英 3250；IBK00075015）。**传入方式：** 台湾地区于 20 世纪 30 年代引进栽培。大陆在 20 世纪 60 年代已经由南方地区纷纷引种到北方地区。**传播途径：** 初起时以人工栽培引种传播，逸生后，繁殖能力极强，可自行扩散。**繁殖方式：** 种子繁殖。**入侵特点：** ① 繁殖性　种子产量高，数量极大，繁殖力强。② 传播性　种子可借助带土苗木、作物种子传播。③ 适应性　喜温暖、湿润的气候，喜光，喜酸性土壤，稍耐湿涝，耐干旱、瘠薄。据研究，田菁有较强的化感效应，可以抑制其他植物的生长（秦俊豪 等，2015），形成单种群落。**可能扩散的区域：** 热带、亚热带地区。

【危害及防控】 入侵发生地危害严重。可以通过施用除草剂或人工拔除的方式来达到防控目的。

【凭证标本】 广东省梅州市平远县大柘镇，海拔 183 m，24.325 6°N，115.513 7°E，2014 年 9 月 7 日，曾宪锋、邱贺媛 RQHN05938（CSH）；广西壮族自治区河池市环江县思恩镇，海拔 206 m，24.495 9°N，108.143 6°E，2014 年 10 月 21 日，唐赛春、潘玉梅 HC019（CSH）；江西省南昌市江西农业大学，海拔 59.3 m，28.761 0°N，115.837 61°E，2016 年 9 月 19 日，严靖、王樟华 RQHD10037（CSH）。

田菁 [*Sesbania cannabina* (Retzius) Poiret]

1. 花期植株群落及生境；2. 营养期植株群落；3. 一回羽状复叶；
4. 总状花序及花；5. 放大显示的花；6. 种子

参考文献

马金双，2014. 中国外来入侵植物调研报告［M］. 北京：高等教育出版社：206，301-302，459-460，597，726，858.

秦俊豪，温莹，李君菲，等，2015. 绿肥植物田菁的化感效应及对土壤肥力的影响［J］. 土壤，47（3）：524-529.

中国植物学会广州分会，1952. 广州常见经济植物［M］. 广东：中华全国自然科学专门学会联合会广州分会筹备委员会：1-275.

Al-Mayah A R A, Al-Shehbaz I A, 1977. Chromosome numbers for some Leguminosae from Iraq[J]. Botaniska Notiser, 130(4): 437–440.

Sun H, Barthomew B, 2010. *Sesbania*[M]//Wu Z Y, Raven P H, Hong D Y. Flora of China: vol. 10. Beijing: Science Press & St. Louis: Missouri Botanical Garden Press: 313–315.

22. 笔花豆属 *Stylosanthes* Swartz

多年生草本或亚灌木，直立或开展，稍具腺毛，植株不被丁字毛。三出羽状复叶具3小叶，叶缘无锯齿，叶轴顶端无卷须或小尖头；托叶与叶柄贴生呈鞘状，抱茎，宿存；无小托叶。花小，多朵组成密集的短穗状花序，腋生或顶生，花两侧对称，花瓣呈覆瓦状排列；苞片膜质，宿存；小苞片披针形，膜质，宿存；花萼呈筒状，5裂片，上面4裂片合生，下面1裂片狭窄，分离；花冠为黄色或橙黄色，近轴的1枚花瓣（旗瓣）位于相邻两侧的花瓣之外，圆形、宽卵形或倒卵形，先端微凹，基部渐狭，具瓣柄，无耳；翼瓣比旗瓣短，长圆形至倒卵形，分离，上部弯弓，具瓣柄和耳，远轴的2枚花瓣（龙骨瓣）基部沿连接处合生呈龙骨状，龙骨瓣和翼瓣相似，有瓣柄和耳；雄蕊10枚，单体，下部闭合呈筒状；花药二型，其中5枚较长的近基着，与5枚较短而背着的互生；子房线形，无柄，具2～3颗胚珠，花柱细长，柱头极小，顶生，呈帽状。荚果小，扁平，长圆形或椭圆形，先端具喙，具荚节1～2个，每荚节有1粒种子，果瓣具粗网脉或小疣凸；种子近卵形，种脐常偏位，具种阜。

该属约有25种，分布于世界热带、亚热带地区，我国引进2种，其中1种已归化。本书收录入侵植物1种。

圭亚那笔花豆 ***Stylosanthes guianensis*** (Aublet) Swartz, Kongl. Vetensk. Acad. Nya Handl. 10: 301. 1789. —— *Trifolium guianense* Aublet, Hist. Pl. Guiane 2: 776. 1775.

【别名】 **热带苜蓿、巴西苜蓿、笔花豆**

【特征描述】 直立草本或亚灌木，少为攀缘，高 0.6～1 m。茎无毛或有疏柔毛。叶具 3 小叶；托叶呈鞘状，长 0.4～2.5 cm；叶柄和叶轴长 0.2～1.2 cm；小叶卵形，椭圆形或披针形，长 0.5～3（～4.5）cm，宽 0.2～1（～2）cm，先端常钝急尖，基部楔形，无毛或被疏柔毛或刚毛，边缘有时具小刺状齿；无小托叶，小叶柄长约 1 mm。花序长 1～1.5 cm，具密集的花 2～40 朵；初生苞片长 1～2.2 cm，密被伸展长刚毛，次生苞片长 2.5～5.5 mm，宽约 0.8 mm，小苞片长 2～4.5 mm；花托长 4～8 mm；花萼管椭圆形或长圆形，长 3～5 mm，宽 1～1.5 mm；旗瓣为橙黄色，具红色细脉纹，长 4～8 mm，宽 3～5 mm。荚果具 1 个荚节，卵形，长 2～3 mm，宽约 1.8 mm，无毛或近顶端被短柔毛，喙很小，长 0.1～0.5 mm，内弯；种子为灰褐色，扁椭圆形，近种脐具喙或尖头，长约 2.2 mm，宽约 1.5 mm。**染色体**：$2n$=10（Vieira et al., 1987）。**物候期**：花、果期秋、冬季。

【原产地及分布现状】 该种原产于美洲热带地区。现归化于世界其他热带和亚热带地区。**国内分布**：福建、广东、广西、海南、台湾、香港。

【生境】 海岛、山坡、路旁、草坪、林缘。

【传入与扩散】 **文献记载**：《广东植物志》（吴德邻 等，2003）记载了该种，李根有等（2001）在发表的论文中曾报道于华东地区发现了该种，《中国外来入侵植物调研报告》（马金双，2014）也收录了该种。**标本信息**：该种的模式标本（Aublet s.n.）采自法属圭亚那；后选模式标本由 Leendert't Mannetje 指定，现存放于英国自然历史博物馆

（BM000611204）。我国较早期的标本有 1986 年 10 月 28 日采自广东省广州市华南农业大学的标本（余汉平 16033；IBSC0188788）（此标本被鉴定为笔花豆属），2006 年 9 月 24 日采自广东省梅州市丰顺县的标本（曾宪锋 ZXF02397；CZH0000825）。**传入方式**：我国于 1962 年引进该种，广东、广西、福建和云南等省均有栽培，后大量逸生。**传播途径**：不详。**繁殖方式**：种子繁殖。**入侵特点**：① 繁殖性 种子数量较大，繁殖扩散很快。② 传播性 随花木、作物种子传播。③ 适应性 喜光，喜温暖、湿润的气候，耐瘠薄，耐干旱，丛生成单种群落。在无霜冻、排水良好的沙壤土和壤土中生长。**可能扩散的区域**：热带和南亚热带地区。

【危害及防控】 华南沿海地区危害较为严重，舟山群岛危害最为严重，该种在该岛为最具严重危害性的外来植物之一。危害从沿海向内陆逐渐降低，广东的东北部、福建西北部已经有生长。中度危害。可以通过机械清除、人工清除的方式来到达防控目的。

【凭证标本】 广东省梅州市平远县大柘镇，海拔 183 m，24.325 6°N，115.513 7°E，2014 年 9 月 7 日，曾宪锋、邱贺媛 RQHN05937（CSH）；广东省惠州市惠东县大岭镇新安管理区水唇村，海拔 30 m，23.213 2°N，114.382 6°E，2014 年 9 月 16 日，王瑞江 RQHN00216（CSH）；广东省茂名市高州市深镇镇广众塘村，海拔 117 m，22.114 8°N，111.201 1°E，2015 年 8 月 22 日，成夏岚 RQHN03081（CSH）。

【相似种】 原产于美洲热带地区的有钩柱花草［*Stylosanthes hamata* (Linnaeus) Taubert］在海南省有栽培（Sa & Salinas, 2010）。该种的荚果近方形，常被毛，具有 2 个荚节，而圭亚那笔花豆的荚果为卵形，光滑，仅有 1 个荚节。作者调查未发现该种的野生或逸生居群。

圭亚那笔花豆 [*Stylosanthes guianensis* (Aublet) Swartz]

1. 群落及生境；2. 花期植株；3. 放大显示的花部；4. 果实

参考文献

李根有，陈征海，仲山民，等，2001. 华东植物区系新资料［J］. 浙江林学院学报，18（4）: 371-374.

马金双，2014. 中国外来入侵植物调研报告：下卷［M］. 北京：高等教育出版社：597-598，726-727.

吴德邻，卫兆芬，陈邦余，等，2003. 蝶形花科［M］// 中国科学院华南植物研究所 . 广东植物志：第五卷 . 广州：广东科技出版社：203-374.

Sa R, Salinas A D, 2010. *Stylosanthes* Swartz[M]//Wu Z Y, Raven P H, Hong D Y. Flora of China: vol. 10. Beijing: Science Press & St. Louis: Missouri Botanical Garden Press: 135 – 136.

Vieira M L C, Aguiar-Perecin M L R, Martins P S, 1987. Estudos de evolução cariotípica no genero *Stylosanthes* Sw[J]. Ciência e Cultura, 39: 780.

23. 灰毛豆属 *Tephrosia* Persoon

一年或多年生草本，有时为灌木，植株不被丁字毛，奇数羽状复叶；具托叶，无小托叶；小叶多数（我国不产单叶和掌状复叶类型），对生，全缘，无锯齿，通常被绢毛，下面尤密，侧脉多数，与中脉成锐角平行伸向叶缘，连成边缘脉序，叶轴顶端无卷须或小尖头。总状花序顶生或与叶对生和腋生，有时花序轴缩短呈近头状或伞状；具苞片，小苞片常缺；花明显两侧对称，具梗，花瓣呈覆瓦状排列；花萼呈钟状，具 5 萼齿，近等长或下方 1 齿较长，上方 2 齿多少连合；花冠多为紫红色或白色，旗瓣（近轴的 1 枚花瓣）位于相邻两侧的花瓣之外，背面具柔毛或绢毛，瓣柄明显，瓣片圆形，常后反，远轴的 2 枚花瓣（龙骨瓣）基部沿连接处合生呈龙骨状，翼瓣和龙骨瓣无毛，多少相粘连；雄蕊二体，对旗瓣的 1 枚花丝与雄蕊管分离，但中部常接触，花丝基部扩大并弯曲，具疣体，其余 9 枚花丝略等长，2/3～4/5 联合成管，顶端不扩大，花药同型；花盘呈浅皿状，具 1 裂口；子房线形，无柄，具柔毛，胚珠通常为多数，花柱向上弯，线形或锥形，扁平或有时扭曲，被绢毛或被稀疏柔毛，柱头呈头状或点状，无毛或具画笔状簇毛。荚果线形或长圆形，扁平或在种子处稍凸起，无荚节，种子间无真正的隔膜，爆裂，果瓣扭转，果顶端具喙，直或沿腹缝线下弯；种子长圆形呈椭圆形，珠柄短，有时具小种阜。

该属约有 400 种，分布于世界热带、亚热带地区，我国有 11 种，其中 3 种为引进栽培，1 种为入侵植物。

白灰毛豆 ***Tephrosia candida*** de Candolle, Prodr. 2: 249. 1825.

【别名】 **短萼灰叶、山毛豆**

【特征描述】 灌木状草本，高 1～3.5 m。茎木质化，具纵棱，与叶轴同被灰白色茸毛，毛长 0.75～1 mm。羽状复叶长 15～25 cm；叶柄长 1～3 cm，叶轴上面有沟；托叶呈三角状钻形，刚毛状直立，长 4～7 mm，被毛，宿存；小叶 8～12 对，长圆形，长 3～6 cm，宽 0.6～1.4 cm，先端具细凸尖，上面无毛，下面密被平伏绢毛，侧脉 30～50 对，纤细，稍隆起；小叶柄长 3～4 mm，密被茸毛；总状花序顶生或侧生，长 15～20 cm，疏散多花，下部腋生的花序较短；苞片钻形，长约 3 mm，脱落；花长约 2 cm；花梗长约 1 cm；花萼呈阔钟状，长宽各约 5 mm，密被茸毛，萼齿近等长，三角形，圆头，长约 1 mm；花冠为白色、淡黄色或淡红色，旗瓣外面密被白色绢毛，翼瓣和龙骨瓣无毛；子房密被绒毛，花柱扁平，直角上弯，内侧有稀疏柔毛，柱头呈点状，胚珠多数。荚果直，线形，密被褐色长短混杂细绒毛，长 8～10 cm，宽 7.5～8.5 mm，顶端截尖，喙直，长约 1 cm，有种子 10～15 粒；种子为榄绿色，具花斑，平滑，椭圆形，长约 5 mm，宽约 3.5 mm，厚约 2 mm，种脐稍偏，种阜环形，明显。**染色体**：$2n$=24（Gill & Husaini, 1986; Wei & Pedley, 2010）。**物候期**：花期 10—11 月，果期 12 月。

【原产地及分布现状】 该种原产于印度，现归化于南美洲、亚洲热带地区。**国内分布**：重庆、福建、广东、广西、海南、台湾、香港、云南。

【生境】 逸生于路旁、草地、旷野、山坡。

【传入与扩散】 **文献记载**：《广东植物志》（吴德邻 等，2003）对该种有记载，*Flora of China*（Wei & Pedley, 2010）收录了该种，马金双（2014）主编的《中国外来入侵植物调研报告》也收录了该种。**标本信息**：采自印度的 Roxburgh s.n. 被认为是该种的模式标本，现存放于法国国家自然历史博物馆（P02141738）和比利时植物园标本馆（BR0000005215317）。我国较早期的标本有 1928 年采自广东省广州市中山大学农学院农场（栽培）的标本（彭家元 s.n.；IBSC0189100）。**传入方式**：作为公路护坡植物、绿肥植物引种，历史不长，现有逸生。**传播途径**：人为有意种植或通过动物传播。**繁殖方式**：种子繁殖。**入侵特点**：① 繁殖性　种子数量大，单株结实 756 粒（赵怀宝 等，2015），繁殖能力强。② 传播性　种植广泛，种子逸出。③ 适应性　喜光，稍耐荫蔽，喜高温，耐瘠薄。**可能扩散的区域**：热带、亚热带地区。

【危害及防控】 轻度危害。可以通过人工拔除和机械清除的方式来达到防控目的。

【凭证标本】 福建省泉州市惠安县，海拔 3 m，24.541 1°N，118.415 5°E，2014 年 10 月 17 日，曾宪锋 RQHN06444（CSH）；广东省江门市台山市铜鼓村，海拔 1 m，21.522 1°N，112.554 5°E，2015 年 10 月 2 日，王发国、段磊、王永琪 RQHN03239（CSH）；广东省揭阳市揭东县白塔乡望天湖，海拔 30 m，23.371 8°N，116.103 3°E，2014 年 10 月 31 日，曾宪锋 RQHN06634（CSH）。

【相似种】 长序灰毛豆（*Tephrosia noctiflora* Bojer ex Baker）原产于非洲和印度，现归化于南美洲的巴西、中美洲的洪都拉斯及加勒比海地区。我国广东、海南、云南及台湾地区均有种植并逸生于荒地、路旁草丛、旷野。长序灰毛豆花小，长不到 1 cm，花柱无毛；荚果长 4.5～5 cm，宽约 5 mm。白灰毛豆花大，长约 2 cm，花柱内侧被毛；荚果长 8～10 cm，宽 7.5～8.5 mm。目前能参考到的标本有 1964 年 8 月 28 日采自云南省西双版纳州勐腊县勐仑镇热带植物园的标本（李延辉 5440；HITBC020354）、2000 年 1 月 22 日采自台湾地区台中县雾峰乡丁台的标本（J.N.Chen 00048; PE01514852）及 2001 年 10 月 1 日采自台湾地区台中县雾峰乡牛栏扛坑的标本（C.M.Wang W05278; PE01923471）。本项目组成员进行了全国各地区的调查，经数据汇总结果显示，未在野外采集到该种逸生的凭证标本，查阅现有标本和相关文献，也未见近年来有关此种在我国入侵的相关报道。

白灰毛豆
（*Tephrosia candida* de Candolle）

1. 群落及生境；2. 奇数羽状复叶；3. 花序及花；4. 放大显示的花；5. 带果枝条

参考文献

马金双，2014. 中国外来入侵植物调研报告：下卷 [M]. 北京：高等教育出版社：302，598，890.

吴德邻，卫兆芬，陈邦余，等，2003. 蝶形花科 [M] // 中国科学院华南植物研究所. 广东植物志：第五卷. 广州：广东科技出版社：203-374.

赵怀宝，张燕，袁文豪，等，2015. 外来物种白灰毛豆（*Tephrosia candida*）繁殖生物学研究 [J]. 琼州学院学报，22（5）：81-85.

Gill L S, Husaini S W H, 1986. Cytological observations in Leguminosae from southern Nigeria[J]. Willdenowia, 15(2): 521–527.

Wei Z, Pedley L, 2010. *Tephrosia*[M]//Wu Z Y, Raven P H, Hong D Y. Flora of China: vol. 10. Beijing: Science Press & St. Louis: Missouri Botanical Garden Press: 191.

24. 车轴草属 *Trifolium* Linnaeus

一年生或多年生草本。有时具横出的根茎。茎直立、匍匐或上升。掌状复叶，小叶通常为 3 枚，偶为 5～9 枚；托叶显著，通常全缘，部分合生于叶柄上；小叶具锯齿。花明显两侧对称，具梗或近无梗，集合呈头状或短总状花序，偶为单生，花序腋生或假顶生，基部常具总苞或无，花瓣呈覆瓦状排列，宿存；萼呈筒形或钟形，或花后增大，肿胀或膨大，萼喉开张，或具二唇状胼胝体而闭合，或具一圈环毛，萼齿等长或不等长，萼筒具脉纹 5、6、10、20 条，偶有 30 条；花冠为红色、黄色、白色或紫色，也有具双色的，无毛，宿存，旗瓣（近轴的 1 枚花瓣）位于相邻两侧花瓣之外，离生或基部与翼瓣、龙骨瓣联合，远轴的 2 枚花瓣（龙骨瓣）基部沿连接处合生呈龙骨状，与翼瓣相互贴生，宿存；雄蕊 10 枚，二体，上方 1 枚离生，全部或 5 枚花丝的顶端膨大，花药同型；子房无柄或具柄，具胚珠 2～8 颗。荚果短小，不裂，包藏于枯萎宿存的花萼或花冠中，稀伸出；果瓣多为膜质，阔卵形、长圆形至线形；通常有种子 1～2 粒，稀有 4～8 粒；种子形状各样，传播时连宿存花萼或整个头状花序为一单元。

该属约有 250 种，分布于非洲、美洲、亚洲温带和亚热带地区，欧洲也有分布。我国有 13 种，其中 9 种为引进栽培，3 种为入侵植物。

草莓车轴草（*Trifolium fragiferum* Linnaeus）原产于欧洲和中亚地区，现在我国东北、华北、西北各地区均有引种，在新疆部分地区呈野生状态。其茎平卧或匍匐；掌状三出复叶，小叶倒卵形或倒卵状椭圆形，先端钝圆，微凹，侧脉每边 10～15 条；花序在花后增大，果期直径可达 2～3 cm；萼筒上半部密被绢状硬毛并在果期强烈膨大呈囊泡状；花冠为淡红色或黄色。目前，项目组仅在 2015 年 8 月 11 日于新疆维吾尔自治区阿勒泰地区北屯县采集到一份标本（张勇 RQSB02246; CSH142810），由于该种在野外比较少见，因此认为此种可能已经归化但尚未形成入侵。

扭花车轴草（*Trifolium resupinatum* Linnaeus）原产于欧洲和亚洲西南部，目前在上海发现有分布（李惠茹 等，2016）。本种为一年生草本，高可达 60 cm，具 3 小叶，花序呈头状，腋生，花萼裂片线形至披针形，花冠扭转，旗瓣位于头状花序的远轴侧，花冠为深粉色至紫色，翼瓣长于龙骨瓣。据观察（李惠茹 等，2016），虽然本种在上海尚处于传播初期，但是仍要密切关注其在野外的生长情况。

参考文献

李惠茹，汪远，马金双，2016. 上海外来植物新记录［J］. 华东师范大学学报（自然科学版）（2）: 153-159.

分种检索表

1 具匍匐茎；花冠为白色，稀为黄白色或粉红色 ………………… 3. 白车轴草 *T. repens* Linnaeus

1 茎直立或斜升；花冠为深红色、紫红色、淡红色至白色 ……………………………………… 2

2 种子 2 或 3 粒；叶面无白斑；茎疏被柔毛或近无毛 ……1. 杂种车轴草 *T. hybridum* Linnaeus

2 种子 1 粒；叶面常具 V 字形白斑；茎疏生柔毛或秃净 …… 2. 红车轴草 *T. pratense* Linnaeus

1. **杂种车轴草** ***Trifolium hybridum*** Linnaeus, Sp. Pl. 2: 766. 1753.

【**特征描述**】短期多年生草本，生长期 3～5 年，高 30～60 cm。主根不发达，多支根。茎直立或斜升，具纵棱，疏被柔毛或近无毛。三出掌状复叶，叶面无白斑；托叶卵形至卵状披针形，草质，具脉纹 5～6 条，下部托叶有时边缘具不整齐齿裂，合生部分短，离生部分长渐尖，先端尾尖；叶柄在茎下部甚长，上部较短；小叶阔椭圆形，有时为卵状椭圆形或倒卵形，长 1.5～3 cm，宽 1～2 cm，先端钝，有时微凹，基部阔楔形，边缘具不整齐细锯齿，近叶片基部锯齿呈尖刺状，无毛或下面被疏毛，侧脉约 20 对，与中脉作 70° 角展开，隆起并连续分叉；小叶柄长约 1 mm。花序呈球形，直径 1～2 cm，着生上部叶腋；总花梗长 4～7 cm，比叶长，具花 12～20（～30）朵，甚密集；无总苞，苞片甚小，呈锥刺状，长约 0.5 mm；花长 7～9 mm；花梗比萼短，花后下垂；萼呈钟形，无毛，具脉纹 5 条，萼齿披针状三角形，近等长，萼喉开张，无毛；花冠为淡红色至白色，旗瓣椭圆形，比翼瓣和龙骨瓣长；子房线形，花柱几与子房等长，上部弯曲，具胚珠 2 颗。荚果椭圆形；通常有种子 2 粒，偶为 3 粒；种子甚小，橄榄绿色至褐色。**染色体**：$2n=16$（Dobeš et al., 1997）。**物候期**：花、果期 6—10 月。

【**原产地及分布现状**】该种原产于西亚和欧洲，现归化于北美、南美以及东亚地区。**国内分布**：甘肃、贵州、黑龙江、青海、陕西、上海、新疆、浙江。

【**生境**】林缘、路边潮湿地、河旁草地。

【**传入与扩散**】**文献记载**：该种的相关记载见于《中国主要植物图说》（中国科学院植物研究所，1955）以及《中国外来入侵植物调研报告》（马金双，2014）。**标本信息**：该种的模式标本采自欧洲；后选模式标本现存放于伦敦林奈学会植物标本馆（LINN930.15）。Dorsett 等人于 1926 年 8 月 27 日在我国采到该种标本，但具体地点不详（P. H. Dorsett、J. H. Dorsett 6455，PE00498482）。**传入方式**：作为优良牧草引进栽培。**传播途径**：人工种植。**繁殖方式**：营养繁殖。**入侵特点**：① 繁殖性　以营养繁殖为主。

② 传播性　人为引种栽培，逸生、归化。③ 适应性　抗性强，耐高温和低温，对土壤条件要求不严。桂喆（2017）试验了该种的种子特性，得知其可以在西北高原地区生存，但生长不佳。**可能扩散的区域**：温带地区。

【危害及防控】 具有较高的适应能力和入侵性，影响植物群落多样性。应加强管理，对野外逸生种群和植株应及时铲除。

【凭证标本】 新疆维吾尔自治区昌吉回族自治州木垒县郊区，海拔 1 314 m，43.492 6°N，90.175 1°E，2015 年 8 月 21 日，张勇 RQSB02368（CSH）；陕西省铜川市宜君县哭泉乡淌泥河村，海拔 1 326 m，35.164 7°N，109.419 7°E，2015 年 9 月 29 日，张勇 RQSB01682（CSH）；贵州省毕节市市郊徐花屯附近，海拔 1 605 m，27.201 6°N，105.150 5°E，2016 年 4 月 27 日，马海英、王曌、杨金磊 RQXN05020（CSH）。

杂种车轴草
（*Trifolium hybridum* Linnaeus）
1. 群落及生境；2. 三出掌状复叶

参考文献

桂喆，2017. 几种豆科植物种子生物学特性及根际氮素分布研究［D］. 西宁：青海大学 .
马金双，2014. 中国外来入侵植物调研报告：上卷［M］. 北京：高等教育出版社：26，205，460.
中国科学院植物研究所，1955. 中国主要植物图说：第五册　豆科［M］. 北京：科学出版社：209-210.
Dobeš C, Hahn B, Morawetz W, 1997. Chromosomenzahlen zur Gefäßpflanzen-Flora Österreichs[J]. Linzer Biologische Beitrage, 29(1): 5–43.

2. **红车轴草** ***Trifolium pratense*** Linnaeus, Sp. Pl. 2: 768. 1753.

【特征描述】 短期多年生草本，生长期 2～5（～9）年。主根深入土层达 1 m。茎粗壮，具纵棱，直立或平卧斜升，疏生柔毛或秃净。三出掌状复叶；托叶近卵形，膜质，每侧具脉纹 8～9 条，基部抱茎，先端离生部分渐尖，具锥刺状尖头；叶柄较长，茎上部的叶柄短，被伸展毛或秃净；小叶呈卵状椭圆形至倒卵形，长 1.5～3.5（～5）cm，宽 1～2 cm，先端钝，有时微凹，基部阔楔形，两面疏生褐色长柔毛或略被毛，叶面上常有 V 形白斑，侧脉约 15 对，作 20° 角展开在叶边处分叉隆起，伸出形成不明显的钝齿；小叶柄短，长约 1.5 mm。花序呈球状或卵状，顶生；无总花梗或具甚短总花梗，包于顶生叶的托叶内，托叶扩展呈焰苞状，具花 30～70 朵，密集；花长 12～14（～18）mm；无花梗；萼呈钟形，被长柔毛，具脉纹 10 条，萼齿呈丝状，锥尖，比萼筒长，最下方 1 齿比其余萼齿长 1 倍，萼喉开张，具一多毛的加厚环；花冠为紫红色至淡红色，旗瓣匙形，先端圆形，微凹缺，基部狭楔形，明显比翼瓣和龙骨瓣长，龙骨瓣稍比翼瓣短；子房椭圆形，花柱呈丝状细长，有胚珠 1～2 颗。荚果呈卵形；通常有 1 粒扁圆形种子。**染色体：** $2n$=16（杨美娟 等，2003）。**物候期：** 花、果期 5—9 月。

【原产地及分布现状】 该种原产于北非、中亚和欧洲，现归化于美洲、东亚地区。**国内分布：** 安徽、北京、重庆、甘肃、广东、广西、贵州、河北、河南、黑龙江、湖北、湖南、吉林、江苏、江西、辽宁、内蒙古、宁夏、青海、山东、山西、陕西、上海、四川、台湾、新疆、云南、浙江。

【生境】 路边、农田、牧场、果园、草甸、山麓、铁路附近。

【传入与扩散】 **文献记载：** 对该种的相关记载见于《重要牧草栽培》（孙醒东，1954）、《中国主要植物图说》（中国科学院植物研究所，1955）和《中国外来入侵物种编目》（徐海根和强胜，2004）。**标本信息：** 该种的模式标本采自欧洲；后选模式标本（Herb. Clifford 375、Trifolium No. 16A；BM000646751）为栽培于荷兰乔治·克利福德三世哈特营花园的植株，现存放于英国自然历史博物馆，而另一份标本（Herb. Clifford 375、Trifolium No. 16B；BM000646752）也被认为是原始凭证标本。我国较早期的标本有 1922 年 7 月 26 日采自江西省的标本（A. N. Steward 0726；FNU215C0001H0031939）。**传入方式：** 作为牧草引进。**传播途径：** 人工种植。**繁殖方式：** 种子繁殖。**入侵特点：** ① 繁殖性　种子繁殖。② 传播性　人工栽培广泛，通过散落的种子逸生。③ 适应性　适应于温带环境，对热、寒冷抗性弱，不耐瘠薄，在酸性土壤、沙质土壤环境中生长不良，怕涝。**可能扩散的区域：** 全国各地。

【危害及防控】 根系分泌化感物质影响其他作物生长（刘权 等，2013），危害程度较严重。应控制引种。

【凭证标本】 贵州省毕节市纳雍至毕节的高速路边，海拔 1 600 m，27.002 7°N，105.143 2°E，2016 年 4 月 29 日，马海英、王曌、杨金磊 RQXN05082（CSH），四川省阿坝藏族羌族自治州汶川县映秀镇，海拔 905 m，31.137 8°N，103.281 1°E，2015 年 10 月 13 日，刘正宇、张军等 RQHZ05736（CSH）。

【相似种】 绛车轴草（*Trifolium incarnatum* Linnaeus）同红车轴草在形态上较相似，但前者小叶阔倒卵形至近圆形，先端钝，有时微凹，基部阔楔形，渐窄至小叶柄，边缘具波状钝齿，与后者不同。绛车轴草原产于欧洲地中海沿岸，现归化于美洲和亚洲。该种在《中国主要植物图说》（中国科学院植物研究所，1955），《中国外来入侵物种编目》（徐海根和强胜，2004）以及《中国外来植物》（何家庆，2012）中也有收载，刘碧惠（1984）曾发表文章报道自 1979 年起四川省对该种有栽培。该种多为引种种植。

红车轴草（*Trifolium pratense* Linnaeus）

1. 群落和生境；2. 三出掌状复叶；3. 托叶；4. 头状花序；5. 花序及放大显示的花；6. 花序纵剖

参考文献

何家庆，2012. 中国外来植物［M］. 上海：上海科学技术出版社：418-419.
刘碧惠，1984. 绛三叶的引种栽培［J］. 四川畜牧兽医（4）：26-28.
刘权，徐蕊，秦波，2013. 红车轴草化感作用研究［C］// 中国植物保护学会植物化感作用专业委员会. 中国第六届植物化感作用学术研讨会论文摘要集. 成都：中国植物保护学会植物化感作用专业委员会：1.
孙醒东，1954. 重要牧草栽培［M］. 北京：科学出版社：27.
徐海根，强胜，2004. 中国外来入侵物种编目［M］. 北京：中国环境科学出版：183-191.
杨美娟，杨德奎，付丽霞，2003. 两种车轴草的染色体研究［J］. 山东科学，16（4）：17-20.
中国科学院植物研究所，1955. 中国主要植物图说：第五册　豆科［M］. 北京：科学出版社：211-213.

3. **白车轴草** ***Trifolium repens*** Linnaeus, Sp. Pl. 2: 767. 1753.

【别名】 **白三叶**

【特征描述】 茎匍匐，无毛。三出掌状复叶，小叶倒卵形或倒心形，长 1.2～2.5 cm，宽 1～2 cm，基部宽楔形，边缘有细齿，表面无毛，常有 V 字形白色斑痕，背面微有毛；托叶椭圆形，顶端尖，抱茎。花序呈头状，总花序梗长于叶；花萼呈筒状，萼齿三角形，均有微毛；花冠为白色，稀为黄白色或淡红色。荚果呈倒卵状椭圆形，长约 3 mm，包于膜质，膨大，长约 1 cm 的宿存于花萼内，含种子 2～4 粒，种子近圆形，直径约 1.5 mm，表面光滑。**染色体**：$2n=32$（杨美娟 等，2003；万方浩 等，2012）。**物候期**：花、果期 3—5 月。

【原产地及分布现状】 该种原产于北非、中亚、西亚和欧洲，现归化于美洲和亚洲东部地区。**国内分布**：安徽、北京、重庆、甘肃、广东、广西、贵州、河北、河南、黑龙江、湖北、湖南、吉林、江苏、江西、辽宁、内蒙古、宁夏、青海、上海、四川、台湾、香港、新疆、云南、浙江。

【生境】 在酸性土壤中生长，也可在沙土中生长，喜阳耐阴。

【传入与扩散】 **文献记载：** 该种的相关记载见于《中国主要植物图说》（中国科学院植物研究所，1955）和《中国外来入侵物种编目》（徐海根和强胜，2004），在何家庆（2012）所著的《中国外来植物》中也收录了该种。**标本信息：** 该种的后选模式标本采自美国弗吉尼亚，现存放于伦敦林奈学会植物标本馆（LINN930.16）。我国较早期的标本有1908年3月11日采自云南省的标本（钟观光4967；N128082754）。**传入方式：** 19世纪引种栽培，作牧草、观赏、蜜源植物。**传播途径：** 不详。**繁殖方式：** 以匍匐茎和种子繁殖。**入侵特点：** ① 繁殖性　种子繁殖和营养繁殖都可以，扩增能力强。② 传播性　人工引种广泛、持久，种子逸生、营养扩增，归化、入侵地域广泛。③ 适应性　喜温暖湿润的气候，寒冷地区也能栽培，抗性强，喜酸性土壤，在沙质土壤中生长良好。**可能扩散的区域：** 全国各地。

【危害及防控】 侵入农田，危害轻微，对局部地区的蔬菜、幼林有危害。严格防控引种栽培区域，当该种侵入田间、果园或疏林时，应及时铲除。

【凭证标本】 湖北省天门市直属储备粮库，海拔51 m，30.660 3°N，113.142 3°E，2014年9月1日，李振宇、范晓红、于胜祥、龚国祥、熊永红 RQHZ10584（CSH）；福建省宁德市寿宁县绿化公园，海拔781 m，27.457 0°N，119.512 7°E，2015年6月2日，曾宪锋 RQHN07019（CSH）；贵州省毕节市七星关区何官屯，海拔1 647 m，27.370 3°N，105.252 2°E，2016年4月27日，马海英、王曌、杨金磊 RQXN05004（CSH）。

白车轴草（*Trifolium repens* Linnaeus）

1. 群落及生境；2. 花期植株群落；3. 三出掌状复叶；4. 花序及花

参考文献

何家庆，2012. 中国外来植物［M］. 上海：上海科学技术出版社：419-420.
万方浩，刘全儒，谢明，2012. 生物入侵：中国外来入侵植物图鉴［M］. 北京：科学出版社：124-125.
徐海根，强胜，2004. 中国外来入侵物种编目［M］. 北京：中国环境科学出版社：189-190.
杨美娟，杨德奎，付丽霞，2003. 两种车轴草的染色体研究［J］. 山东科学，16（4）：17-20.
中国科学院植物研究所，1955. 中国主要植物图说：第五册　豆科［M］. 北京：科学出版社：207-208.

25. 野豌豆属 *Vicia* Linnaeus

一年生、二年生或多年生草本。植株不被丁字毛，茎细长、具棱、但不呈翅状，多分枝，攀缘、蔓生或匍匐，稀直立。多年生种类根部常膨大呈木质化块状，表皮为黑褐色、具根瘤。偶数羽状复叶，叶轴顶端具卷须或小尖头；托叶通常半箭头形，少数种类具腺点，无小托叶；小叶（1～）2～12 对，长圆形、卵形、披针形至线形，先端圆、平截或渐尖，微凹，有细尖，全缘，叶缘无锯齿。花序腋生，总状或复总状，长于或短于叶；花明显两侧对称，多数、密集着生于长花序轴上部，稀单生或 2～4 簇生于叶腋，苞片甚小而且多数早落，大多数无小苞片；花萼近钟状，基部偏斜，上萼齿通常短于下萼齿，多少被柔毛；花冠为淡蓝色，蓝紫色或紫红色，稀为黄色或白色；花瓣呈覆瓦状排列；近轴的 1 枚花瓣（旗瓣）位于相邻两侧花瓣之外，呈倒卵形、长圆形或提琴形，先端微凹，下方具较大的瓣柄，远轴的 2 枚花瓣（龙骨瓣）基部沿连接处合生呈龙骨状，翼瓣与龙骨瓣耳部相互嵌合，雄蕊二体（9+1），雄蕊管上部偏斜，花药同型；子房近无柄，有胚珠 2～7 颗，花柱圆柱形，顶端四周被毛，或侧向压扁于远轴端具一束髯毛。荚果扁（除蚕豆外），两端渐尖，无（稀有）种隔膜，腹缝开裂；有种子 2～7 粒，球形、扁球形、肾形或扁圆柱形，种皮为褐色、灰褐色或棕黑色，稀具紫黑色斑点或花纹；种脐长度相当于种子周长的 1/6～1/3，胚乳微量，子叶扁平、不出土。

本属约有 200 种，产于北半球温带至南美洲温带和东非，为北温带（全温带）间断分布，但以地中海地域为中心。我国有 43 种，5 变种，广布于全国各省区，其中，西北、华北、西南地区较多。本书收录入侵植物 1 种。

长柔毛野豌豆 *Vicia villosa* Roth, Tent. Fl. Germ. 2(2): 182. 1793.

【别名】 **毛叶苕子**

【特征描述】 一年生草本，攀缘或蔓生，植株被长柔毛，长 30～150 cm，茎柔软，有棱，多分枝。偶数羽状复叶，叶轴顶端卷须有 2～3 个分支；托叶披针形或二深裂，呈半边箭头形；小叶通常为 5～10 对，长圆形、披针形至线形，长 1～3 cm，宽 0.3～0.7 cm，先端渐尖，具短尖头，基部楔形，叶脉不甚明显。总状花序腋生，与叶近等长或略长于叶；具花 10～20 朵，一面向着生于总花序轴上部；花萼呈斜钟形，长约 0.7 cm，具 5 萼齿，近锥形，长约 0.4 cm，下面的 3 枚较长；花冠为紫色、淡紫色或紫蓝色；旗瓣长圆形，中部缢缩，长约 0.5 cm，先端微凹；翼瓣短于旗瓣；龙骨瓣短于翼瓣。荚果呈长圆状菱形，长 2.5～4 cm，宽 0.7～1.2 cm，侧扁，先端具喙；有种子 2～8 粒，球形，直径约 0.3 cm，表皮为黄褐色至黑褐色，种脐长度相当于种子周长的 1/7。**染色体**：$2n$=14、28（Bao & Turland, 2010）。**物候期**：花、果期 4—10 月。

【原产地及分布现状】 该种原产于中亚、西亚和欧洲，现在世界其他地区广泛种植并归化。**国内分布**：安徽、重庆、甘肃、广东、广西、贵州、海南、湖北、湖南、江苏、宁夏、青海、山东、山西、陕西、上海、四川、台湾、新疆、云南、浙江。

【生境】 山谷、固定沙丘、丘陵草原、石质黏土荒漠冲沟、草原、荒漠、石质黏土凹地、山脚平原、低湿地、草甸和石质黏土坡。

【传入与扩散】 **文献记载**：《中国主要植物图说》（中国科学院植物研究所，1955）记载了该种，作为牧草引种栽培于我国北方地区。**标本信息**：该种的模式标本采自德国，为栽培植物。1926 年 5 月 5 日，曾在广东省采集到该种的植物标本（F. A. McClure 2026；

SYS00040384)。**传入方式：**作为牧草和绿肥作物引入。**传播途径：**种子多，易繁殖，因人、畜等无意活动传播成为常见杂草。**繁殖方式：**种子繁殖。**入侵特点：**① 繁殖性　种子较多，繁殖成功率高。② 传播性　作为世界性温带优质牧草，主要由人为栽培，范围广，扩散迅速。③ 适应性　适应北方地区干旱寒冷的气候，耐瘠薄土壤，抗逆性强。**可能扩散的区域：**温带地区、北亚热带地区。

【危害及防控】入侵草地，成为许多草地的优势物种，对麦类、豆类农作物有危害，危害当地的生物多样性。但种植在苹果园的长柔毛野豌豆对生产反倒有益（李晓光 等，2018）。危害较轻微。产生种子前应进行人工清除，从而防止长柔毛野豌豆种子的散落，在清除作物种子中的该种种子时，也可用除草剂二甲四氯、2,4-D 丁酯等进行防治（马金双，2014）。

【凭证标本】江苏省连云港市灌云县吴赵村，海拔 5.3 m，34.478 7°N，119.476 9°E，2015 年 5 月 28 日，严靖、闫小玲、李惠茹、王樟华 RQHD02072（CSH）；贵州省铜仁市德江县县城附近荒地，海拔 645 m，28.142 0°N，108.630°E，2015 年 8 月 9 日，马海英、邱天雯、徐志茹 RQXN07422（CSH）；广西壮族自治区百色市乐业县甘田镇，海拔 1 001 m，24.362 9°N，106.283 9°E，2016 年 1 月 24 日，唐赛春、潘玉梅 RQXN08211（CSH）。

长柔毛野豌豆（*Vicia villosa* Roth）

1. 群落及生境；2. 复叶及叶卷须；3. 托叶；4. 叶卷须；5. 花序及花；6. 果；7. 荚果纵剖示种子

参考文献

李晓光，龙兴洲，高颖，等，2018. 行间种植长柔毛野豌豆对苹果园生态环境的影响［J］. 中国果树（6）：24-26.

马金双，2014. 中国外来入侵植物调研报告：上卷［M］. 北京：高等教育出版社：209.

中国科学院植物研究所，1955. 中国主要植物图说：第五册　豆科［M］. 北京：科学出版社：612-613.

Bao B, Turland N J, 2010. *Vicia*[M]//Wu Z Y, Raven P H, Hong D Y. Flora of China: vol. 10. Beijing: Science Press & St. Louis: Missouri Botanical Garden Press: 560–572.

酢浆草科 | Oxalidaceae

一年生或多年生草本，稀为灌木或乔木。根茎或鳞茎状块茎，通常肉质，或有地上茎。小叶通常全缘；托叶有或无。伞形花序或伞房花序，或有时为总状或聚伞花序；花两性，辐射对称；萼片 5 片，离生或基部合生，覆瓦状排列，少数为镊合状排列；花瓣 5 片，有时基部合生，旋转排列；雄蕊 10 枚，2 轮，5 长 5 短，外轮与花瓣对生，花丝基部通常联合，有时 5 枚无药，花药 2 室，纵裂；雌蕊由 5 枚合生心皮组成，子房上位，5 室，每室有 1 至数颗胚珠，中轴胎座，花柱 5 枚，离生，宿存，柱头通常呈头状。果为开裂的蒴果或为肉质浆果；种子通常为肉质、干燥时产生弹力的外种皮，或极少具假种皮、胚乳肉质。

一般认为本科包括了 5 属，在种数上却有不同观点，如 Mabberley（2008）认为酢浆草属约有 565 种，而 Liu 和 Watson（2008）以及蒋伟和李德铢（2018）均认为本属约有 780 种，Cocucci（2004）则认为本属约有 880 种。该种主要产于南美洲，次为非洲。我国有 3 属 13 种；外来入侵有 1 属 3 种 1 变种（另有 1 相似种）。

参考文献

蒋伟，李德铢，2018. 酢浆草科［M］// 李德铢 . 中国维管植物科属词典 . 北京：科学出版社：374.

Cocucci A A, 2004. Oxalidaceae[M]//Kubitzki K. The families and genera of vascular plants. Berlin: Springer: 285–290.

Liu Q R, Watson M F, 2008. Oxalidaceae[M]//Wu Z Y, Raven P H, Hong D Y. Flora of China: vol. 11. Beijing: Science Press & St. Louis: Missouri Botanical Garden Press: 1–6.

Mabberley D J, 2008. Mabberley's plant-book: a portable dictionary of plants, their classification and uses[M]. 3rd ed. Cambridge: Cambrideg University Press: 616.

酢浆草属 *Oxalis* Linnaeus

一年生或多年生草本。根具肉质鳞茎状或块茎状地下根茎。茎匍匐或披散。叶互生或基生，指状复叶，通常有3小叶，小叶在闭光时闭合下垂；无托叶或托叶极小。花基生或为聚伞花序式，总花梗腋生或基生；花为黄色、红色、淡紫色或白色；萼片5片，呈覆瓦状排列；花瓣5片，呈覆瓦状排列，有时基部微合生；雄蕊10枚，长短互间，全部具花药，花丝基部合生或分离；子房5室，每室具1至数颗胚珠，花柱5枚，常2型或3型，分离。果为室背开裂的蒴果，果瓣宿存于中轴上；种子具2瓣状的假种皮，种皮光滑。有横或纵肋纹；胚乳肉质，胚直立。

本属约有565种（Mabberley, 2008），780种（Liu & Watson, 2008; 蒋伟和李德铢，2018）或880种（Cocucci, 2004）。主要分布于南北半球的热带、亚热带地区，特别是南美洲和非洲南部，并有向温带地区扩张的趋势。我国有8种；外来入侵种有3种1变种。

大花酢浆草（*Oxalis bowiei* Aiton ex G. Don）原产于南非，现归化于世界亚热带及温带地区，在我国北部地区的多地作为观赏花卉被引种和栽培。Groom（2019）将Thomas Duncanson于1823年10月23日所绘制的一幅图指定为该种的模式。此图参照了James Bowie于1817—1823年间在南非考察时引种的植物材料，现存放于英国皇家植物园——邱园，编号为340（另一个编号为452）。该种为多年生草本，具肥厚的纺锤形或长卵形鳞茎，长2～4 cm，直径可达1 cm，外被褐色干鳞片。叶多数，基生，三出掌状复叶；小叶宽倒卵形或倒卵圆形，顶端微凹，宽大于高；伞形花序基生或近基生，具花4～10朵；花瓣为紫红色，花直径2.5～4.5 cm；常不结实，大多通过鳞茎繁殖，每个鳞茎每年可增殖20多株（李培之，2009）。目前该种多为栽培，暂无其危害性的报道。

黄花酢浆草（*Oxalis pes-caprae* Linnaeus）原产于南非，目前已归化于福建或在北京、陕西、新疆等地作为观赏植物进行栽培（黄成就 等，1998; Liu & Watson, 2008）。该种的花为黄色，但比另一开黄花的本地种酢浆草（*Oxalis corniculata* Linnaeus）的花要大很多，故可容易区别。原产于东南亚地区并在我国南方地区极为常见的杂草——酢浆草，现也已经广布于世界各地（Groom et al., 2019）。

参考文献

黄成就，黄宝贤，徐朗然，1998. 酢浆草科［M］// 中国科学院中国植物志编辑委员会 . 中国植物志：第 43 卷：第 1 分册 . 北京：科学出版社：3-17.

蒋伟，李德铢，2018. 酢浆草科［M］// 李德铢 . 中国维管植物科属词典 . 北京：科学出版社：374.

李培之，2009. 栽培大花酢浆草［J］. 中国花卉盆景（10）：18-19.

Cocucci A A, 2004. Oxalidaceae[M]//Kubitzki K. The families and genera of vascular plants. Berlin: Springer: 285–290.

Groom Q, 2019. Typification of *Oxalis bowiei* W. T. Aiton ex G. Don (Oxalidaceae)[J]. PhytoKeys, 119: 23–30.

Groom Q J, Straeten V D J, Hoste I, 2019. The origin of *Oxalis corniculata* L.[J]. PeerJ, 7: e6384.

Liu Q R, Watson M F, 2008. Oxalidaceae[M]//Wu Z Y, Raven P H, Hong D Y. Flora of China: vol. 11. Beijing: Science Press & St. Louis: Missouri Botanical Garden Press: 1–6.

Mabberley D J, 2008. Mabberley's plant-book: a portable dictionary of plants, their classification and uses[M]. 3rd ed. Cambridge: Cambrideg University Press: 616.

分种检索表

1 叶成熟时为紫红色；根状茎具分枝，密被鳞片；具纺锤状肉质根……………………………………………………………………… 4. 紫叶酢浆草 *O. triangularis* A. Saint-Hilaire

1 叶为绿色或浅绿色 ………………………………………………………………… 2

2 小叶呈宽鱼尾状（或蝴蝶状），具球状地下鳞茎 ………… 3. 宽叶酢浆草 *O. latifolia* Kunth

2 小叶呈圆状倒心形 ………………………………………………………………… 3

3 鳞茎呈球状，无根状茎 … 2. 红花酢浆草 *O. debilis* Kunth var. *corymbosa* (de Candolle) Lourteig

3 根状茎木质化，具不规则串珠状结节 …………………… 1. 关节酢浆草 *O. articulata* Savigny

1. **关节酢浆草** ***Oxalis articulata*** Savigny, Encycl. 4(2): 686. 1797.

【别名】 **紫心酢浆草**

【特征描述】多年生草本。根状茎木质化，具不规则串珠状结节，表面被黑褐色膜状鳞片；无匍匐茎及鳞茎。叶基生，叶柄长 11～30 cm，具 3 小叶，正面为绿色，背面为绿色至紫色，长 18～20 mm，呈圆状倒心形，顶端凹入，边缘密被松散纤毛状，表面均匀被糙伏状绒毛，草酸盐斑点主要集中于叶片边缘或整个表面。伞形聚伞花序，有小花 3～12 朵；花葶长 12～28 cm，疏生糙伏毛。花柱异长，萼片顶端有 2 个橙色的小突起；花瓣通常略带紫红色，稀为白色，长 10～14 mm。蒴果卵形，4～8 mm，疏生糙伏毛。**染色体**：*n*=7（Naranjo et al., 1982），2*n*=42（Nesom, 2016）。**物候期**：花期 3—7 月。

【用途】观赏。

【原产地及分布现状】该种原产于南美洲（巴西、阿根廷、巴拉圭、乌拉圭）。现归化于亚速尔群岛、土耳其、日本、澳大利亚、新西兰、爱尔兰、英国、法国、葡萄牙、西班牙、哥斯达黎加、巴拿马。**国内分布**：安徽、河南、江苏、北京、湖北、湖南、山东、陕西、云南、浙江。

【生境】花园、路旁、草地等。

【传入与扩散】**文献记载**：胡先骕于 1955 年在《经济植物手册》（下册）中记载了该种的异名 *Oxalis rubra* A. St.-Hil. 及其在中国的分布。**标本信息**：该种的模式标本（P. Commerson 65）于 1767 年 5 月采自非洲乌拉圭，主模式标本（P00671930）和等模式标本（P00724122）均存放于法国国家自然历史博物馆。我国较早期的标本有 1958 年 9 月 23 日采自浙江省杭州市云合塔的标本（Anonymous 1026; KUN0555891）。**传入方式**：作为观赏植物有意引入。**传播途径**：地下根状茎在翻耕及移栽时易随带土苗木传播。**繁殖方式**：种子及根状茎繁殖。**入侵特点**：① 繁殖性　主要依靠根茎繁殖。关节酢浆草地下块茎的克隆储存功能能够在一定程度上增强其对环境干扰的适应能力，从而在其潜在入侵性方面发挥了重要作用（王璐瑶　等，2018）。② 传播性　依靠人工引种或无意随带土苗木传播，传播能力主要依赖人类传输距离。③ 适应性　在适宜环境能聚集成大片密集生长，适应性一般。**可能扩散的区域：**东部地区。

【危害及防控】 具化感作用，抑制其他草类生长（Shiraishi et al., 2005）。铲除地下根茎；保持土壤丰富的肥力及水分，避免其根茎过分深入地下，种植于土下有岩石或隔离物的浅层土壤中。切勿经常翻耕周围的土地，避免地下根茎的扩散。

【凭证标本】 上海市松江区广富林街道辰塔路，海拔 40 m，31.054 8°N，121.183 1°E，2017 年 9 月 12 日，蒋奥林 JAL19（IBSC）。

【相似种】 该种跟红花酢浆草［*Oxalis debilis* Kunth var. *corymbosa*（de Candolle）Lourteig］在叶片形态、花的大小与颜色上均很相似，主要区别在于该种地下鳞茎呈念珠状而不同于后者。

关节酢浆草（ *Oxalis articulata* Savigny ）

1. 生境；2. 根部；3. 花序；4. 花的纵向解剖

参考文献

王璐瑶，金芳梅，金怡婧，等，2018. 外来克隆植物关节酢浆草地下克隆储存对刈割的响应［J］. 应用生态学报，29（2）：501-506.

Naranjo C A, Mola L, Poggio L, et al., 1982. Estudios citotaxonómicos y evolutivos en especies herbáceas sudamericanas de *Oxalis* (Oxalidaceae)[J]. Boletín de la Sociedad Argentina de Botánica, 20: 183–200.

Nesom G L, 2016. *Oxalis articulata*[M]//Flora of North America Editorial Committee. Flora of North America north of Mexico: vol. 12. New York: Oxford University Press: 153.

Shiraishi S, Watanabe I, Kuno K, et al., 2005. Evaluation of the allelopathic activity of five Oxalidaceae cover plants and the demonstration of potent weed suppression by *Oxalis* species[J]. Weed Biology and Management, 5(3): 128–136.

2. **红花酢浆草 *Oxalis debilis*** Kunth var. ***corymbosa*** (de Candolle) Lourteig, Ann. Missouri Bot. Gard. 67(4): 840. 1980. —— *Oxalis corymbosa* de Condolle, Prodr. 1: 696. 1824.

【别名】 **大酸味草、铜锤草、紫花酢浆草、多花酢浆草**

【特征描述】 多年生直立草本。无根状茎，茎的地下部分有球状鳞茎，外层鳞片膜质，褐色，背具 3 条肋状纵脉，被长缘毛，内层鳞片呈三角形，无毛。叶基生；叶柄长 5～30 cm 或更长，被毛；具 3 小叶，呈圆状倒心形，长 1～4 cm，宽 1.5～6 cm，顶端凹入，两侧角圆形，基部宽楔形，表面为绿色，被毛或近无毛；背面为浅绿色，通常两面或有时仅边缘有干后呈棕黑色的小腺体，背面尤甚并被疏毛；托叶长圆形，顶部狭尖，与叶柄基部合生。总花梗基生，二歧聚伞花序，通常排列呈伞形花序式，总花梗长 10～40 cm 或更长，被毛；花梗、苞片、萼片均被毛；花梗长 5～25 mm，每花梗有披针形干膜质苞片 2 枚；萼片 5 片，披针形，长 4～7 mm，先端有暗红色长圆形的小腺体 2 枚，顶部腹面被疏柔毛；花瓣 5 片，倒心形，长 1.5～2 cm，为萼长度的 2～4 倍，淡紫色至紫红色，基部颜色较深；雄蕊 10 枚，长的 5 枚超出花柱，另外的 5 枚长至子房中部，花丝被长柔毛；子房 5 室，花柱 5 枚，被锈色长柔毛，柱头浅 2 裂。**染色体**：$2n$=14、28（Roy et al., 1988; Xu et al., 1992）。**物候期**：花、果期 3—12 月。

【用途】 观赏性植株。全草可以入药，治疗跌打损伤、赤白痢，有止血的功效。地下鳞茎可食用，故此种又名野花生（蒋先磊和董均达，2007）。

【原产地及分布现状】 该种原产于南美洲热带地区。现归化于全球热带至温带地区。**国内分布**：安徽、澳门、北京、重庆、福建、甘肃、广东、广西、贵州、海南、河北、河南、黑龙江、湖北、湖南、吉林、江苏、江西、辽宁、内蒙古、宁夏、青海、陕西、山东、山西、上海、四川、台湾、天津、西藏、香港、新疆、云南、浙江。

【生境】 低海拔的山地、荒地、水田、路旁、庭院、公园、绿地、篱笆下和树下。

【传入与扩散】 **文献记载**：Bentham（1861）以本种的异名 *Oxalis martiana* Zuccarini 记载了香港有该种的分布；此后，《广州植物志》（侯宽昭，1956）和《海南植物志》（侯宽昭和黄茂先，1964）对该种均有记载。**标本信息**：模式标本为 J. B. G. Bory de Saint-Vincent 采自毛里求斯 Insula Borbona，现存放于瑞士日内瓦标本馆［G-DC（G00218298）］。我国较早期的标本有 1917 年 4 月 16 日采自香港特别行政区黄竹坑的标本（蒋英 167；IBSC0227034）、1925 年 6 月 6 日采自江苏省的标本（H. T. Feng 217；PE00054575）。**传入方式**：作为观赏植物有意引入。**传播途径**：地下鳞茎及根易随带土苗木传播，繁殖迅速。**繁殖方式**：主要依靠种子和地下鳞茎繁殖。初夏时种子成熟后，落地即可繁殖；入秋后，地下鳞茎可再次繁殖。**入侵特点**：① 繁殖性　因其鳞茎极易分离，繁殖力较强。② 传播性　主要通过人为无意传播，传播范围较广。③ 适应性　适应性强，易于存活，对地上部分的刈割不会损伤其再次生长，并且除草剂的喷洒对地下部分的影响也不大，此外，研究表明，红花酢浆草榨取液对草坪草的种子萌发和幼苗生长存在化感作用（初晓辉 等，2017）。**可能扩散的区域**：全国各地。

【危害及防控】红花酢浆草耐瘠薄、耐渍和耐酸碱性土壤，抗寒能力强，所以它的适应性非常广泛，生命力极强，已经成为爆发型杂草。红花酢浆草对农田作物和园林绿化植物的生长均有严重的影响。在有红花酢浆草的耕地里，玉米、小麦以及其他作物和杂草的生长都会受到影响（蒋先磊和董均达，2007）。可以通过在结果前进行拔除来达到防控目的。

【凭证标本】广东省广州市天河区中国科学院华南植物园科研区，海拔 24.89 m，23.177 7°N，113.351 6°E，2017 年 12 月 3 日，蒋奥林 JAL20（IBSC）；广西壮族自治区来宾市城厢镇，海拔 159 m，23.833 4°N，108.887 0°E，2014 年 9 月 25 日，唐赛春、林春华 LB13（CSH）；贵州省安顺市平坝区，海拔 1 333 m，26.405 6°N，106.234 4°E，2015 年 8 月 17 日，马海英、邱天雯、徐志茹 RQXN07314（CSH）。

红花酢浆草 [*Oxalis debilis* Kunth var. *corymbosa* (de Candolle) Lourteig]

1. 生境；2. 根部；3. 花序；4. 雄蕊；5. 花部纵切

参考文献

初晓辉，尹海燕，谢勇，等，2017. 红花酢浆草对 6 种草坪草种子萌发及幼苗生长的化感作用 [J] . 草原与草坪，37 (2): 43-48.

侯宽昭，黄茂先，1964. 酢浆草科 [M] // 中国科学院华南植物研究所 . 海南植物志：第 1 卷 . 北京：科学出版社：414-418.

侯宽昭，1956. 广州植物志 [M] . 北京：科学出版社：152-154.

蒋先磊，董均达，2007. 铜锤草的形态特征及其防除措施 [J] . 农技服务，24 (7): 72.

Bentham G, 1861. Flora Hongkongensis[M]. London: Lovell Reeve: 56.

Roy S C, Ghosh S, Chatterjee A, 1988. A cytological survey of eastern Himalayan plants II[J]. Cell and Chromosome Research, 11: 93–97.

Xu B S, Weng R F, Zhang M Z, 1992. Chromosome numbers of Shanghai plants I[J]. Investigatio et Studium Naturae, 12: 48–65.

3. **宽叶酢浆草** ***Oxalis latifolia*** Kunth, Nov. Gen. Sp. 5(21): t. 467. 1822; 5(22): 237 (quato ed.); 184 (fol. ed.). 1822.

【特征描述】 多年生草本，无地上茎，具球状地下鳞茎，主鳞茎（母球）直径 1～2 cm，外包被由叶柄基部扩大呈鞘状木质鳞片，枯萎后宿存，呈褐色并撕裂呈纤维状包被白色肉质的真鳞片。膜状鳞片产生叶柄、叶，均可发育为花梗、花序的鳞芽，真鳞片产生可发育为匍匐枝的鳞芽。成熟鳞茎外鳞片中间可见 3～5 条清晰突起的脉。子球生于 10 cm 长的匍匐枝端，白色，总数目多达 30 以上，子球直径 5～6 mm。叶光滑无毛，叶柄长可达 30 cm，叶具 3 小叶，小叶分离，呈宽鱼尾状（或蝴蝶状），顶端宽 2～4 cm，小叶在夜间折叠闭合。有花序梗 1～4 条，高可达 30 cm，光滑或被稀疏软毛。伞状花序，具花 5～13 朵，每朵直径 1～2 cm。花梗长 1～1.8 cm，于花期直立，花后下弯。萼片 5 片，长约 3.5 mm，披针形，先端有 2 个橙色腺体。花瓣 5 片，瓣片为粉红至紫色，花瓣基部为绿色。雄蕊 10 枚，花柱 3 枚；种子呈椭球形至球形，橘红色至深黄色，长约 1 mm，有纵棱 10～12 条，棱间具 7～8 条横纹（汤东生 等，2013）。**染色体：**n=12（Sarkar et al., 1982），$2n$=14、28、42（Nesom, 2016）。**物候期：**花、果期 6—10 月。

【原产地及分布现状】 该种原产于美洲热带地区（Royo-Esnal & López-Fernández, 2008）。美

国农业部统计数据表明，宽叶酢浆草已在全世界各大洲蔓延开来，其中，欧洲的法国、爱尔兰、葡萄牙、西班牙、英国均有记录（汤东生 等，2013）。亚洲的不丹、印度尼西亚、伊朗、尼泊尔也均有记录；印度、斯里兰卡、巴基斯坦广泛分布。非洲的刚果、埃塞俄比亚、毛里求斯、莫桑比克、尼日利亚、卢旺达、南非、赞比亚、津巴布韦均有记录；肯尼亚、坦桑尼亚、乌干达广泛分布。北美洲的美国，大洋洲的澳大利亚有记录；新西兰广泛分布。**国内分布：**福建、广东、广西、台湾、云南。

【生境】 公园绿地、道路绿化带、苗木种植地。

【传入与扩散】 **文献记载：**国家质量监督检验检疫总局（简称国家质检总局，即今国家市场监督管理总局）于 2010 年在云南省昆明市首次发现该物种侵入国内（种植业管理司，2010）。**标本信息：**该种的模式标本为 A. J. A. Bonpland 和 W. W. H. A. von Humboldt，采自墨西哥坎佩切，主模式标本（P00679806）现存放于法国国家自然历史博物馆，等模式标本（B-W-08975-010）现存放于德国柏林植物园与植物博物馆。我国较早期的标本有 2010 年 6 月 13 日采自云南省昆明市的标本（刘全儒 092797；BNU0021703, BNU0021704）、2010 年 9 月 1 日采自广东省深圳市的标本（李沛琼、李振宇 等 1009301；SZG00075432）。**传播途径：**农耕活动有助于鳞茎在土壤中的传播；在雨水积成的沟渠和溪流中，鳞茎通过水体扩散和传播；花卉种球贸易和引种夹带都可导致跨境传播，一旦定植其鳞茎，就可以通过苗圃产品、农产品调运扩散传播（Estelita-Teixeira, 1978）。**繁殖方式：**自然生长状况下宽叶酢浆草很少结实，仅有两次通过种子繁殖的报道（Marshall, 1987）。它是一种花柱异长植物，不容易进行杂交和自交。我国个体的花柱要么是中等长度要么是短柱，由蜜蜂进行传粉（Luo et al., 2006），在原产区之外难以产生种子，必须依靠营养繁殖进行传播和扩散（Estelita-Teixeira, 1982）。每年母球产生大量子球，脱离母体后独立萌发生长。**入侵特点：**① 繁殖性　产生大量子球，无性繁殖能力强。② 传播性　传播方式多，主要由球状鳞茎通过农耕、水、贸易、引种等进行传播。③ 适应性　环境适应性强，喜光照、耐荫蔽，喜肥沃疏松的土壤、耐黏性贫瘠的土壤。**可能扩散的区域：**在全世界热带、亚热带地区稳步扩大分布区域，并随着全球气候的变暖，逐渐向温带地区发展。

【危害及防控】 危害热带、亚热带地区种植的几乎所有重要作物。至少在37个国家的30种作物报道中被认为是杂草（Prathibha et al., 1995; Arya et al., 1994; Thomas, 1991; Chivinge & Rukuni, 1989），具体包括：木薯、玉米、旱地水稻、油菜、茶、马铃薯、咖啡、谷物、甘蔗、果园、菜地。由于该种杂草独特的生物学特性，使得其一旦定植就极难防治，且防治费用巨大。2007年该杂草被列入《中华人民共和国进境植物检疫性有害生物名录》。该杂草会影响园艺种苗产品的销售和声誉，严重时还可能导致市场的丧失。宽叶酢浆草于1996年在云南省昆明市被发现，2008年在云南省昆明市景观绿地和园林地带、2017年在云南省昆明市寻甸县大豆地中均形成了严重的入侵，严重影响了当季作物的生长（郭怡卿 等，2018；李兴盛 等，2020）。农业防治方面，首先，土壤深埋25 cm以上（Royo-Esnal & López-Fernández, 2010; Royo-Esnal & López, 2007）；其次，营养生长阶段通过覆盖土层、草秸等隔离光照和空气，抑制植物体的光合和呼吸作用，从而达到防治目的。此外，适时翻耕土壤，破坏植物体繁殖形成的最佳时期，以减少鳞茎产生的概率。化学防治方面，当鳞茎萌发到5片叶期时，植物比较柔弱，需要依靠鳞茎的营养供给生长，而不是通过光合作用储备养料，因此在此期间开始施用除草剂最为有效。鳞茎萌发后的42～56天，此时植株对除草剂最为敏感，因此也是防治的最佳阶段（Pandey & Singh, 2003）。常用的除草剂包括草甘膦、恶草酮、氟乐灵。还有的文献中曾指出，宽叶酢浆草定植后，在5个生长季连续每月施用百草枯（0.8 kg/hm^2）或杀草快（0.4 kg/hm^2）抑制叶的生长和光合作用，并结合25 cm深埋处理才可以有效根除该杂草（汤东生 等，2013）。生物防治方面，可利用灰葡萄孢（*Botrytis cinerea*）致宽叶酢浆草产生灰色霉层；酢浆草柄锈菌（*Puccinia oxalidis*）可以减少鳞茎的数量和生存力。在印度还发现烟粉虱（*Bemisia tabaci*）携带的病毒可引起该种的叶部卷曲（汤东生 等，2013）。张伟平等（2018）在云南省玉米地和马铃薯地利用土壤处理剂防治宽叶酢浆草的试验结果都比较差；而利用茎叶处理剂在玉米地进行防治的效果明显较好，在马铃薯地却较差。

【凭证标本】 云南省昆明市，刘全儒 092797（BNU）；广东省深圳市，李沛琼、李振宇等 1009301（SZG）。

宽叶酢浆草（*Oxalis latifolia* Kunth）

1. 生境；2. 花序；3. 根部；4. 花

参考文献

郭怡卿，马博，申开元，等，2018. 昆明大豆地里发现检疫性杂草宽叶酢浆草［J］. 云南农业科技（4）：52–54.

李兴盛，叶雨亭，奚佳诚，等，2020. 外来入侵杂草宽叶酢浆草在云南的分布与危害调查［J］. 植物检疫，34（2）：67–72.

汤东生，刘萍，傅杨，2013. 中国发现新的检疫性杂草宽叶酢浆草［J］. 中国农学通报，29（9）：172–177.

张伟平，李铷，顾小军，等，2018. 除草剂防治宽叶酢浆草的田间药效评价［J］. 植物保护，44（4）：212–216.

种植业管理司.（2010–11–9）［2017–12–16］. 农业部办公厅关于组织开展进境植物检疫性有害生物宽叶酢浆草调查工作的函［EB/OL］.http://www.moa.gov.cn/govpublic/ZZYGLS/201011/t20101119_1704222.htm.

Arya M P S, Singh R V, Govindra S, 1994. Crop-weed competition in soybean (*Glycine max*) with special reference to *Oxalis latifolia*[J]. Indian Journal of Agronomy, 39(1): 136–139.

Chivinge O A, Rukuni D, 1989. Competition between purple garden sorrel (*Oxalis latifolia* H. B. K.) and rape (*Brassica napus* L.)[J]. Zimbabwe Journal of Agricultural Research, 27(2): 123–130.

Estelita-Teixeira M E, 1978. Anatomical development of the underground system of *Oxalis latifolia* Kunth (Oxalidaceae). Ⅱ. Root system[J]. Boletim de Botanica, 6: 27–38.

Estelita-Teixeira M E, 1982. Shoot anatomy of three bulbous species of *Oxalis*[J]. Annals of Botany, 49(6): 805–813.

Luo S X, Zhang D X, Renner S S, 2006. *Oxalis debilis* in China: distribution of flower morphs, sterile pollen and polyploidy[J]. Annals of Botany, 98(2): 459–464.

Marshall G, 1987. A review of the biology and control of selected weed species in the genus *Oxalis*: *O. stricta* L., *O. latifolia* H. B. K. and *O. pescaprae* L.[J]. Crop Protection, 6(6): 355–364.

Nesom G L, 2016. *Oxalis latifolia*[M]//Flora of North America Editorial Committee. Flora of North America north of Mexico: vol. 12. New York: Oxford University Press: 151.

Pandey A K, Singh G, 2003. Effect of herbicides on growth and development of *Oxalis latifolia*[J]. Indian Journal of Weed Science, 35(1): 93–96.

Prathibha N C, Muniyappa T V, Murthy B G, 1995. Biology and control of *Oxalis latifolia*[J]. World Weeds, 2(1): 19–24.

Royo-Esnal A, López M L, 2007. Effect of burial on productivity and extinction of *Oxalis latifolia* Kunth[J]. Current Science, 92(7): 979–983.

Royo-Esnal A, López-Fernández M L, 2008. Biology of *Oxalis latifolia*: a review of the origin, annual cycle, most important biological characteristics, and taxonomic forms[J]. Agronomia Mesoamericana, 19(2): 291–301.

Royo-Esnal A, López-Fernández M L, 2010. Modelling leaf development in *Oxalis latifolia*[J]. Spanish Journal of Agricultural research, 8(2): 419–424.

Sarkar A K, Datta N, Chatterjee U, et al., 1982. In IOPB chromosome number reports LXXVI[J]. Taxon, 31(3): 576–579.

Thomas P E L, 1991. The effect of *Oxalis latifolia* competition in maize[J]. South African Journal of Plant and Soil, 8(3): 132–135.

4. **紫叶酢浆草** ***Oxalis triangularis*** A. Saint-Hilaire, Fl. Bras. Merid. (quarto ed.) 1(3): 128. 1825.

【特征描述】 多年生宿根草本植物，株高15～30 cm。根肉质，纺锤状。地下部分生长有小鳞茎，鳞茎不断增生，在地下呈珊瑚状分布。根状茎具分枝，密被鳞片。叶簇生于地下鳞茎上，具长柄，三出掌状复叶，小叶呈倒三角形，上端中央微凹，被少量白毛。叶片初生时为玫瑰红色，成熟时为紫红色。伞形花序，具花5～9朵，花瓣5片，淡红色或淡紫色。果实为蒴果。果实成熟后自动开裂（龙斌，2010）。**染色体**：$2n=28$（肖建忠 等，2004）。**物候期**：花、果期4—11月。

【原产地及分布现状】 该种原产于美洲热带地区，较早出现在阿根廷、玻利维亚和巴拉圭，美国于1930年引种。我国最初由上海园林专家薛麒麟女士于1997年引入，该种曾在2001年第五届中国花卉博览会上引起轰动（焦磊和朱红慧，2014）。现归化于亚洲及欧洲的亚热带和温带地区。**国内分布**：重庆、广东、河南、湖北、江西、上海、台湾。

【生境】 喜湿润、半阴，通风良好的环境，以腐殖质丰富，排水良好的沙质土更好。常见于路旁的绿化带草坪中。

【传入与扩散】 **文献记载**：上海园林专家薛麒麟女士于1997年引入我国（焦磊和朱红

慧，2014）。**标本信息**：模式标本为 Aug. de Saint-Hilaire #A1-585，于 1816—1821 年采自巴西的里约热内卢，主模式标本（P00507128）和等模式标本（P00507129, P00507130）现存放于法国国家自然历史博物馆，另一个等模式标本则存放于法国蒙彼利埃大学（MPU018627）。我国较早期的标本有 2009 年 8 月 28 日采自江西省九江县沙河石门胡四房（易桂花、张丽萍 09816；JJF00015074）。**传入方式**：作为观赏性草有意引入。**传播途径**：人工引种或随带土苗木传播。**繁殖方式**：种子或球茎繁殖。由于该种的观赏价值较高，市场应用潜力较大，因此开发出了一系列的组培快繁技术（李霖 等，2002；高贵珍和张兴桃，2005；孟月娥 等，2005）。**入侵特点**：① 繁殖性 适宜环境生长迅速，覆盖地面迅速，可抑制其他草坪草的生长。② 传播性 常以鳞茎随带土苗木传播。③ 适应性 通常生长的适宜温度为 24～30℃，盛夏会休眠（崔会平，2007；曾志红，2005）。**可能扩散的区域**：长江中下游及以南地区。

【危害及防控】 无明显危害。该种作为园林花卉引入我国，一旦定居就比较难以根除，因此在防控方面，应将其控制在适宜区域内栽培，在花前拔除并铲除地下块茎。

【凭证标本】 上海市松江区三新北路学苑宾馆附近，31.053 5°N，121.183 5°E，2017 年 9 月 12 日，蒋奥林 JAL18（IBSC）；重庆市潼南县五桂乡，海拔 620 m，2014 年 7 月 30 日，刘正宇、张军等 RQHZ06761（CSH）。

紫叶酢浆草（*Oxalis triangularis* A. Saint-Hilaire）

1. 生境；2. 根部和鳞茎；3. 花序；4. 花的纵向解剖

参考文献

崔会平，2007. 紫叶酢浆草栽培［J］. 中国花卉园艺（24）：18-21.

高贵珍，张兴桃，2005. 三角紫叶酢浆草叶片外植体组织培养研究［J］. 宿州学院学报，20（6）：90-92.

焦磊，朱红慧，2014. 紫叶酢浆草生物学特性及其栽培技术［J］. 防护林科技（5）：114-115.

李霖，宋宜颖，鲁润龙，等，2002. 紫叶酢浆草的组织培养［J］. 植物生理学通讯，38（4）：360.

龙斌，2010. 紫叶酢浆草的应用及病虫害防治［J］. 绿色科技（12）：43-44.

孟月娥，周子发，李艳敏，等，2005. 紫叶酢浆草组培快繁技术研究［J］. 中国农学通报，21（12）：290-291，298.

肖建忠，张成合，尚爱芹，等，2004. 三角紫叶酢浆草的染色体数目鉴定及核型分析［M］// 赵尊练 . 园艺学进展：第六辑 . 西安：陕西科技出版社：676-678.

曾志红，2005. 紫叶酢浆草的栽培及利用［J］. 西南园艺，33（6）：60.

牻牛儿苗科 | Geraniaceae

草本，稀为亚灌木或灌木。叶互生或对生，叶片通常呈掌状或羽状分裂，具托叶。聚伞花序腋生或顶生，稀花单生；花两性，整齐，辐射对称或稀为两侧对称；萼片通常为 5 片或稀为 4 片，呈覆瓦状排列；花瓣 5 片或稀为 4 片，呈覆瓦状排列；雄蕊 10～15 枚，2 轮，外轮与花瓣对生，花丝基部合生或分离，花药丁字着生，纵裂；蜜腺通常为 5 枚，与花瓣互生；子房上位，心皮 2～3（～5）个，通常 3～5 室，每室具 1～2 颗倒生胚珠，花柱与心皮同数，通常下部合生，上部分离。果实为蒴果，通常由中轴延伸成喙，稀无喙，室间开裂或稀不开裂，每果瓣具 1 粒种子，成熟时果瓣通常爆裂或稀不开裂，开裂的果瓣常由基部向上反卷或呈螺旋状卷曲，顶部通常附着于中轴顶端；种子具微小胚乳或无胚乳，子叶折叠。

本科有 6 属，约 780 种（Xu & Aedo, 2008），而 Alers、Van der Walt（2007）以及 Mabberley（2008）则认为本科包括了 5 属，在种数上，前者认为约有 835 种，后者认为有 650 种。牻牛儿苗科广泛分布于温带、亚热带和热带山地。我国有 2 属，约 54 种；外来入侵种有 1 属 1 种。

参考文献

Albers F, Van der Walt J J A, 2007. Geraniaceae[M]//Kubitzki K. The families and genera of vascular plants. Berlin: Springer: 157–167.

Mabberley D J, 2008. Mabberley's plant-book: a portable dictionary of plants, their classification and uses[M]. 3rd ed. Cambridge: Cambrideg University Press: 356.

Xu L R, Aedo C, 2008. Geraniaceae[M]//Wu Z Y, Raven P H, Hong D Y. Flora of China: vol. 11. Beijing: Science Press & St. Louis: Missouri Botanical Garden Press: 7–30.

老鹳草属 *Geranium* Linnaeus

草本，稀为亚灌木或灌木，通常被倒向毛。茎具明显的节。叶对生或互生，具托叶，通常具长叶柄；叶片通常呈掌状分裂，稀二回羽状或仅边缘具齿。花序聚伞状或单生，每总花梗通常具2朵花，稀为单花或多花；总花梗具腺毛或无腺毛；花整齐，花萼和花瓣5片，呈覆瓦状排列，腺体5枚，每室具2颗胚珠。蒴果具长喙，5个果瓣，每果瓣具1粒种子，果瓣在喙顶部合生，成熟时沿主轴从基部向上端反卷开裂，弹出种子或种子与果瓣同时脱落，附着于主轴的顶部，果瓣内无毛；种子具胚乳或无。

本属约有260种（Mabberley, 2008），380种（Xu & Aedo, 2008）或430种（Albers & Van der Walt, 2007）。世界广泛分布，但主要分布于温带及热带山区。我国约有55种，外来入侵 种有1种。

此外，原产于欧洲的刻叶老鹳草（*Geranium dissectum* Linnaeus），除了在美国、加拿大、澳大利亚和日本已经归化外，在我国江苏省的南京、扬州、南通等市也已经有相关归化的报道（叶康，2015）。本种也因花梗、萼片背面及分果爿均被腺毛，而与原产于欧洲地中海地区且在台湾地区已经归化的矮老鹳草（*Geranium pusillum* Linnaeus）和软毛老鹳草（*Geranium molle* Linnaeus）不同（Chen & Wang, 2005, 2007; Xu & Aedo, 2008; Wu et al., 2010）。矮老鹳草因外轮雄蕊无花药且分果爿不具横肋而与软毛老鹳草可区分。这三种归化植物因总花梗单生于叶腋且仅具2朵花而不同于花序顶生且多花的入侵植物野老鹳草（*Geranium carolinianum* Linnaeus）。

参考文献

叶康，2015. 中国老鹳草属（牻牛儿苗科）归化植物新记录［J］. 热带亚热带植物学报，23（1）: 34-36.

Albers F, Van der Walt J J A, 2007. Geraniaceae[M]//Kubitzki K. The families and genera of vascular plants. Berlin: Springer: 157–167.

Chen C H, Wang C M, 2005. *Geranium molle* L. (Geraniaceae), a newly naturalized plant in Taiwan[J]. Collection and Research, 18: 11–14.

Chen C H, Wang C M, 2007. *Geranium pusillum* L. (Geraniaceae): A newly naturalized plant in Taiwan[J]. Taiwania, 52(3): 270–275.

Mabberley D J, 2008. Mabberley's plant-book: a portable dictionary of plants, their classification and uses[M]. 3rd ed. Cambridge: Cambrideg University Press: 356.

Wu S H, Yang T Y A, Teng Y C, et al., 2010. Insights of the latest naturalized Flora of Taiwan: change in the past eight years[J]. Taiwania, 55(2): 139–159.

Xu L R, Aedo C, 2008. Geraniaceae[M]//Wu Z Y, Raven P H, Hong D Y. Flora of China: vol. 11. Beijing: Science Press & St. Louis: Missouri Botanical Garden Press: 7–30.

野老鹳草 *Geranium carolinianum* Linnaeus, Sp. Pl. 2: 682. 1753.

【别名】 **老鹳草**

【特征描述】 一年生草本，高 20～60 cm，根纤细，单一或分枝，茎直立或仰卧，单一或多数，具棱角，密被倒向短柔毛。基生叶早枯，茎生叶互生或最上部对生；托叶披针形或三角状披针形，长 5～7 mm，宽 1.5～2.5 mm，外被短柔毛；茎下部叶具长柄，柄长为叶片的 2～3 倍，被倒向短柔毛，上部叶柄渐短；叶片圆肾形，长 2～3 cm，宽 4～6 cm，基部心形，掌状 5～7 裂近基部，裂片楔状倒卵形或菱形，下部楔形、全缘，上部羽状深裂，小裂片条状矩圆形，先端急尖，表面被短伏毛，背面主要沿脉被短伏毛。花序腋生和顶生，长于叶，被倒生短柔毛和开展的长腺毛，每总花梗具花 2 朵，顶生总花梗常数个集生，花序呈伞状；花梗与总花梗相似，等于或稍短于花；苞片呈钻状，长 3～4 mm，被短柔毛；萼片长卵形或近椭圆形，长 5～7 mm，宽 3～4 mm，先端急尖，具长约 1 mm 的尖头，外被短柔毛或沿脉被开展的糙柔毛和腺毛；花瓣为淡紫红色，倒卵形，稍长于萼，先端圆形，基部宽楔形，雄蕊稍短于萼片，中部以下被长糙柔毛；雌蕊稍长于雄蕊，密被糙柔毛。蒴果长约 2 cm，被短糙毛，果瓣由喙上部先裂向下卷曲。**染色体：**$2n$=46～48、52（Löve, 1982; Xu & Aedo, 2008）。**物候期：**花期 4—7 月，果期 5—9 月。

【用途】 全草可以入药，有祛风活血，清热解毒之效，用于治疗风湿疼痛（李冰岚 等，1998）。

【原产地及分布现状】 该种原产于北美洲。现归化于南美洲、欧洲和亚洲。**国内分布：**

北京、天津、河北、山东、山西、河南、安徽、江苏、浙江、上海、江西、湖南、湖北、福建、广东、台湾、广西、贵州、重庆、陕西、四川、云南和西藏。

【生境】 平原、低山荒坡杂草丛。

【传入与扩散】 **文献记载：**该种于20世纪40年代出现在华东地区；《中国高等植物图鉴》（中国科学院植物研究所，1983）和《江苏维管植物检索表》（陈守良和刘守炉，1986）对该种有记载。**标本信息：**该种的模式标本采自美国卡来罗纳州和弗吉尼亚州。Fawcett和Rendle（1920）指定了采自弗吉尼亚州、现存放于英国自然历史博物馆的J. Clayton 372为后选模式标本（BM000040264），后来，Moore（1943）指定Dill. Elth. t. 135, f. 162这幅图为该种的模式图版。我国较早期的标本有1918年5月8日采自江苏省的标本（Courtois 20688; NAS00122099）。1930年4月27日在上海市（Universite l'Aurore 1057; NAS00122116）和1930年6月10日在四川省某地也相继采到该种的标本（S. E. Lun 528; SZ00011163）。**传入方式：**无意引入，差旅或交通因素携带入境。**传播途径：**人员流动及交通、自然因素扩散。**繁殖方式：**种子繁殖。**入侵特点：**①繁殖性 种子小，产量高，繁殖性强。②传播性 传播能力有限，主要依赖人类传播。③适应性 适宜生长在湿润的环境（陈国奇 等，2013）。**可能扩散的区域：**全国各地。

【危害及防控】 研究表明，野老鹳草茎水浸液对玉米、大豆、花生的种子萌发和幼苗生长均存在化感作用，且化感作用的大小与水浸液浓度呈正相关（李建波 等，2018）。该种的存在会影响农作物的生产（陈国奇 等，2013）。应在花期前拔除从而达到防控目的。

【凭证标本】 江苏省连云港市灌南县新集镇新集村，海拔3.45 m，34.111 5°N，119.243 7°E，2015年5月28日，严靖、闫小玲、李惠茹、王樟华 RQHD02067（CSH）；江西省上饶市信州区上饶师范学院，海拔64.87 m，28.421 6°N，117.968 2°E，2016年4月18日，严靖、王樟华 RQHD03312（CSH）；安徽省蚌埠市龙子湖区蚌埠南站附近，海拔28 m，32.894 4°N，117.431 3°E，2014年7月2日，严靖、李惠茹、王樟华、闫小玲 RQHD00011（CSH）。

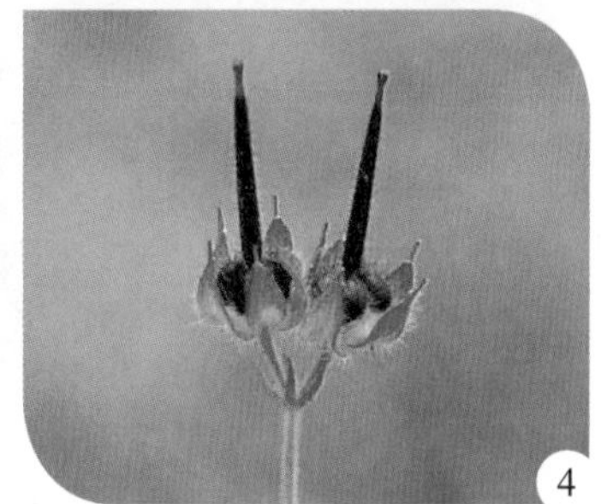

野老鹳草（*Geranium carolinianum* Linnaeus）

1. 生境；2. 花序；3. 幼果；4. 成熟的果实

参考文献

陈国奇，何云核，强胜，2013. 野老鹳草在安徽夏熟作物田过去 20 年间的恶化规律及其影响因子［J］. 杂草科学，31（2）：13–18.

陈守良，刘守炉，1986. 江苏维管植物检索表［M］. 南京：江苏科学技术出版社：357.

李冰岚，王健生，陈宗良，等，1998. 野老鹳草的生药学研究［J］. 时珍国医国药，9（1）：54–55.

李建波，方丽，郝雨，等，2018. 野老鹳草水提取物对大豆、玉米、花生的化感作用［J］. 杂草学报，36（1）：31–36.

中国科学院植物研究所，1983. 中国高等植物图鉴：第 2 册［M］. 北京：科学出版社：519.

Fawcett W, Rendle A B, 1920. Family XL. Geraniaceae[M]//Flora of Jamaica, containing descriptions of the flowering plants known from the island. London: British Museum: 154–155.

Löve A, 1982. IOPB chromosome number reports LXXV[J]. Taxon, 31(2): 342–368.

Moore H E, 1943. A revision of the genus *Geranium* in Mexico and Central America[J]. Contribution from the Gray herbarium of Harvard University (146): 1–108.

Xu L R, Aedo C, 2008. Geraniaceae[M]//Wu Z Y, Raven P H, Hong D Y. Flora of China: vol. 11. Beijing: Science Press & St. Louis: Missouri Botanical Garden Press: 7–30.

大戟科 | Euphorbiaceae

乔木、灌木或草本，稀为木质或草质藤本；木质根，稀为肉质块根；通常无刺；常有乳状汁液，白色，稀为淡红色。叶互生，少有对生或轮生，单叶，稀为复叶，或叶退化呈鳞片状，边缘全缘或有锯齿，稀为掌状深裂；具羽状脉或掌状脉；叶柄长至极短，基部或顶端有时具有 1～2 枚腺体；托叶 2 枚，着生于叶柄的基部两侧，早落或宿存，稀托叶鞘状，脱落后具环状托叶痕。花单性，雌雄同株或异株，单花或组成各式花序，通常为聚伞或总状花序，而在大戟科类中为特殊化的杯状花序（此花序由 1 朵雌花居中，周围环绕以数朵仅有 1 枚雄蕊的雄花所组成）；萼片分离或在基部合生，呈覆瓦状或镊合状排列，在特化的花序中有时萼片极度退化或无；花瓣有或无；花盘环状或分裂成为腺体状，稀无花盘；雄蕊 1 枚至多枚，花丝分离或合生呈柱状，在花蕾时内弯或直立，花药外向或内向，基生或背部着生，药室 2 室，稀 3～4 室，纵裂，稀顶孔开裂或横裂，药隔截平或突起；雄花常有退化的雌蕊；子房上位，3 室，稀 2 或 4 室或更少或更多，每室有 1～2 颗胚珠着生于中轴胎座上，花柱与子房室同数，分离或基部联合，顶端常 2 至多裂，直立、平展或卷曲，柱头形状多变，常呈头状、线状、流苏状、折扇形或羽状分裂，表面平滑或有小颗粒状凸体，稀被毛或有皮刺。果为蒴果，常从宿存的中央轴柱分离成分果爿，或为浆果状或核果状；种子常有显著的种阜，胚乳丰富、肉质或油质，胚大而直或弯曲，子叶通常扁而宽，稀卷叠式。

本科约有 322 属，8 910 种，广布于全世界，但主要产于热带和亚热带地区。我国约有 75 属，约 406 种（Li et al., 2008），外来入侵植物有 4 属 18 种。

王清隆等（2012）在论文中描述了小果木［*Micrococca mercurialis* (Linnaeus) Bentham］在海南省的分布情况。本种为一年生直立或匍匐草本，分枝多。茎被成行的曲毛。叶片呈椭圆状卵形，顶端近渐尖或钝圆，基部截形或多少圆形，膜质，边缘具圆齿，凹处常有腺体和毛；托叶具腺体。总状花序，腋生；花雌雄同株或异株。蒴果常为3裂，疏被糙毛或近光滑，深绿色或棕绿色，干后为暗紫色；种子呈卵状至近球形。该种原产于热带非洲、马达加斯加和西亚的也门、阿拉伯地区以及南亚的印度、斯里兰卡、缅甸和东南亚的马来西亚等地；此外澳大利亚也有分布。本种可能是在港口货物运输过程中夹带侵入我国的，原记录在海南省文昌市清澜港码头、椰子大观园有分布，但作者在2019年调查时未能发现大面积的野生种群，仅在文昌市东郊镇建华山村路旁见到一个个体数量较少的小种群，故推测本种目前还处于归化阶段。在非洲的加蓬和乌干达，当地民间将其叶片作为蔬菜食用，在刚果和印度本种则是当地民间重要的药用植物（Choudhury et al., 2014）。由此看来本种还是野生蔬菜，具有药用价值。例如，可以用来治疗儿童发烧，用其汁液滴灌入鼻子、眼睛、耳朵，可以分别治头痛、眼睛丝虫病、中耳炎。

参考文献

王清隆，邓云飞，黄明忠，等，2012. 中国大戟科一新记录属：小果木属 . 热带亚热带植物学报，20（5）：517-519.

Choudhury S, Rahaman C H, Mandal S, 2014. *Micrococca mercurialis* Benth-pharmacognostic analysis and antimicrobial activity of an important folk medicinal plant[J]. Journal of Biology, Agriculture and Healthcare, 4(27): 122 – 128.

Li B T, Qiu H X, Ma J S, et al., 2008. Euphorbiaceae[M]//Wu Z Y, Raven P H, Hong D Y. Flora of China: vol. 11. Beijing: Science Press & St. Louis: Missouri Botanical Garden Press: 163 – 314.

分属检索表

1 叶柄和叶片均无腺体；子房每室2颗胚珠 ……………… 3. 叶下珠属 *Phyllanthus* Linnaeus

1 叶柄顶端或叶片近基部通常具有腺体；子房每室1颗胚珠 ……………… 2

2 雄花与雌花具花瓣，稀雌花无花瓣 ……………… 1. 巴豆属 *Croton* Linnaeus

2 雄花与雌花均无花瓣 ……………… 3

3 花无萼片；雄花仅有1枚雄蕊 ……………… 2. 大戟属 *Euphorbia* Linnaeus

3 花具萼片；雄花具多枚雄蕊 ……………… 4. 蓖麻属 *Ricinus* Linnaeus

1. 巴豆属 *Croton* Linnaeus

乔木或灌木，稀亚灌木，通常被星状毛或鳞腺。叶互生，稀对生或近轮生；羽状脉或具掌状脉；叶柄顶端或叶片近基部常有 2 枚腺体，有时叶缘齿端或齿间有腺体；托叶早落。花雌雄同株（或异株），花序顶生或腋生，总状或穗状。雄花：花萼通常具 5 裂片，呈覆瓦状或近镊合状排列；花瓣与萼片同数，较小或近等大；腺体通常与萼片同数且对生；雄蕊 10～20 枚，花丝离生，在花蕾时内弯，开花时直立；无不育雌蕊；雌花：花萼具 5 裂片，宿存，有时花后增大；花瓣细小或稀无花瓣；花盘呈环状或腺体鳞片状；子房 3 室，每室有 1 颗胚珠，花柱 3 枚，通常 2 或 4 裂。蒴果具 3 个分果爿；种子平滑，种皮脆壳质，种阜小，胚乳肉质，子叶阔，扁平。

该属近 1 300 种；广布于全世界的热带、亚热带地区。我国约有 23 种，外来入侵种有 2 种。

头序巴豆（*Croton capitatus* Michaux）原产于北美洲，现分布于于墨西哥、美国、加拿大南部，2003 年归化于澳大利亚，2014 年归化于非洲的苏丹，2018 年曾被错误地以密毛巴豆［*Croton lindheimeri* (Engelmann & A. Gray) Alph. Wood］的名称报道归化于我国安徽省滁州市（张思宇 等，2018），后来，夏常英等（2020）在江苏省常州市和山东省济宁市等地也记录到此种，并发现此种不同于真正的密毛巴豆，其幼嫩部位被更多的黄褐色短柔毛，叶片先端锐尖，雌花具稍长的雌蕊且萼片先端在花后不反折，经鉴定应为头序巴豆。头序巴豆常生于牧场、荒地、农田、草原、洪泛平原、长叶松林，喜沙质至黏土土壤，在北美洲很多地区已经泛滥，严重影响了牧草及农作物的生长，给当地的农牧业带来了一定困扰（Boughton, 1931; Bovey & Meyer, 1990）。该植物在我国定植后可能会因发达的物流运输由点状分布迅速扩散，进而对农牧业造成危害。

参考文献

夏常英，张思宇，王振华，等，2020. 中国新归化大戟科植物：头序巴豆［J］. 植物检疫，34（1）：54-56.

张思宇，赵越，吕翠竹，等，2018. 中国一新记录归化植物：密毛巴豆［J］. 亚热带农业研究，14（1）：58-60.

Boughton L L, 1931. *Croton capitatus* as a poisonous forage plant[J]. Transactions of the Kansas Academy of Science, 34: 114.

Bovey R W, Meyer R E, 1990. Woolly Croton (*Croton capitatus*) and Bitter Sneezeweed (*Helenium amarum*) control in the Blackland Prairie of Texas[J]. Weed Technology, 4(4): 862–865.

分种检索表

1 叶片具 2 枚无柄腺体；穗状花序；雌花无花瓣 ……… 1. 波氏巴豆 *C. bonplandianus* Baillon

1 叶片基部两侧具 2 枚长约 1 mm 的有柄腺体；总状花序；雌花有花瓣……………………………………………………………………………………2. 硬毛巴豆 *C. hirtus* L'Héritier

1. **波氏巴豆** ***Croton bonplandianus*** Baillon, Adansonia 4: 339. 1864.

【**特征描述**】直立性草本或亚灌木，高可达 1 m，雌雄同株；小枝常在花序基部轮生，幼枝密被白色绒毛、星状毛；分枝散生白色星状毛或近光滑。托叶小，纤毛状。叶互生或近对生，丛生于小枝末端，单一；叶柄长 4～10 mm，散生白色星状毛至渐无毛；叶片狭卵形至椭圆形，三角形至卵形，披针形，长 3.4～5 cm，宽 0.7～1.6 cm，基部钝，具 2 枚无柄腺体，边缘浅锯齿缘，先端锐尖，羽状脉，但基部多少呈三出脉。穗状花序顶生，长 5～14 cm，具 2～8 朵雌花，散生绒毛和星状毛。雄花位于花序上部，外面近光滑至光滑；小花梗长 1～1.5 mm；花萼 5 裂，卵形，长 1～1.5 mm，宽约 1 mm，绿色；花瓣 5 片，长圆形，长 1.5～2 mm，宽约 1 mm，白色；雄蕊 13～16 枚，花丝长约 2 mm，芽时内弯，之后直立；花药长 1.5～2 mm，光滑，纵裂。雌花位于花序下部，散生星状毛，小花梗很短或近无；花萼 5 裂，呈三角状卵形，长和宽均约 1 mm，近光滑；无花瓣；子房 3 室，长约 1.5 mm，多少被毛；花柱离生，3 枚，长 1.5～2 mm，二裂或裂至一半。蒴果，呈椭球状三棱形，长 5～11 mm，直径 3～5 mm，有沟，多少被毛；种子呈椭球形，长 3～5 mm，直径 2～3 mm，2～3 粒，褐色，具小的种阜。**染色体**：$2n=20$（Soontornchainaksaeng et al., 2003）。**物候期**：花、果期几乎为全年。

【用途】 药用。

【原产地及分布现状】 该种原产于南美洲的阿根廷北部、巴拉圭、玻利维亚南部和巴西西南部。现已归化于北美洲、非洲和亚洲热带地区，如孟加拉国、不丹、印度、马来西亚、缅甸、尼泊尔、斯里兰卡、泰国等（Bansiddhi, 1994）。**国内分布：**目前福建、海南、河北、山东、台湾等地区均监测到波氏巴豆的存在，但其中部分地区已经除防。

【生境】 荒地、路边、果园、海边或低海拔地区。

【传入与扩散】 **文献记载：**我国关于此种分布的较早记载是在台湾地区（Hsu et al., 2006）。**标本信息：**1833 年采自阿根廷科连特斯省的合模式标本，现存放于法国国家自然历史博物馆（A. J. A. Bonpland s.n.; P00623060, P00623061）；另一个合模式标本为 1845 年 4 月采自巴拉圭，目前也存放于法国国家自然历史博物馆（H. A. Weddell 3207; P00623062, P00623063）。该种我国较早期的标本采自台湾地区。**繁殖方式：**种子繁殖。**入侵特点：**① 繁殖性　繁殖能力强。② 传播性　种子数量大，易借助风、水、人、畜等外力进行传播。③ 适应性　适应能力强，对土壤的湿度、肥力、酸碱度的要求不高。**可能扩散的区域：**广东和广西沿海以及云南南部。

【危害及防控】 该种为常见杂草，含有生物毒素，被美国食品药品管理局列入有毒植物进行管理。可以通过人工拔除来达到防控目的。

【凭证标本】 海南省东方市感城镇海边，海拔 3 m，18.857 6°N，108.640 3°E，2019 年 3 月 18 日，周欣欣、梁丹、江国彬、董书鹏、苏凡 5734（IBSC）；海南省乐东黎族自治县黄流镇尖界村，海拔 5 m，18.491 3°N，108.781 0°E，2019 年 4 月 8 日，梁丹、刘子玥、江国彬、董书鹏、袁浪兴 WP0804（IBSC）。

波氏巴豆（*Croton bonplandianus* Baillon）

1. 生境；2. 叶片；3. 茎上的被毛情况；4. 雄花；5. 果实

参考文献

Bansiddhi J, 1994. *Croton bonplandianus* Baill. (Euphorbiaceae) newly recorded for Thailand[J]. Natural History Bulletin of the Siam Society, 42(1): 79–85.

Hsu T W, Chiang T Y, Peng C I, 2006. *Croton bonplandianus* Baillon (Euphorbiaceae), a plant newly naturalized to Taiwan[J]. Endemic Species Research, 8(1): 77–82.

Soontornchainaksaeng P, Chantaranothai P, Senakun C, 2003. Genetic diversity of *Croton* L. (Euphorbiaceae) in Thailand[J]. Cytologia, 68(4): 379–382.

2. **硬毛巴豆** ***Croton hirtus*** L'Héritier, Stirp. Nov. 17. pl. 9. 1785.

【特征描述】 一年生直立草本，高 40～80 cm；全株被苍白色的星状硬刺毛。茎圆柱形，被白色至淡黄色硬毛，小枝具条纹，密被白色至淡黄色硬毛。叶互生，常聚生于枝顶或假轮生；托叶线形，长 4～5 mm，脱落；叶柄长 0.2～2 cm，被星状毛；叶片纸质，卵形至三角状卵形，长 2.5～5 cm，宽 1.5～4 cm，基部圆或阔楔形，边缘具不规则粗锯齿，顶端锐尖，上面密被白色的柔毛，下面密被星状毛，基出脉 3（或 5）条，侧脉 3～5 对，基部两侧有 2 枚具柄腺体，腺柄长约 1 mm。总状花序顶生，长 2～3 cm，雌花生于花序基部，雄花着生于花序上部；花序轴密被星状腺毛；花梗被长达 5 mm 的星状毛；苞片线形，长 2～4 mm，边缘有 2～5 枚具有柄的头状腺体。雄花的花梗长 1～1.5 mm，被硬毛，萼片 5 片，倒卵形，长约 2 mm；花被片 5 枚，倒披针形，长约 2 mm，边缘有锯齿；雄蕊 9～11 枚，花丝长约 1 mm，近无毛；花药呈长圆状，淡褐色。雌花的花梗长 0.5～1.5 cm，萼片 5 片，呈不等大线状长圆形，长约 3 mm，边缘具齿；花瓣为绿色，线形，长约 0.5 mm，有时极不明显；子房卵球形，直径约 1 mm；花柱 3 枚，2 深裂，长约 2 mm，顶端反折。蒴果近球形，直径约 5 mm，被毛；种子椭圆形，长约 3 mm，黑色，光滑，有黄褐色或黑褐色的斑纹，具种阜。**染色体**：$2n$=16（Soontornchainaksaeng et al., 2003）。**物候期**：花、果期 1—5 月。

【原产地及分布现状】 该种原产于墨西哥，向南分布到阿根廷的美洲热带和亚热带地区。自 20 世纪初以来，先后在亚洲的斯里兰卡、印度、泰国、越南、马来西亚、印度尼西亚、新加坡、菲律宾等国先后发现。非洲地区主要分布于西非的几内亚热带草原地区。**国内分布**：海南。

【生境】 排水良好的沙质土壤、路旁荒地及耕地。

【传入与扩散】 **文献记载**：王清隆等（2012）依据2011年于海南省的调查及采集的标本发表了该种已归化于我国的新记录。**标本信息**：该种的模式标本（L. C. Richard s.n.）采自法属圭亚那，主模式标本（P00623551）和等模式标本（P00623550）现均存放于法国国家自然历史博物馆。我国较早期的标本有2011年采自海南省保亭黎族苗族自治县（王清隆 110118006；IBSC0750808）和海南省三亚市落笔洞遗址（王清隆 11039005；IBSC0750788）的标本。**传入方式**：传入途径不明，可能为无意引入。**传播途径**：通过在引种的农作物种子中或货物运输过程中夹带进行传播，也有文献记载该种由蚂蚁传播其种子。**繁殖方式**：种子传播。**入侵特点**：① 传播性 种子易借助风、水、人、畜等外力进行传播。② 适应性 本种适应环境的能力颇强，能生于贫瘠干旱的土壤。**可能扩散的区域**：目前的野外调查并没有发现很多的居群生长，就连以前曾采集过的地点现在硬毛巴豆的个体也比较少见，严格来说该种尚处于归化阶段，但随着其对生境的逐渐适应，很可能会分布到华南地区。

【凭证标本】 海南省万宁市城郊海边荒地，海拔7 m，18.805 7°N，110.380 7°E，2016年1月22日，曾宪锋 RQHN03740（CSH）；海南省五指山市毛阳镇河边，海拔186 m，18.938 2°N，109.501 4°E，2016年1月26日，曾宪锋 RQHN03748（CSH）；海南省五指山市毛阳镇三横路，海拔202 m，18.938 2°N，109.501 0°E，2019年4月7日，梁丹、刘子玥、江国彬、董书鹏、袁浪兴 1203（IBSC）。

硬毛巴豆（*Croton hirtus* L' Héritier）

1. 生境；2. 茎上的被毛；3. 花序；
4. 雌花；5. 雄花；6. 种子

参考文献

王清隆，邓云飞，王祝年，等，2012. 中国大戟科一新归化种：硬毛巴豆［J］. 热带亚热带植物学报，20（1）：58-62.

Soontornchainaksaeng P, Chantaranothai P, Senakun C, 2003. Genetic diversity of *Croton* L. (Euphorbiaceae) in Thailand[J]. Cytologia, 68(4): 379–382.

2. 大戟属 *Euphorbia* Linnaeus

一年生、二年生或多年生草本，灌木，或乔木；植物体具乳状液汁。根呈圆柱状，或纤维状，或具不规则块根。叶常互生或对生，少轮生，常全缘，少分裂或具齿或不规则；叶常无叶柄，少数具叶柄，叶柄顶端或叶片近基部通常具有腺体；托叶常无，少数存在或呈钻状或刺状。杯状聚伞花序，单生或组成复花序，复花序呈单歧或二歧或多歧分枝，多生于枝顶或植株上部，少数腋生；每个杯状聚伞花序由 1 枚位于中间的雌花和多枚位于周围的雄花同生于 1 个杯状总苞内而组成，杯状总苞顶部通常有 5 裂片，裂缺处生有 1～5 枚腺体；雄花无花被，仅有 1 枚雄蕊，花丝与花梗间具不明显的关节；雌花常无花被，少数具退化的且不明显的花被；雄花雌花均无花瓣，花无萼片，子房 3 室，每室 1 颗胚株；花柱 3 枚，常分裂或基部合生；柱头 2 裂或不裂。蒴果，成熟时分裂为 3 个 2 裂的分果爿（极个别种成熟时不开裂）；种子每室 1 枚，常呈卵球状，种皮革质，深褐色或淡黄色，具纹饰或否；种阜存在或否。胚乳丰富；子叶肥大。

本属至少有 2 000 种，是被子植物中特大属之一，遍布世界各地，其中非洲和中南美洲较多；我国有 77 种，外来入侵种有 14 种。

禾叶大戟（*Euphorbia graminea* Jacquin）原产于墨西哥北部至南美洲北部，在美国南部、巴哈马群岛、夏威夷、加拉帕戈斯群岛、巴西、意大利、尼日利亚均有分布，在我国台湾地区和广东已经归化，在北京植物园温室中进行栽培，目前尚未形成入侵。此种有可能是夹杂在外来绿化苗木或草皮中被无意引入我国的（吴保欢 等，2018），作者在对广州市天河区火炉山森林公园进行再次考察时，发现路边所有杂草已经被清理干净，而东莞市华阳湖湿地公园也仅存数十株于岗亭周围（王瑞江、苏凡 5883；IBSC）。禾叶大戟生命周期极短，在尼日利亚，其从种子萌发到次代种子成熟仅需 60～65 天（Aigbokhan & Ekutu, 2012）。其果实成熟后，种子被弹射开来，因此具有较强传播能力，值得进行观察和防范。

紫斑大戟（*Euphorbia hyssopifolia* Linnaeus）原产于美洲热带和亚热带地区。Lin 等（1993），马金双和程用谦（1997），Ma 和 Gilbert（2008）以及曾宪锋等（2012）均报道此种在我国台湾地区、海南省、江西省、广东省和福建省已被归化。经检视紫斑大戟的模式标本，并对照 *Flora of Taiwan*（Lin et al., 1993）中的配图和曾宪锋等（2012）所著论文中的图片，作者认为，前人可能将其误判为通奶草（*E. hypericifolia* L.）。紫斑大戟的叶片为线状或狭长圆形，长可达 3 cm，宽 1～3 mm，而通奶草的叶片则宽 3～12 mm，两者总苞形态均为陀螺状。

参考文献

马金双，程用谦，1997. 大戟属［M］// 中国科学院中国植物志编辑委员会 . 中国植物志：第 44 卷：第 3 分册 . 北京：科学出版社：26-127.

吴保欢，石文婷，刘朝玉，等，2018. 中国大陆大戟属新归化植物：禾叶大戟［J］. 亚热带植物科学，47（4）：377-379.

曾宪锋，邱贺媛，马金双，2012. 江西省 2 种大戟属新归化植物［J］. 广东农业科学，39（20）：151，158.

Aigbokhan E I, Ekutu O, 2012. Aspects of the biology and ecology of *Euphorbia graminea* Jacq. (Euphorbiaceae): a potentially invasive herbaceous plant in Nigeria[J]. Nigerian Journal of Botany, 25(1): 35–53.

Lin S C, Chaw S M, Hsien C F, 1993. *Chamaesyce* S. F. Gray[M]//Huang T C. Flora of Taiwan: vol. 3. 2nd ed. Taipei: Lungwei Printing Company, Ltd.: 432–451.

Ma J S, Gilbert M G, 2008. *Euphorbia* Linnaeus[M]//Wu Z Y, Raven P H, Hong D Y. Flora of China: vol. 11. Beijing: Science Press & St. Louis: Missouri Botanical Garden Press: 288–313.

分种检索表

1 乔木状；茎肉质；杯状聚伞花序，腺体 5（6）枚 ………………………………………… 2

1 灌木或草本；茎非肉质；杯状聚伞花序，腺体 1 或 4 枚 ………………………………… 3

2 茎具棱，棱上有脊，托叶刺状 ……………………………… 1. 火殃簕 *E. antiquorum* Linnaeus

2 茎无棱，无托叶刺 ………………………………………… 14. 绿玉树 *E. tirucalli* Linnaeus

3 草本或灌木；腺体 1（2）枚 ………………………………………………………………… 4

3 一年生草本；腺体 4（5）枚 ………………………………………………………………… 7

4 灌木；顶部苞叶全为红色 ………… 12. 一品红 *E. pulcherrima* Willdenow ex Klotzsch

4 草本；顶部苞叶部分为红色、白色或绿色 ……………………………………………… 5

5 顶部苞叶基部具棱形红色至白色色块 ………………… 2. 猩猩草 *E. cyathophora* Murray

5 顶部苞叶为绿色或基部少许为淡白色 …………………………………………………… 6

6 叶边缘具齿，腺体呈两唇形 ……………………… 3. 齿裂大戟 *E. dentata* Michaux

6 叶边缘几乎全缘，腺体呈圆形 ……………… 4. 白苞猩猩草 *E. heterophylla* Linnaeus

7 具主茎，直立生长；下部营养叶互生，待开花时，上部苞叶对生或轮生 ………………… 8

7 无主茎，茎合轴分枝，匍匐或斜生；叶对生 …………………………………………… 9

8 全株被毛；顶部苞叶边缘具明显白色，杯状聚伞花序腺体附属物为白色花瓣状 ……………
……………………………………………………………… 8. 银边翠 *E. marginata* Pursh

8 全株无毛；顶部苞叶为绿色，杯状花序腺体先端具两角 …… 10. 南欧大戟 *E. peplus* Linnaeus

9 子房被毛 ……………………………………………………………………………… 10

9 子房无毛 ……………………………………………………………………………… 12

10 茎叶被刚毛；杯状聚伞花序于叶腋处聚集呈头状 ……………… 5. 飞扬草 *E. hirta* Linnaeus

10 茎叶被柔毛；杯状聚伞花序单生于叶腋 ………………………………………………… 11

11 叶长椭圆形至肾状长圆形；子房毛被均匀分布，成熟时子房柄完全伸出总苞外，呈直角形
……………………………………………………… 7. 斑地锦 *E. maculata* Linnaeus

11 叶卵圆形至倒卵形；子房毛被集中分布于棱上，成熟时子房柄完全伸出于总苞外并下弯呈
U 形 ………………………………………………… 11. 匍匐大戟 *E. prostrata* Aiton

12 茎匍匐生长，节间生有不定根；叶卵圆形，全缘，顶端微凹陷 ………………………………

…………………………………………………………………… 13. 匍根大戟 *E. serpens* Kunth

12 茎直立且斜生，节间无不定根；叶长椭圆形，边缘具锯齿，顶端微尖或钝圆………… 13

13 全株近无毛；种子表面具 1～4 条横纹 ………………… 6. 通奶草 *E. hypericifolia* Linnaeus

13 幼茎密布被短柔毛；叶被长柔毛；种子每个棱面具细碎皱纹… 9. 大地锦 *E. nutans* Lagasca

1. **火殃簕 *Euphorbia antiquorum*** Linnaeus, Sp. Pl. 1: 450. 1753.

【特征描述】 肉质乔木状，乳汁丰富。茎常具 3～4 棱，高 3～5（～8）m，直径 5～7 cm，上部多分枝；棱脊 3 条，薄而隆起，高达 1～2 cm，厚 3～5 mm，边缘具明显的三角状齿，齿间距离约 1 cm；髓呈三棱状，糠质。叶互生于齿尖，少而稀疏，常生于嫩枝顶部，椭圆形，长 2～5 cm，宽 1～2 cm，顶端圆，基部渐狭，全缘，两面无毛；叶脉不明显，肉质；叶柄极短；托叶刺状，长 2～5 mm，宿存；苞叶 2 枚，下部结合，紧贴花序，膜质，与花序近等大。杯状聚伞花序单生于叶腋，基部具 2～3 mm 的短柄；总苞呈阔钟状，高约 3 mm，直径约 5 mm，边缘 5 裂，裂片半圆形，边缘具小齿；腺体 5 枚，黄绿色，全缘。雄花多数；苞片呈丝状；雌花 1 朵，花柄较长，常伸出总苞之外；子房柄基部具 3 枚退化的花被片；子房呈三棱状扁球形，光滑无毛；花柱 3 枚，分离；柱头 2 浅裂。蒴果呈三棱状扁球形，长 3.4～4 mm，直径 4～5 mm，成熟时分裂为 3 个分果爿；种子近球状，长与直径约 2 mm，褐黄色，平滑；无种阜。**染色体**：n=30（Mehra & Choda, 1978），2n=60（Krishnappa & Reshme, 1980; Soontornchainaksaeng & Chaiyasut, 1999）。**物候期**：花、果期分 4—6 月和 10—12 月两季。

【用途】 该种为观赏植物，南方地区常作绿篱。全株可以入药，具散瘀消炎、清热解毒之效。

【原产地及分布现状】 该种原产于印度，现广泛分布于亚洲热带地区。**国内分布**：安徽、澳门、重庆、福建、广东、广西、贵州、海南、湖北、湖南、江苏、江西、陕西、四川、天津、西藏、香港、云南、浙江。

【生境】 喜温暖干燥和阳光充足的环境；不耐寒，耐高温；宜栽植于排水良好、疏松的沙质壤土；冬季温度不低于 10℃。

【传入与扩散】 **文献记载**：该种于 20 世纪 20 年代以前引入我国。Hsia（1931）对该种早有记录，《广州植物志》（侯宽昭，1956）和《海南植物志》（陈焕镛，1965）也收录了此种。**标本信息**：Wijnands（1983）指定本种的后选模式标本为 G. Clifford s.n.。此标本引种于印度，栽培于荷兰乔治·克利福德三世哈特营花园，现存放于英国自然历史博物馆（BM000628669）。我国较早期的标本有 1929 年 10 月 28 日采自广东省的标本（陈焕镛 7874；IBSC0311777）。**传入方式**：作为观赏植物有意引入。**传播途径**：人工引种栽培。**繁殖方式**：插枝繁殖。**入侵特点**：① 繁殖性 无性繁殖，繁殖能力一般。② 传播性 主要通过遗弃的枝条，引种栽培传播。③ 适应性 在干燥、阳光充足的环境能茂盛生长。**可能扩散的区域**：温带和热带地区。

【危害及防控】 植株汁液有剧毒，皮肤接触其乳汁会引起水泡；入眼会失明；误食引起严重的呕吐，头晕或昏迷症状（何家庆，2012）。勿将植株随意遗弃，对已逸生植株应及时铲除。

【凭证标本】 福建省泉州市石狮市永宁镇沙堤村，24.683 1°N，118.713 2°E，2017 年 8 月 4 日，蒋奥林 JALeu11（IBSC）。

【相似种】 火殃簕与金刚纂（*Euphorbia neriifolia* Linnaeus）相似，但后者的茎为圆柱状，上部多分枝，高 3～5（8）m，直径 6～15 cm，具不明显的 5 条隆起、且呈螺旋状旋转排列的脊，绿色。叶常呈 5 列生于嫩枝顶端脊上，倒卵形、倒卵状长圆形至匙形，长 4.5～12 cm，宽 1.3～3.8 cm，顶端钝圆，具小凸尖，基部渐狭，全缘。花序呈二歧状腋生，具柄；腺体 5 枚，红色。该种原产于印度，在我国南、北方地区常与火殃簕一起栽培。茎叶捣烂外敷可以用来治疗痈疖、疥癣，但有毒，宜慎用。

此外，火殃簕与霸王鞭（*Euphorbia royleana* Boissier）的茎均具棱脊和齿，在形态上也较类似，但两者的茎与分枝所具棱的数目不同，前者常有 3～4 条棱，后者则为 5～7 条棱；在叶片形态上，前者多为椭圆形，而后者则为倒披针形或匙形。本种在我国广西、四川和云南有野生群落，也分布于印度、巴基斯坦及喜马拉雅地区。全株及乳汁具有祛风、消炎和解毒的功效。

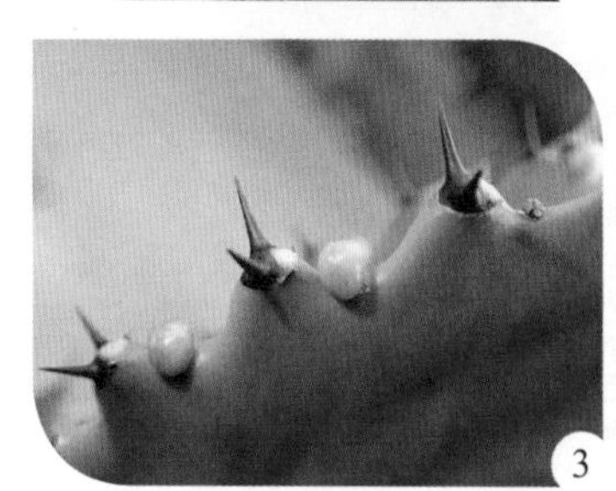

火殃簕
(*Euphorbia antiquorum* Linnaeus)

1. 生境；
2. 茎和叶片的排列方式；
3. 刺状托叶；
4. 花序；5. 雄花；
6. 雌花

参考文献

陈焕镛，1965. 大戟科［M］// 中国科学院华南植物研究所 . 海南植物志：第 2 卷 . 北京：科学出版社：110–187.
何家庆，2012. 中国外来植物［M］. 上海：上海科学技术出版社：552.
侯宽昭，1956. 广州植物志［M］. 北京：科学出版社：260.
Hsia W Y, 1931. A list of cultivated and wild plants from the botanical garden of the national museum of natural history, Peiping[J]. Contributions from the Institute of Botany, National Academy of Peiping, 1(3): 39–69.
Krishnappa D G, Reshme R V, 1980. In chromosome number reports LXVIII[J]. Taxon, 29(4): 536–537.
Mehra P N, Choda S P, 1978. Cyto-taxonomical studies in the genus *Euphorbia* L.[J]. Cytologia, 43(2): 217–235.
Soontornchainaksaeng P, Chaiyasut K, 1999. Cytogenetic investigation of some Euphorbiaceae in Thailand[J]. Cytologia, 64(3): 229–234.
Wijnands D O, 1983. The botany of the Commelins[D]. Wageningen: Candbouwhoges school: 1–232.

2. **猩猩草** ***Euphorbia cyathophora*** Murray, Commentat. Soc. Regiae Sci. Gott. 7: 81, pl. 1786.

【别名】 **圣诞树、草一品红**

【特征描述】 一年生或多年生草本。根呈圆柱状，长 30～50 cm，直径 2～7 mm，基部有时木质化。茎直立，非肉质，上部多分枝，高可达 1 m，直径 3～8 mm，光滑无毛。叶互生，卵形、椭圆形或卵状椭圆形，先端尖或圆，基部渐狭，长 3～10 cm，宽 1～5 cm，边缘波状分裂或具波状齿或全缘，无毛；叶柄长 1～3 cm；苞叶与茎生叶同形，基部具棱形色块，颜色变化多样，红色至白色。花序单生，数枚呈杯状聚伞排列于分枝顶端，总苞呈钟状，绿色，高 5～6 mm，直径 3～5 mm，边缘 5 裂，裂片三角形，常呈齿状分裂；腺体常为 1 枚，偶有 2 枚，呈扁杯状，近两唇形，黄色。雄花多枚，常伸出总苞之外；雌花 1 枚，子房柄明显伸出总苞处；子房呈三棱状球形，光滑无毛；花柱 3 枚，分离；柱头 2 浅裂。蒴果，呈三棱状球形，长 4.5～5.0 mm，直径

3.5～4.0 mm，无毛；成熟时分裂为 3 个分果爿；种子呈卵状椭圆形，长 2.5～3.0 mm，直径 2.0～2.5 mm，褐色至黑色，背部无脊，具不明显的小突起；无种阜。**染色体**：$2n$=56（Wang et al., 1999）。**物候期**：花、果期 5—11 月。

【原产地及分布现状】 该种原产于中南美洲以及西印度群岛地区，现归化于旧大陆。**国内分布**：安徽、北京、重庆、福建、广东、广西、贵州、海南、河北、河南、湖北、湖南、江苏、江西、山东、山西、四川、台湾、云南、浙江。

【生境】 喜温暖干燥和阳光充足的环境，不耐寒。北方地区多生于公园，南方地区多逸为野生，生长于向阳沙地、山坡。生于路旁、沙滩旁、林下、荒地等。

【传入与扩散】 **文献记载**：据记载，中国台湾地区于 1911 年由日本引入该种，经栽培观赏后逸生（马金双，2014）。我国对该种有记载的早期资料如 Lin 和 Hsieh（1991）、Ma 和 Wu（1992）所写的论文。**标本信息**：该种的模式标本为根据栽培于德国哥廷根的植物所绘就的一幅图版。我国较早期的标本有 1928 年 5 月 13 日采自台湾地区高雄市旗后山的标本（S. Saito 8425; KUN0184367）。**传入方式**：作为观赏植物引种栽培。**传播途径**：因人为引种而传播至各处。**繁殖方式**：种子繁殖。**入侵特点**：① 繁殖性　一般。② 传播性　有进一步蔓延的趋势。③ 适应性　在适宜环境成片生长。

【危害及防控】 一般性杂草，但有进一步蔓延的趋势。应严格控制栽培，野生的应及时清除，在植株结果前整株拔除以达到防控目的。

【凭证标本】 海南省昌江县海尾镇海尾湿地公园，19.440 0°N，108.845 1°E，2017 年 6 月 9 日，蒋奥林、赖思茹 454（IBSC）；海南省昌江县海尾镇柯来村 700 县道，海拔 12 m，19.419 5°N，108.834 4°E，2017 年 6 月 9 日，蒋奥林、赖思茹 460（IBSC）；广西壮族自治区百色市田阳县那坡镇，海拔 115.48 m，23.733 3°N，106.831 9°E，2016 年 1 月 18 日，唐赛春、潘玉梅 RQXN08118（CSH）。

猩猩草（*Euphorbia cyathophora* Murray）

1. 生境；2. 个体；3. 叶片形态；4. 红色苞片和蒴果；5. 白色苞片；6. 种子；7. 种子表面

参考文献

马金双，2014. 中国外来入侵植物调研报告［M］. 北京：高等教育出版社：1-949.

Lin S C, Hsieh C F, 1991. A taxonomic study of the genus *Euphorbia* L. (Euphorbiaceae) in Taiwan[J]. Taiwania, 36(1): 57–79.

Ma J S, Wu C Y, 1992. A synopisis of Chinese *Euphorbia* L. s.l. (Euphorbiaceae)[J]. Collectanea Botanica (Barcelona), 21: 97–120.

Wang Y H, Ma J S, Liu Q R, 1999. Karyotypes of eight species of *Euphorbia* L. (Euphorbiaceae) from China[J]. Acta Phytotaxa Sinica, 37(4): 394–402.

3. **齿裂大戟** ***Euphorbia dentata*** Michaux, Fl. Bor. Amer. 2: 211. 1803.

【特征描述】 一年生直立草本。根纤细，长 7～10 cm，直径 2～3 mm，下部多分枝。茎单一，非肉质，上部多分枝，高 20～50 cm，直径 2～5 mm，被柔毛或无毛。叶对生，线形至卵形，多变化，长 2～7 cm，宽 5～20 mm，先端尖或钝，基部渐狭；边缘全缘、浅裂至波状齿裂，多变化；叶两面被毛或无毛；叶柄长 3～20 mm，被柔毛或无毛；总苞叶 2～3 枚，与茎生叶相同，顶部苞叶为绿色或基部少许为白色；伞幅 2～3 个，长 2～4 cm；苞叶数枚，与退化叶混生。花序数枚，杯状聚伞生于分枝顶部，基部具长 1～4 mm 的短柄；总苞呈钟状，高约 3 mm，直径约 2 mm，边缘 5 裂，裂片呈三角形，边缘呈撕裂状；有腺体 1～2 枚，呈两唇形，生于总苞侧面，淡黄褐色。雄花数朵，伸出总苞之外；雌花 1 朵，子房柄与总苞边缘近等长；子房呈球状，光滑无毛；花柱 3 枚，分离；柱头两裂。蒴果呈扁球状，长约 4 mm，直径约 5 mm，具 3 个纵沟；成熟时分裂为 3 个分果爿；种子呈卵球状，长约 2 mm，直径 1.5～2 mm，黑色或褐黑色，表面粗糙，具不规则瘤状突起，腹面具一黑色沟纹；种阜呈盾状，黄色，无柄。**染色体：** n=14（Ward, 1983）、28（Subils, 1977）。**物候期：** 花、果期 7—10 月。

【原产地及分布现状】 该种原产于北美洲，现分布于温暖、潮湿、夏季多雨的亚热带地区。**国内分布：** 该种已经在华北地区成功建立了种群，主要在北京地区归化，并有不断扩散的趋势（牛玉璐，2011）；主要分布于北京、广西、河北、湖南、江苏、云南、浙江。

【生境】 山坡草地、林缘、草丛、沟边，分布海拔在 200～800 m 范围之内。

【传入与扩散】 **文献记载：** 该种于 20 世纪 70 年代引入我国，自然扩散能力强。相关史料见于 Ma 和 Wu（1992）的论文。**标本信息：** 本种的模式标本为 A. Michaux 采自美国田纳西州，等模式标本现存放于法国国家自然历史博物馆（P00607198, P00607199）。马金双（1997）记载，我国较早于 1976 年在北京市采到此植物的标本，但查阅现有标本较早期的记录，仅有陶德定于 1984 年 10 月在北京市采集的标本（陶德定 84-020；KUN0184371）。**传入方式：** 无意引入。**传播途径：** 常以蒴果、种子的形式混杂于作物原粮及种子中进行传播（马金双，2014）。**繁殖方式：** 种子繁殖。**入侵特点：** ① 繁殖性　齿裂大戟花粉量巨大，花粉的可育率高、种子产量大、种子出苗率高，繁殖能力强。② 传播性　齿裂大戟种子的传播能力很强。蒴果的果皮薄，成熟后能完全开裂将种子弹射出 3～5 m 之外；种子较小（种子千粒重约 2.9 g），能靠风力传播至更远的地方（张路 等，2012）。③ 适应性　齿裂大戟为异花传粉。种子在适宜条件下具有在不同时间分批次发芽的特点，以防止被一次性彻底根除。齿裂大戟植株被割草机割去顶部后仍可生存，下部叶腋会萌发出很多分枝，并快速进入生殖生长期，仍能开花结果产生种子，繁殖后代，以适应经常受人类干扰的生境。以上事实显示齿裂大戟对环境具备很强的适应能力（张路 等，2012）。

【危害及防控】 该种为近年入侵的杂草，排挤本地草类。可以对杂草区域设置物理屏障，隔离种子传播；对处于开花期的植株采取频繁的人工拔除，这样可以使齿裂大戟无法结出种子；对于已经产生种子的植株，拔除时应避免种子散落出去，并进行深埋或集中销毁处理；由于齿裂大戟为喜光的阳性植物，对于河北省等种群较大、分布较广的地区，除采取人工拔除、机械铲除等组合措施进行治理外，还要花大力气恢复植被，根除其适宜生长的环境，从而有效遏制其快速扩散，达到防控目的（张路 等，2012）。

【凭证标本】北京市北京植物园南区宿根园，39.988 2°N，116.208 9°E，2017 年 8 月 29 日，蒋奥林、赖思茹 JALeu29（IBSC）；北京市北京植物园北区松柏林下树，40.004 1°N，116.206 3°E，2017 年 8 月 23 日，蒋奥林、黄灵 JALeu25（IBSC）；贵州省黔西南布依族苗族自治州兴义市景峰大道与东环路交叉口，海拔 1 178 m，25.050 6°N，104.904 4°E，2014 年 7 月 29 日，马海英、秦磊、敖鸿舜 GZ002（CSH）；江苏省连云港市新乐润公司，2015 年 10 月 19 日，李振宇、傅连中、伏建国、徐松芝 13460（CSH）。

齿裂大戟（*Euphorbia dentata* Michaux）

1. 生境；2. 个体；3. 叶形；4. 植株顶部复花序；5. 杯状聚伞花序顶面观；6. 总苞内部；7. 种子

参考文献

牛玉璐，2011. 齿裂大戟的分类学研究及其在河北省的新分布［J］. 衡水学院学报，13（4）：50-52.

马金双，1997. 大戟属［M］// 中国科学院中国植物志编辑委员会 . 中国植物志：第 44 卷：第 3 分册 . 北京：科学出版社：26-127.

马金双，2014. 中国外来入侵植物调研报告：下卷［M］. 北京：高等教育出版社：464.

张路，马丽清，高颖，等，2012. 外来入侵植物齿裂大戟（*Euphorbia dentata* Michx.）的生物学特性及其防治［J］. 生物学通报，47（12）：43-45.

Ma J S, Wu C Y, 1992. A synopisis of Chinese *Euphorbia* L. s.l. (Euphorbiaceae)[J]. Collectanea Botanica (Barcelona), 21: 97–120.

Subils R, 1977. Las especies de *Euphorbia* de la Republica Argentina[J]. Kurtziana, 10: 83–248.

Ward D E, 1983. Chromosome counts from New Mexico and southern Colorado[J]. Phytologia, 54: 302–309.

4. **白苞猩猩草** ***Euphorbia heterophylla*** Linnaeus, Sp. Pl. 1: 453. 1753.

【别名】 **柳叶大戟**

【特征描述】 多年生草本。茎直立，非肉质，高达 1 m，被柔毛。叶互生，卵形至披针形，长 3 ～ 12 cm，宽 1 ～ 6 cm，先端尖或渐尖，基部钝至圆，边缘具锯齿或全缘，两面被柔毛；叶柄长 4 ～ 12 mm；苞叶与茎生叶同形，较小，长 2 ～ 5 cm，宽 5 ～ 15 mm，顶部为绿色或基部少许为淡白色。杯状聚伞花序单生，基部具柄，无毛；总苞呈钟状，高 2 ～ 3 mm，直径 1.5 ～ 5 mm，边缘 5 裂，裂片为卵形至锯齿状，边缘具毛；腺体常 1 枚，偶有 2 枚，呈圆形，直径 0.5 ～ 1 mm。雄花多枚；苞片线形至倒披针形；雌花 1 枚，子房柄不伸出总苞外；子房被疏柔毛；花柱 3 枚；中部以下合生；柱头 2 裂。蒴果呈卵球状，长 5 ～ 5.5 mm，直径 3.5 ～ 4.0 mm，被柔毛；种子呈棱状卵形，长 2.5 ～ 3.0 mm，直径约 2.2 mm，被瘤状突起，灰色至褐色；无种阜。**染色体**：*n*=14（Mehra & Choda, 1978）、28（Sharma, 1970; Kothari et al., 1980），2*n*=56。**物候期**：花、果期 2—11 月。

【原产地及分布现状】 该种原产于美国南部至阿根廷和西印度群岛地区，现广泛分布于泛热带地区。**国内分布：**安徽、澳门、福建、甘肃、广东、广西、贵州、海南、河北、河南、湖北、湖南、江苏、江西、陕西、山东、上海、四川、台湾、天津、云南、浙江。

【生境】 适宜生长在气候干热、降雨量少、土壤干燥、酸性低盐沙土或沙壤土（苏银玲和杨子祥，2014）；常长在路边、沟边、田埂、河边。

【传入与扩散】 **文献记载：**我国早期文献如 Hsia（1931）曾记载北京国立自然历史博物馆植物园对该种有栽培，侯宽昭（1956）记载广州、陈焕镛（1965）记载海南有分布。Lin 和 Hsieh（1991）记载了台湾地区的大戟属植物，Ma 和 Wu（1992）对分布于我国的本种植物进行了描述。1987 年台湾地区对该种曾有报道（万方浩 等，2012）。**标本信息：**Radcliffe-Smith 在《马克林群岛植物志》中指定了 Plukenet 于 1696 年编著的 *Phytographia* 第二卷的图版中的第六幅图为该种的后选模式，绘图所依据的植物为当时栽培于英国汉普顿宫的一株植株。我国较早期的标本有 1907 年 5 月采于中国某地的标本（Anonymous 33205; N147090822）。**传入方式：**可能是随进口农业物资、农机具或农产品夹带无意引入。**传播途径：**随农作活动传播。**繁殖方式：**种子繁殖。**入侵特点：**① 繁殖性　有性繁殖，单株产种子量能高达 140 粒以上（苏银玲和杨子祥，2014）。② 传播性　果实成熟后种子弹射传播距离为 1.5～2 m，自然扩散能力较强；再加上人为无意携带种子也能大大增加其传播距离。③ 适应性　分布范围广，在热带地区种子成熟后无休眠期，在温带地区却具有休眠期，对环境具有明显的适应性（徐瑛 等，2006）。

【危害及防控】 在广东、云南等省部分地区该种已成为杂草，并形成单优势种群落，有进一步蔓延的趋势。该种会危害大多数的旱地作物、牧场、荒地并与作物争夺光线。多种作物有被危害的记录，包括大豆、花生、玉米、高粱、豇豆、棉花、甘蔗、凤梨、可可，咖啡、茶、陆稻、芝麻、木薯、柑橘、鳄梨等（徐瑛 等，2006）。覆盖 6 cm 以上土层就能有效降低白苞猩猩草种子的萌发率，在防治时可以采取深翻土壤、适时松土等措施进行防控（苏银玲和杨子祥，2014）。

【凭证标本】广东省韶关市翁源县官渡镇木洞，海拔 113 m，24.306 0°N，113.951 0°E，2015 年 9 月 16 日，王瑞江、朱双双、郭晓明 RQHN01170（IBSC）；海南省海口市美兰区白沙门公园，海拔 16 m，20.075 8°N，110.329 1°E，2015 年 8 月 6 日，王发国、李仕裕、李西贝阳、王永淇 RQHN03158（CSH）；福建省福州市仓山区闽江东岸，海拔 666 m，26.076 8°N，119.247 3°E，2015 年 9 月 18 日，曾宪锋、邱贺媛 RQHN07429（CSH）。

白苞猩猩草
（*Euphorbia heterophylla* Linnaeus）

1. 生境；
2. 花序；
3. 花部腺体；
4. 蒴果和杯状聚伞花序；
5. 种子

参考文献

陈焕镛，1965. 大戟科［M］// 中国科学院华南植物研究所 . 海南植物志：第 2 卷 . 北京：科学出版社：110-187.

侯宽昭，1956. 广州植物志［M］. 北京：科学出版社：261-262.

苏银玲，杨子祥，2014. 白苞猩猩草种子萌发特性研究［J］. 植物保护，40（1）：101-105.

万方浩，刘全儒，谢明，2012. 生物入侵：中国外来入侵植物图鉴［M］. 北京：科学出版社：168-169.

徐瑛，张建成，陈先锋，等，2006. 白苞猩猩草鉴定及其检疫意义［J］. 植物检疫，20（4）：223-225.

Hsia W Y, 1931. A list of cultivated and wild plants from the botanical garden of the national museum of natural history, Peiping[J]. Contributions from the Institute of Botany, National Academy of Peiping, 1(3): 39–69.

Kothari N M, Ninan C A, Kuriachan P I, 1980. In chromosome number reports LXIX[J]. Taxon, 29(5/6): 715–716.

Lin S C, Hsieh C F, 1991. A taxonomic study of the genus *Euphorbia* L. (Euphorbiaceae) in Taiwan[J]. Taiwania, 36(1): 57–79.

Ma J S, Wu C Y, 1992. A synopisis of Chinese *Euphorbia* L. s.l. (Euphorbiaceae)[J]. Collectanea Botanica (Barcelona), 21: 97–120.

Mehra P N, Choda S P, 1978. Cyto-taxonomical studies in the genus *Euphorbia* L.[J]. Cytologia, 43: 217–235.

Sharma A K, 1970. Annual report, 1967–1968[J]. Research Bulletin[Cytogenetics Laboratory, Department of Botany, University of Calcutta], 2: 1–50.

5. 飞扬草 ***Euphorbia hirta*** Linnaeus, Sp. Pl. 1: 454. 1753.

【特征描述】 一年生草本。根纤细，长 5～11 cm，直径 3～5 mm，常不分枝，偶有 3～5 分枝。茎单一，无主茎，茎非肉质，直立或斜生，自中部向上分枝或不分枝，高 30～60（～70）cm，直径约 3 mm，被褐色或黄褐色的多细胞粗硬毛。叶对生，披针状长圆形、长椭圆状卵形或卵状披针形，长 1～5 cm，宽 5～13 mm，先端极尖或钝，基部略偏斜；边缘于中部以上有细锯齿，中部以下较少或全缘；叶面为绿色，叶背为灰绿色，有时具紫色斑，两面均具柔毛，叶背面脉上的毛较密；叶柄极短，长 1～2 mm。花序多数，杯状聚伞花序于叶腋处聚集呈头状，基部无梗或仅具极短的柄，变化较大，且具柔毛；总苞呈钟状，高与直径各约 1 mm，被柔毛，边缘 5 裂，裂片呈三角状卵形；腺体 4 枚，近于杯状，边缘具白色附属物；雄花数枚，微达总苞边缘；雌花 1 枚，具短梗，伸出总苞之外；子房呈三棱状，被少许柔毛；花柱 3 枚，分离；柱头 2 浅裂。蒴果呈三棱状，长与直径均 1～1.5 mm，被短柔毛，成熟时分裂为 3 个分果爿；种子近圆状四棱，每个棱面有数个横纹，无种阜。**染色体：** n=9（Brunel & Laplace, 1977; Soontornchainaksaeng & Chaiyasut, 1999）、10（Alam, 1987），2n=18（Krishnappa & Reshme, 1980; Kothari et al., 1981）、20（Alam, 1987）。**物候期：** 花、果期几乎为全年，6—12 月尤盛。

【用途】 全草可以入药（章佩芬和罗焕敏，2005；陆志科 等，2009），有清热利湿，祛风止痒，止血之效。用于湿热泻痢，衄血、尿血。外治皮肤瘙痒，湿疹，疥癣（王廷基 等，1988）。

【原产地及分布现状】 该种原产于美国南部至阿根廷、西印度群岛，现归化于旧世界热带和亚热带地区。**国内分布：** 澳门、北京、重庆、福建、广东、广西、贵州、海南、河北、河南、湖北、湖南、江苏、江西、四川、台湾、香港、云南、浙江。

【生境】 常见于向阳山坡、山谷、农田、果园、荒地、路旁和灌丛下，多见于沙质土上或村边（郭怡卿 等，1994）。

【传入与扩散】 **文献记载：** Liou（1931）、Keng（1955）、《广州植物志》（侯宽昭，1956）和《海南植物志》（陈焕镛，1965）对该种均有记载。**标本信息：** Wheeler（1939）指定了一份采自印度、现存放于伦敦林奈学会植物标本馆（LINN630.7）的标本作为该种的后选模式标本。我国较早期的标本有 1820 年采自澳门的标本（万方浩 等，2012）、1896 年 11 月 8 日在台湾地区基隆市也采到该种的标本（T. Makino 7648; PE01499860, PE01499861）。**传入方式：** 无意引入。**传播途径：** 随交通工具及人无意带入其他地区。**繁殖方式：** 该种每株可产生约 2 990 粒种子，易繁殖。**入侵特点：** ① 繁殖性　繁殖性较强。② 传播性　传播方式多，种子细小易脱落，借助水、人、畜等外力就能传播很远。③ 适应性　适应能力强。**可能扩散的区域**：东部和南部地区。

【危害及防控】 该种为常见杂草。全株有毒，误食会导致腹泻。在海南该种为螺旋粉虱的寄主植物（韩冬银 等，2008）。在开花前期进行人工拔除可达到防控目的。

【凭证标本】 广东省珠海市淇澳红树林湿地保护区，海拔 2 m，22.425 6°N，113.628 9°E，2014 年 10 月 20 日，王瑞江 RQHN00650（IBSC）；香港特别行政区香港岛薄扶林大道，海拔 144 m，22.276 2°N，114.129 7°E，2015 年 7 月 26 日，王瑞江、薛彬娥、朱双双 RQHN00934（IBSC）；云南省德宏州梁河县芒东镇汤家屯，海拔 1 075 m，24.667 1°N，98.229 4°E，2017 年 1 月 16 日，税玉民、郭世伟 RQXN03195（CSH）；广西壮族自治区柳州市鱼峰区，海拔 94 m，24.275 7°N，109.419 8°E，2014 年 9 月 11 日，唐赛春、潘玉梅 LZ09（IBK）；江西省南昌市南昌县向塘镇麻丘镇，海拔 39.9 m，28.438 4°N，115.958 2°E，2016 年 9 月 20 日，严靖、王樟华 RQHD10028（CSH）。

飞扬草（*Euphorbia hirta* Linnaeus）

1. 生境；2. 植株；3. 叶形；4. 杯状聚伞花序聚集呈头状；5. 退化的苞叶；6. 杯状聚伞花序的花序梗痕；7. 杯状聚伞花序顶面观；8. 种子侧面观和极面观

参考文献

陈焕镛，1965. 大戟科［M］// 中国科学院华南植物研究所 . 海南植物志：第 2 卷 . 北京：科学出版社：110－187.

郭怡卿，赵国晶，李向东，等，1994. 云南果园杂草的危害与防除策略［J］. 云南农业科技（4）：7－9.

韩冬银，刘奎，陈伟，等，2008. 螺旋粉虱在海南的分布与寄主植物种类调查［J］. 昆虫知识，45（5）：765－770.

侯宽昭，1956. 广州植物志［M］. 北京：科学出版社：262.

陆志科，黎深，谭军，2009. 飞扬草提取物的抗菌性能研究［J］. 西北林学院学报，24（5）：110－113.

万方浩，刘全儒，谢明，2002. 生物入侵：中国外来入侵植物图鉴［M］. 北京：科学出版社：172－173.

王廷基，石彦平，李素英，等，1988. 飞扬草治疗皮肤浅部真菌病 139 例［J］. 海军医学杂志（3）：59.

章佩芬，罗焕敏，2005. 飞扬草药理作用研究概况［J］. 中药材，28（5）：437－439.

Alam S P, 1987. Cytological studies in a *Euphorbia hirta* Linn. population[J]. Cell and Chromosome Research, 10: 13–20.

Brunel J F, Laplace A, 1977. In IOPB chromosome number reports LVIII[J]. Taxon, 26(5/6): 559.

Keng H, 1955. The Euphorbiaceae of Taiwan[J]. Taiwania, 6(1): 27–66.

Kothari N M, Ninan C A, Kuriachan P I, 1981. In chromosome number reports LXXI[J]. Taxon, 30(2): 511–512.

Krishnappa D G, Reshme R V, 1980. In chromosome number reports LXVIII[J]. Taxon, 29(4): 536–537.

Liou T N, 1931. Les Euphoribiacées chinoises des Laboratoires de Botanique de L'Université Nationale de Pékin et de L'Académie Naitonale de Peiping[J]. Contributions from the Institute of Botany, National Academy of Peiping, 1(1): 1–13.

Soontornchainaksaeng P, Chaiyasut K, 1999. Cytogenetic investigation of some Euphorbiaceae in Thailand[J]. Cytologia, 64(3): 229–234.

Wheeler L C, 1939. A miscellany of new world Euphorbiaceae[J]. Contribution from the Gray herbarium of Harvard University (124): 35–42.

6. **通奶草** ***Euphorbia hypericifolia*** Linnaeus, Sp. Pl. 1: 454. 1753.

【特征描述】 一年生草本。全株近无毛，根纤细，长 10～15 cm，直径 2～3.5 mm，常不分枝，少数由末端分枝。茎直立且斜生，无主茎，节间无不定根，茎非肉质，自基部分枝或不分枝，高 15～30 cm，直径 1～3 mm，近无毛。叶对生，长椭圆形或长卵形，长 1～2.5 cm，宽 4～8 mm，顶端钝或圆，基部圆形，通常偏斜，不对称，边缘具锯齿；叶柄极短，长 1～2 mm；托叶三角形，分离或合生。苞叶 2 枚，与茎生叶同形。杯状聚伞花序数个簇生于叶腋或枝顶，每个花序基部都具纤细的柄，柄长 3～5 mm；总苞呈陀螺状，高与直径各约 1 mm 或稍大；边缘 5 裂，裂片呈卵状三角形；腺体 4 枚，边缘具白色或淡粉色附属物。雄花数枚，微伸出总苞外；雌花 1 枚，子房柄长于总苞；子房呈三棱状，无毛；花柱 3 枚，分离；柱头 2 浅裂。蒴果呈三棱状，长约 1.5 mm，直径约 2 mm，无毛，成熟时分裂为 3 个分果爿；种子呈卵棱状，长约 1.2 mm，直径约 0.8 mm，每个棱面有 1～4 条横纹，无种阜。**染色体：** n=8（Krishnappa & Reshme, 1980; Trivedi & Trivedi, 1992），2n=32（Wang et al., 1999）。**物候期：** 花、果期全年。

【原产地及分布现状】 该种原产于美国南部至阿根廷和西印度群岛地区，现归化于旧世界热带和亚热带地区。**国内分布：** 长江以南的湖南、广东、广西、贵州、海南、江西、四川、台湾和云南。

【生境】 荒地、路旁、灌丛及田间。

【传入与扩散】 **文献记载：** 我国早期文献如 Liou（1931）、《广州植物志》（侯宽昭，1956）、《海南植物志》（陈焕镛，1965）对该种有记载。**标本信息：** 本种的模式标本采于印度，后选模式标本由 Fosberg 和 Mazzeo（1965）指定，现存放于伦敦林奈学会植物标本馆（LINN630.4）。我国较早期的标本有 1907 年 10 月 10 日采自广东省的标本（Anonymous 1173; PE00946036）。**传入方式：** 无意引入，可能是随进口农业物资、农机具或农产品夹带引入（马金双，2014）。**传播途径：** 随农作活动，人口流动传播。**繁殖**

方式：种子繁殖。**入侵特点**：① 繁殖性　繁殖性较强。② 传播性　传播方式多，种子细小，借助各种交通工具及人和动物可以传播得很远。③ 适应性　适应性较强。**可能扩散的区域**：东部和南部地区。

【危害及防控】 一般杂草。在开花结果前拔除可以达到防控目的。

【凭证标本】 福建省厦门市园博苑路旁，海拔 0 m，24.573 1°N，118.059 4°E，2017 年 7 月 31 日，蒋奥林、黄灵 JALeu5（IBSC）；广东省深圳市龙岗区龙城镇嶂背村，海拔 38 m，22.690 1°N，114.231 3°E，2014 年 10 月 23 日，王瑞江 RQHN00752（CSH）；广西壮族自治区百色市隆林县天生桥镇，海拔 814 m，24.938 3°N，105.115 8°E，2014 年 12 月 22 日，唐赛春、潘玉梅 RQXN07631（IBK）；江苏省常州市溧阳 X001 新四军江南指挥部附近，海拔 13 m，31.510 2°N，119.350 3°E，2015 年 6 月 30 日，严靖、闫小玲、李惠茹、王樟华 RQHD02547（CSH）。

通奶草（*Euphorbia hypericifolia* Linnaeus）

1. 生境；2. 分枝；3. 复花序及叶形；4. 托叶及茎；5. 复花序排列方式；6. 杯状聚伞花序顶面观；7. 腺体及白色花瓣状附属物；8. 种子

参考文献

陈焕镛，1965. 大戟科［M］// 中国科学院华南植物研究所 . 海南植物志：第 2 卷 . 北京：科学出版社：110－187.

侯宽昭，1956. 广州植物志［M］. 北京：科学出版社：262.

马金双，2014. 中国外来入侵植物调研报告：上卷［M］. 北京：高等教育出版社：466.

Fosberg F R, Mazzeo P M, 1965. Further notes on Shenandoah National Park plants[J]. Castanea, 30(4): 191–205.

Krishnappa D G, Reshme R V, 1980. In chromosome number reports LXVIII[J]. Taxon, 29(4): 536–537.

Liou T N, 1931. Les Euphoribiacées chinoises des Laboratoires de Botanique de L'Université Nationale de Pékin et de L'Académie Naitonale de Peiping[J]. Contributions from the Institute of Botany, National Academy of Peiping, 1(1): 1–13.

Trivedi M P, Trivedi R N, 1992. Chromosomal behaviour in weeds[J]. Glimpses Cytogenet. India, 3: 188–198.

Wang Y H, Ma J S, Liu Q R, 1999. Karyotypes of eight species of *Euphorbia* L. (Euphorbiaceae) from China[J]. Acta Phytotaxa Sinica, 37(4): 394–402.

7. **斑地锦** ***Euphorbia maculata*** Linnaeus, Sp. Pl. 1: 455. 1753.

【特征描述】 一年生草本。根纤细，长 4～7 cm，直径约 2 mm。茎匍匐，长 10～17 cm，直径约 1 mm，密被白色柔毛。叶对生，长椭圆形至肾状长圆形，长 6～12 mm，宽 2～4 mm，先端钝，基部偏斜，不对称，略呈渐圆形，边缘中部以下全缘，中部以上常具细小疏锯齿；叶面为绿色，中部常具一个长圆形的紫色斑点，叶正面被毛极少，背面有较多柔毛。叶柄极短，长约 1 mm；托叶呈钻状，不分裂，边缘具睫毛。杯状聚伞花序单生于叶腋，基部具短柄，柄长 1～2 mm；总苞呈狭杯状，高 0.7～1.0 mm，直径约 0.5 mm，外部具白色疏柔毛，边缘 5 裂，裂片呈三角状圆形；腺体 4 枚，肾形中部略凹，边缘具白色附属物，附属物边缘波浪状不规则。雄花 4～5 枚，微伸出总苞外；雌花 1 枚，子房柄伸出总苞外弯曲呈直角状，子房被疏柔毛，分布均匀；花柱短，近基部合生；柱头 2 裂。蒴果呈三角状卵形，长约 2 mm，直径约 2 mm，被稀疏柔毛，成熟时易分裂为 3 个分果爿；种子呈卵状四棱形，长约 1 mm，直径约 0.7 mm，灰色或灰棕色，每个棱面具 3～4 条横纹，无种阜。**染色体**：n=28（Subils, 1977），$2n$=12（Chung et al., 2003）、42（Queiros, 1975）。**物候期**：花、果期 4—9 月（Li et al., 2008）。

【原产地及分布现状】 该种原产于加拿大和美国，现归化于全世界。**国内分布：**安徽、北京、重庆、福建、广东、广西、贵州、海南、河北、河南、湖北、湖南、江苏、江西、辽宁、陕西、山东、上海、四川、台湾、天津、新疆、浙江。

【生境】 平原或低山坡的路旁、湿地、草地、农田、草坪、墙角、砖缝、荒地和公园绿地等。

【传入与扩散】 **文献记载：**《湖北植物志》（中国科学院武汉植物研究所，1979）和《江苏植物志》（江苏省植物研究所，1982）对该种有记载。**标本信息：**该种的模式标本采自美洲，正确的后选模式标本应该是由 Croizat（1962）指定，而不是 Wheeler（1941）误定的那份采样（Benedí & Orell, 1992），该标本现存放于伦敦林奈学会植物标本馆（LINN630.11）。我国较早期的标本有采自 1914 年的标本（N147090686）、1933 年 8 月 20 日采自上海市的标本（H. Migo s.n.; NAS00123696）、1933 年 11 月 7 日采自江苏省苏州市（H. Migo s.n.; NAS00123699）和同年 11 月 3 日采自昆山市的标本（H. Migo s.n.; NAS00123707, NAS00123708）。**传入方式：**无意引入。**传播途径：**种子随农作物引种、草皮销售等人类活动及交通、自然因素等传播扩散（马金双，2014）。**繁殖方式：**种子繁殖。**入侵特点：**① 繁殖性　种子数量大，繁殖能力强。② 传播性　传播方式多，种子细小且易脱落，借助风、水、人、畜等外力就能传播得很远。③ 适应性　适应能力强，对土壤的湿度、肥力、酸碱度要求不高。**可能扩散的区域：**东部和南部地区。

【危害及防控】 旱地常见杂草，全株有毒。应加强对进口种子的检疫。开花前可以通过人工拔除以达到防控目的。

【凭证标本】 湖南省长沙市南郊公园，28.144 2°N，112.959 8°E，2017 年 7 月 23 日，蒋奥林 JALeu4（IBSC）；福建省厦门市园博苑，24.579 0°N，118.070 2°E，2017 年 8 月 1 日，蒋奥林 JALeu8（IBSC）；上海市辰山植物园，31.0816 3°N，121.180 5°E，2017 年 9 月 17 日，蒋奥林 JALeu44（IBSC）。

斑地锦（*Euphorbia maculata* Linnaeus）

1. 生境；2. 花序着生位置；3. 托叶；4. 子房；5. 腺体和子房；6. 蒴果；7. 种子

参考文献

江苏省植物研究所，1982. 江苏植物志：下册［M］. 南京：江苏科学技术出版社.
马金双，2014. 中国外来入侵植物调研报告：上卷［M］. 北京：高等教育出版社：466-467.
中国科学院武汉植物研究所，1979. 湖北植物志：第 2 卷［M］. 武汉：湖北人民出版社：384-393.
Benedí C, Orell J J, 1992. Taxonomy of the genus *Chamaesyce* S. F. Gray (Euphorbiaceae) in the Iberian Peninsula and the Balearic Islands[J]. Collectanea Botanica (Barcelona), 21: 9–55.
Chung G Y, Oh B U, Park K R, et al., 2003. Cytotaxonomic study of Korean *Euphorbia* L. (Euphorbiaceae)[J]. Korean Journal of Plant Taxonomy, 33(3): 279–293.
Croizat L, 1962. Typification of *Euphorbia maculata* L.: a restatement and a conclusion[J]. Webbia, 17(1): 187–205.
Li B T, Qiu H X, Ma J S, et al., 2008. Euphorbiaceae[M]//Wu Z Y, Raven P H, Hong D Y. Flora of China: vol. 11. Beijing: Science Press & St. Louis: Missouri Botanical Garden Press: 288–313.
Queiros M, 1975. Contribuicao para o conhecimento citotaxonomico das Spermatophyta de Portugal. XI. Euphorbiaceae[J]. Boletim da Sociedade Broteriana, Sér. 2, 49: 143–161.
Subils R, 1977. Las especies de *Euphorbia* de la Republica Argentina[J]. Kurtziana, 10: 83–248.
Wheeler L C, 1941. *Euphorbia* subgenus *Chamaesyce* in Canada and the United States exclusive of Southern Florida[J]. Rhodora, 43(508): 97–154.

8. **银边翠** ***Euphorbia marginata*** Pursh, Fl. Amer. Sept. 2: 607. 1814.

【别名】 **高山积雪**

【特征描述】 一年生草本。根纤细，极多分枝，长可达 20 cm 以上，直径 3～5 mm。茎单一，具主茎，直立生长，非肉质，自基部向上极多分枝，高 60～80 cm，直径 3～5 mm，光滑，有时被柔毛。叶互生，椭圆形，长 5～7 cm，宽约 3 cm，先端钝，具小尖头，基部呈平截状圆形，绿色，被稀疏柔毛，全缘；无柄或近无柄；下部营养叶互生；总苞叶 2～3 枚，椭圆形，长 3～4 cm，宽 1～2 cm，先端圆，基部渐狭。全缘，绿色具白色边；伞幅 2～3 个，长 1～4 cm，被柔毛或近无毛；苞叶椭圆形，长 1～2 cm，宽 5～7（9）mm，先端圆，基部渐狭，顶部苞叶边缘具明显白色，待开花时，上部苞叶对生或轮生。花序近无柄单生于苞叶内或数个呈杯状聚伞着生，基部具柄，柄长 3～5 mm，密被柔毛；总苞呈钟状，高 5～6 mm，直径约 4 mm，外部被柔毛，边缘 5 裂，裂片三角形至圆形，尖至微凹，边缘与内侧均被柔毛；腺体 4 枚，半圆形，边缘具宽大的白色花瓣状附属物，长与宽均超过腺体。雄花多枚，伸出总苞外；苞片呈丝状；雌花 1 枚，子房柄较长，长达 3～5 mm，伸出总苞之外，被柔毛；子房密被柔毛；花柱 3 枚，分离；柱头 2 浅裂。蒴果近球状，长与直径均约 5.5 mm，具长柄，长 3～7 mm，被柔毛；花柱宿存；果成熟时分裂为 3 个分果爿；种子呈圆柱状，淡黄色至灰褐色，长 3.5～4 mm，直径 2.8～3 mm。被瘤或短刺或不明显的突起；无种阜。**染色体**：*n*=28（Subils, 1977; Ward, 1984），2*n*=56（Uhrikova & Ferakov, 1980）。**物候期**：花、果期 6—9 月。

【**原产地及分布现状**】该种原产于北美洲，现广泛栽培于热带和亚热带地区。**国内分布**：安徽、北京、福建、甘肃、广东、广西、贵州、海南、河北、湖北、湖南、江苏、江西、内蒙古、宁夏、陕西、山东、山西、上海、四川、台湾、天津、新疆、云南、浙江。

【**生境**】喜温暖，阳光充足的环境。不耐寒，耐干旱。不择土壤，喜肥沃且排水良好的疏松沙质壤土。忌湿、涝（何家庆，2012）。

【**传入与扩散**】**文献记载**：Liou（1931）和《中国高等植物图鉴》（中国科学院植物研究所，1983）等对该种有记载。**标本信息**：该种的模式标本（Lewis s.n.）采自美国蒙大拿州的黄石河（Yellowstone River），现存放于美国宾夕法尼亚州的德雷塞尔大学标本馆。我国较早期的标本有 1907 年 6 月 15 日在北京市采集的标本（Anonymous s.n.; PE00946308）。**传入方式**：作为观赏植物引种栽培。**传播途径**：人为引种扩散。**繁殖方式**：种子繁殖。**入侵特点**：① 繁殖性　繁殖能力一般。② 传播性　主要靠人为引种传播。③ 适应性　适应能力一般。

【**危害及防控**】植株乳汁有毒性，接触易引起皮肤过敏。应谨慎栽培，建议不要在公路边等地进行栽培，禁止随意丢弃。

【凭证标本】 北京市北京植物园南区宿根园，39.990 9°N，116.207 6°E，2017 年 8 月 25 日，蒋奥林、黄灵 JALeu28（IBSC）；辽宁省沈阳市大东区望花立交桥附近，海拔 9 m，40.908 7°N，122.612 2°E，2014 年 7 月 13 日，齐淑艳 RQSB03249（CSH）；陕西省榆林市米脂县貂蝉文化广场，海拔 877 m，37.755 7°N，110.171 1°E，2015 年 9 月 28 日，张勇 RQSB01726（CSH）。

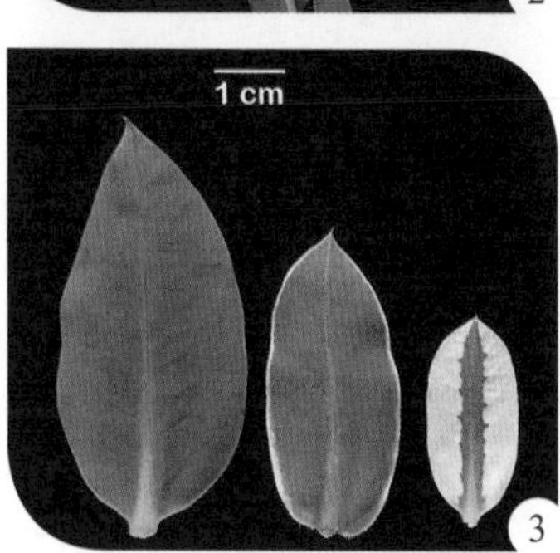

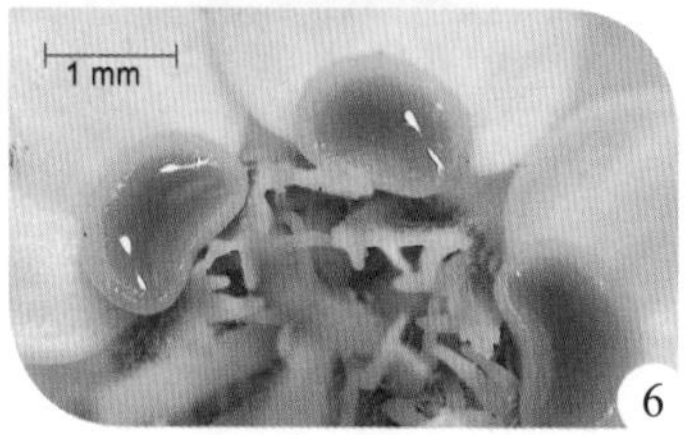

银边翠

（*Euphorbia marginata* Pursh）

1. 生境；2. 植株；3. 叶形；
4. 复花序；5. 总苞内部；
6. 总苞周围腺体及花瓣状附属物；
7. 花柱 3 枚并柱头 2 浅裂

参考文献

何家庆，2012. 中国外来植物［M］. 上海：上海科学技术出版社：131.
中国科学院植物研究所，1983. 中国高等植物图鉴：第 2 册［M］. 北京：科学出版社：619.
Liou T N, 1931. Les Euphoribiacées chinoises des Laboratoires de Botanique de L'Université Nationale de Pékin et de L'Académie Naitonale de Peiping[J]. Contributions from the Institute of Botany, National Academy of Peiping, 1(1): 1–13.
Subils R, 1977. Las especies de *Euphorbia* de la Republica Argentina[J]. Kurtziana, 10: 83–248.
Uhrikova A, Ferakova V, 1980. In chromosome number reports LXIX[J]. Taxon, 29(5/6): 726–727.
Ward D E, 1984. Chromosome counts from New Mexico and Mexico[J]. Phytologia, 56(1): 55–60.

9. **大地锦** ***Euphorbia nutans*** Lagasca, Gen. Sp. Pl. 17. 1816.

【别名】 **美洲地锦草**

【特征描述】 一年生草本。具主根。茎非肉质，直立且斜生，无主茎，茎合轴分枝，幼枝或节间一侧常被短柔毛，节间无不定根。叶对生，长椭圆形或矩圆形至镰刀型，长 24～48 mm，宽 8～17 mm，基部不对称，叶边缘具细锯齿，顶端微尖或钝圆，两面被长柔毛，叶柄长约 1 mm；托叶合生，三角形。杯状聚伞花序二歧分枝，聚伞状着生于枝的末端，花梗长 0.5～2.5 mm，总苞呈陀螺状，长 0.5～1 mm，宽 0.3～0.7 mm，光滑无毛，腺体 4 枚，长 0.24～0.4 mm，宽 0.3～0.5 mm，边缘具白色或淡粉色花瓣状附属物，长 0.2～1 mm，宽 0.2～1.5 mm。雄花 5～28 枚，成熟花药伸出总苞外；雌花 1 枚，子房柄长于总苞向下弯曲；子房呈三棱状，长 1.6～2.3 mm，宽 1.5～2.4 mm，无毛；花柱 3 枚，分离；柱头 2 裂。蒴果呈三棱状，无毛，成熟时分裂为 3 个分果爿；种子为深褐色，四棱状卵圆形，长 1～1.6 mm，宽 0.5～0.8 mm，每个棱面具杂乱的细碎皱纹，无种阜。**染色体**：$2n=12$（Queiros, 1975; Garcia & Valdes, 1981; Dalgaard, 1985）。**物候期**：花、果期 3—10 月。

【原产地及分布现状】 该种原产于美洲的加勒比地区（Benedí & Orell, 1992）；现广布于亚热带地区。**国内分布**：辽宁、安徽、江苏、上海、湖北、福建、广东。

【生境】 干旱及潮湿的土壤均能生长，常生于干燥多砾石的土壤环境中。苗圃、农田常见杂草。秋熟旱作物农田、田埂及路边可见到，危害轻微（李扬汉，1998）。

【传入与扩散】 **文献记载**：国内对该种有记载的早期文献如《中国杂草志》（李扬汉，1998），其中描述了美洲地锦草的形态，记载了其线稿图；刘全儒等（2003）在北京市及河北省发现了美洲地锦草的分布新记录。**标本信息**：该种的模式材料采自墨西哥，现存放于西班牙的马德里皇家植物园标本馆（MA250299, MA250499, MA250499-2）和塞维利亚大学标本馆（SEV-H3021）。我国较早期的标本有 1961 年 10 月 20 日采自浙江省杭州市的标本（王汉津 s.n.; FUS00030920）和 1963 年 8 月 26 日采自上海市的标本（严增南 002488；FUS00030918）。**传入方式**：无意引入，引种带入。**传播途径**：随农作物引种或旅行等人类活动扩散。**繁殖方式**：种子繁殖。**入侵特点**：① 繁殖性　繁殖能力一般。② 传播性　传播范围广。③ 适应性　适应能力强，对土壤湿度、肥力要求不高。**可能扩散的区域**：东部地区。

【危害及防控】 危害较小。开花前进行人工拔除以达到防控目的。

【凭证标本】 北京市怀柔区怀北镇怀北庄怀北站，40.410 1°N，116.684 3°E，2017 年 9 月 3 日，蒋奥林、赖思茹 JALeu40（IBSC）；北京市海淀区北京植物园北区，40.001 4°N，116.206 5°E，2017 年 8 月 29 日，蒋奥林、赖思茹 JALeu35（IBSC）；福建省龙岩市连城高速收费站入口，25.665 4°N，116.764 8°E，2017 年 8 月 19 日，蒋奥林、黄灵 JALeu21（IBSC）。

大地锦（*Euphorbia nutans* Lagasca）

1. 植株的一部分；2. 叶片形状变化；3. 花序的位置；4. 腺体；5. 子房和蒴果；6. 种子

参考文献

李扬汉，1998. 中国杂草志［M］. 北京：中国农业出版社：503-504.

刘全儒，康幕谊，江源，2003. 北京及河北植物新记录（Ⅱ）［J］. 北京师范大学学报（自然科学版），39（5）：674-676.

Benedí C, Orell J J, 1992. Taxonomy of the genus *Chamaesyce* S. F. Gray (Euphorbiaceae) in the Iberian Peninsula and the Balearic Islands[J]. Collectanea Botanica (Barcelona), 21: 9–55.

Dalgaard V, 1985. Chromosome studies in flowering plants from Madeira[J]. Willdenowia, 15(1): 137–156.

Garcia I, Valdes B, 1981. In números cromosómicos para la flora Española. 182–256[J]. Lagascalia, 10: 225–256.

Queiros M, 1975. Contribuicao para o conhecimento citotaxonomico das Spermatophyta de Portugal. XI. Euphorbiaceae[J]. Boletim da Sociedade Broteriana, Sér. 2, 49: 143–161.

10. **南欧大戟** ***Euphorbia peplus*** Linnaeus, Sp. Pl. 1: 456. 1753.

【别名】 **癣草**

【特征描述】 一年生直立草本，全株无毛。根纤细，长6～8 cm，直径1～2 mm，下部多分枝。茎非肉质，具主茎，茎单一或自基部多分枝，斜向上开展，高20～28 cm，直径约2 mm。下部营养叶互生，倒卵形至匙形，长1.5～4.0 cm，宽7～18 mm，先端钝圆、平截或微凹，基部呈楔形，全缘，常无毛，叶柄长1～3 mm，待开花时，上部苞叶对生或轮生；总苞叶3～4枚，与茎生叶同形或相似；苞叶2枚，无叶柄，顶部苞叶为绿色。杯状花序单生于顶端，二歧分枝，基部近无柄；总苞呈杯状，高与直径均约1 mm，边缘4裂，裂片钝圆，边缘具睫毛；腺体4枚，新月形，先端具两角，黄绿色。雄花数枚，常不伸出总苞外；雌花1枚，子房柄长2～3.5 mm，明显伸出总苞外；子房具3条纵棱，每条棱上具2翅，光滑无毛；花柱3枚，分离；柱头2裂。蒴果呈三棱状球形，长与直径均2～2.5 mm，无毛；种子呈卵棱状，长1.2～1.3 mm，直径0.7～0.8 mm，具纵棱，背面有网状孔洞，腹面左右两侧具长条状凹陷，呈灰色、灰白色或淡黄色；种阜为白色，呈圆锥状，无柄。**染色体**：$2n$=16（Slavik et al., 1993）。**物候期**：

花、果期为4—6月和8—10月两季。

【用途】 全草外涂可治癣；乳汁对皮肤癌等癌症具一定治疗效果。

【原产地及分布现状】 该种原产于欧洲、亚洲和非洲北部的地中海沿岸，现归化于亚洲、美洲和大洋洲的澳大利亚。**国内分布：** 北京、福建、广东、广西、贵州、四川、台湾、香港、云南。

【生境】 路旁、屋旁、草地和树下等半荫蔽湿润处。

【传入与扩散】 **文献记载：** 我国对该种有记载的早期文献如Liou（1931）和Keng（1955）。**标本信息：** 该种的模式标本采自欧洲，后选模式标本由El-Hadidi（1978）指定，现存放于伦敦林奈学会植物标本馆（LINN630.24）。1925年6月5日采自福建省的标本（F. P. Metcalf class989），该标本现存放于厦门大学（AU012622）和中山大学（SYS00035519、SYS00035520）。**传入方式：** 无意引入（马金双，2014）。**传播途径：** 因自然力或人畜活动而传播扩散。**繁殖方式：** 种子繁殖。**入侵特点：** ① 繁殖性　一般。② 传播性　一般。③ 适应性　一般。**可能扩散的区域：** 南部地区。

【危害及防控】 该种的乳汁有毒；在田边生长会与作物争夺养分。因其无法在无荫蔽处扩散，入侵能力较弱，故无需特别防治。

【凭证标本】 福建省福州市高盖山小溪旁，海拔0 m，26.019 0°N，119.310 0°E，2017年8月8日，蒋奥林、黄灵 JALeu13（IBSC）；福建省福州市鼓楼区洪山镇西禅寺菜地，26.073 7°N，119.270 4°E，2017年8月10日，蒋奥林、黄灵 JALeu18（IBSC）；贵州省黔西南自治州兴义市西南环线与景峰大道交叉处，海拔1 180 m，25.055 0°N，104.911 7°E，2016年7月13日，马海英、彭丽双、刘斌辉、蔡秋宇 RQXN05169（CSH）。

南欧大戟（*Euphorbia peplus* Linnaeus）

1. 植株；2. 叶片形态；3. 对生的苞叶；4. 复花序分枝；
5. 杯状花序侧面观；6. 杯状花序顶面观；7. 种子

参考文献

马金双，2014. 中国外来入侵植物调研报告：下卷［M］. 北京：高等教育出版社：865.

EI-Hadidi M, Fayed A, 1978. Studies on the genus *Euphorbia* L. in Egypt: II. Systematic treatment[J]. Taeckholmia, 9: 57.

Keng H, 1955. The Euphorbiaceae of Taiwan[J]. Taiwania, 6(1): 27–66.

Liou T N, 1931. Les Euphoribiacées chinoises des Laboratoires de Botanique de L'Université Nationale de Pékin et de L'Académie Naitonale de Peiping[J]. Contributions from the Institute of Botany, National Academy of Peiping, 1(1): 1–13.

Slavik B, Jarolimova V, Chrtek J, 1993. Chromosome counts of some plants from Cyprus[J]. Candollea, 48(1): 221–230.

11. **匍匐大戟** ***Euphorbia prostrata*** Aiton, Hort. Kew. 2: 139. 1789.

【别名】 **铺地草**

【特征描述】 一年生草本。根纤细，长 7～9 cm。茎呈匍匐状，非肉质，无主茎，自基部多分枝，长 15～19 cm，通常呈淡红色或红色，少为绿色或淡黄绿色，被少许短柔毛。叶对生，卵圆形至倒卵形，长 3～7（8）mm，宽 2～4（5）mm，先端圆，基部偏斜，不对称，边缘全缘或具不规则的细锯齿；叶正面无毛，背面有柔毛或叶尖边缘被少许柔毛；叶柄极短或近无；托叶长三角形，易脱落。杯状聚伞花序常单生于叶腋，少为数个簇生于小枝顶端，具 2～3 mm 的柄；总苞呈陀螺状，高约 1 mm，直径约 1 mm，常无毛，少被稀疏的柔毛，边缘 5 裂，裂片三角形或半圆形；腺体 4 枚，具极窄的白色附属物。雄花数枚，常不伸出总苞外；雌花 1 枚，子房柄较长，成熟时完全伸出总苞之外并向下弯曲呈 U 形；子房于脊上被稀疏较直的柔毛；花柱 3 枚，近基部合生；柱头 2 裂。蒴果呈三棱状，长约 1.5 mm，直径约 1.4 mm，除果棱上被疏柔毛外，其他无毛；种子呈卵状四棱形，长约 0.9 mm，直径约 0.5 mm，黄色，每个棱面上有 6～7 个横沟；无种阜。**染色体**：n=9（Khatoon & Ali, 1993; Sarkar & Datta, 1979; Mehra & Choda, 1978, Brunel & Laplace, 1977），2n=18（Krishnappa & Reshme, 1982）。**物候期**：花、果期 4—10 月。

【用途】 该种可用于痔和各种皮肤疾病的治疗，同时还具有抗炎，镇痛，降血糖，驱虫，平喘等疗效（周改 等，2015）。

【原产地及分布现状】 该种原产于美洲热带和亚热带地区，现归化于旧大陆的热带和亚热带地区。**国内分布：**澳门、北京、福建、甘肃、广东、广西、海南、河北、湖北、湖南、江苏、江西、山东、上海、四川、台湾、香港、云南。

【生境】 路旁，屋旁和荒地灌丛。

【传入及扩散】 **文献记载：**我国对该种有记载的较早期的资料如 Keng（1955）和《广州植物志》（侯宽昭，1956）。**标本信息：**该种的模式标本材料是源自美洲西印度群岛的种子，1758 年栽培于英国皇家植物园——邱园，后由 Philip Miller 采集，该模式标本现存放于英国自然历史博物馆（BM000510671），由 Carter & Radcliffe-Smith（1988）指定。我国较早期的标本有 1921 年 7 月 7 日采自广东省潮州地区的标本（To Kang Ping 538; SYS00035797）。**传入方式：**无意引入。**传播途径：**随农作物引种、旅行等人类活动扩散。**繁殖方式：**种子繁殖。**入侵特点：**① 繁殖性 种子数量大，繁殖能力强。② 传播性 传播方式多，种子细小且易脱落，借助水、人、畜等外力就能传播得很远。③ 适应性 适应能力强，对土壤的湿度、肥力、酸碱度要求不高。**可能扩散的区域：**东部和南部地区。

【危害及防控】 一般杂草，危害程度较轻。可以通过实时铲除植株，果熟期控制种子脱落侵入田地的方法来达到防控目的（马金双，2014）。

【凭证标本】 广东省广州市天河区中国科学院华南植物园西门，海拔 26.69 m，23.180 3°N，113.353 6°E，2017 年 5 月 6 日，蒋奥林 434（IBSC）；海南省儋州市木棠镇新风新基村，海拔 61 m，19.853 6°N，109.424 3°E，2017 年 6 月 8 日，蒋奥林、赖思茹 452（IBSC）；北京市海淀区北京植物园北区，39.997 2°N，116.206 7°E，2017 年 8 月 23 日，蒋奥林、黄灵 JALeu27（IBSC）。

匍匐大戟（*Euphorbia prostrata* Aiton）

1. 生境；2. 植株；3. 枝条排列方式；4. 叶片；5. 托叶；6. 花序着生位置；7. 总苞上的腺体

参考文献

侯宽昭，1956. 广州植物志［M］. 北京：科学出版社：263.
马金双，2014. 中国外来入侵植物调研报告：上卷［M］. 北京：高等教育出版社：210.
周改，李成刚，曹东，2015. 匍匐大戟研究进展［J］. 云南中医中药杂志，36（11）：70-72.
Brunel J F, Laplace A, 1977. In IOPB chromosome number reports LVIII[J]. Taxon, 26(5/6): 559.
Carter S, Radcliffe-Smith A, 1988. Euphorbiaceae: Part 2[M]//Polmill R M. Flora of tropical East Africa. Rotterdam: A. A. Balkema: 409–597.
Keng H, 1955. The Euphorbiaceae of Taiwan[J]. Taiwania, 6(1): 27–66.
Khatoon S, Ali S I, 1993. Chromosome atlas of the Angiosperms of Pakistan[M]. Karachi: Department of Botany, Universtiy of Karachi.
Krishnappa D G, Reshme R V, 1982. In IOPB chromosome number reports LXXVI[J]. Taxon, 31(3): 597–598.
Mehra P N, Choda S P, 1978. Cyto-taxonomical studies in the genus *Euphorbia* L.[J]. Cytologia, 43(2): 217–235.

12. 一品红 *Euphorbia pulcherrima* Willdenow ex Klotzsch, Allg. Gartenzeitung 2（4）: 27. 1834.

【别名】 **圣诞红**

【特征描述】 灌木。根圆柱状，极多分枝。茎直立，非肉质，高 1～3（4）m，直径 1～4（5）cm，无毛。叶互生，呈卵状椭圆形、长椭圆形或披针形，长 6～25 cm，宽 4～10 cm，先端渐尖或急尖，基部楔形或渐狭，绿色，边缘全缘或浅裂或波状浅裂，叶面被短柔毛或无毛，叶背被柔毛；叶柄长 2～5 cm，无毛；无托叶；苞叶 5～7 枚，狭椭圆形，长 3～7 cm，宽 1～2 cm，通常全缘，极少边缘浅波状分裂，朱红色，顶部苞叶全为红色；叶柄长 2～6 cm。花序数个呈杯状聚伞排列于枝顶；花序柄长 3～4 mm；总苞呈坛状，淡绿色，高 7～9 mm，直径 6～8 mm，边缘齿状 5 裂，裂片三角形，无毛；腺体常为 1 枚，极少为 2 枚，黄色，常压扁，呈唇状，长 4～5 mm，宽约 3 mm。雄花多枚，常伸出总苞之外；苞片呈丝状，具柔毛；雌花 1 枚，子房柄明显伸出总苞之外，无毛；子房光滑；花柱 3 枚，中部以下合生；柱头 2 深裂。蒴果呈三棱状圆形，长 1.5～2.0 cm，直径约 1.5 cm，平滑无毛；种子呈卵状，长约 1 cm，直径 8～9 mm，灰色或淡灰色，近平滑；无种阜。**染色体**：*n*=14（Sandhu & Mann, 1988; Mehra & Choda, 1978, Sharma, 1970）、21，2*n*=28（Krishnappa & Reshme, 1982; Kothari et al., 1980; 陈瑞阳 等，2003）、42（Chatha & Bir, 1987）。**物候期**：花、果期 10 月至翌年 4 月。

【用途】 该种可用于观赏。其茎叶可入药，有消肿的功效，可治跌打损伤。

【原产地及分布现状】 该种原产于中美洲；现广泛栽培于热带和亚热带地区。**国内分布**：安徽、澳门、福建、广东、广西、贵州、海南、湖北、湖南、江苏、江西、山东、上海、四川、台湾、天津、香港、云南、浙江。

【生境】 公园、植物园及温室。

【传入与扩散】 **文献记载**：该种于 1898 年引入台湾地区，20 世纪 20 年代，我国就从欧美等地引入大陆进行栽培（何家庆，2012）。对该种有记载的文献如 Hsia（1931）发表的论文和《广州植物志》（侯宽昭，1956）以及《中国高等植物图鉴》（中国科学院植物研究所，1983）。**标本信息**：本种在发表时曾指定了 5 份合模式标本，均采自墨西哥，其中 1 份（C. J. W. Schiede & F. Deppe 1121）现存放于马丁·路德大学（HAL0136176）。Lack（2011）指定了 F. W. H. A. von Humboldt 和 A. J. A. Bonpland 所采集的标本为后选模式，现存放于德国柏林自然历史博物馆（B-W09257-010）。我国较早期的标本有 1920 年 12 月采自广东省的标本（To Kang Peng s.n.; SYS00035529）。**传入方式**：作为观赏植物有意引入。**传播途径**：作为观赏植物引种传播。**繁殖方式**：种子及扦插繁殖。**入侵特点**：① 繁殖性　一般。② 传播性　主要是人为引种传播。③ 适应性　适宜热带、亚热带地区气候。

【危害及防控】 乳汁有一定毒性。应控制引种，禁止随便丢弃摆花植株。

【凭证标本】广东省广州市天河区中国科学院华南植物园科研区，海拔 21 m，23.177 6°N，113.354 7°E，2017 年 12 月 23 日，蒋奥林 JALeu48（IBSC）；广西壮族自治区崇左市夏石镇，海拔 191 m，22.113 2°N，106.887 6°E，2015 年 11 月 20 日，韦春强、李象钦 RQXN07775（CSH）；广西壮族自治区河池市巴马县凤凰镇，海拔 327.56 m，24.201 2°N，107.421 5°E，2016 年 1 月 20 日，唐赛春、潘玉梅 RQXN08157（CSH）。

一品红（*Euphorbia pulcherrima* Willdenow ex Klotzsch）

1. 生境；2. 黑点状退化的托叶；3. 叶形；4. 雄花和腺体；5. 雌花的 3 枚花柱和分叉的柱头；
6. 一级复花序三歧分枝，二级复花序二歧分枝，三级复花序单歧分枝；7. 杯状聚伞花序

参考文献

陈瑞阳，宋文芹，李秀兰，等，2003. 中国主要经济植物基因组染色体图谱：第 3 册　中国园林花卉植物染色体图谱［M］. 北京：科学出版社 .

何家庆，2012. 中国外来植物［M］. 上海：上海科学技术出版社：131.

侯宽昭，1956. 广州植物志［M］. 北京：科学出版社：261.

中国科学院植物研究所，1983. 中国高等植物图鉴：第 2 册［M］. 北京：科学出版社：618.

Chatha G S, Bir S S, 1987. Cytological evaluation of woody taxa of Gamopetalae and Monochlamydeae from South India[J]. Aspects of Plant Sciences, 9: 199–256.

Hsia W Y, 1931. A list of cultivated and wild plants from the botanical garden of the national museum of natural history, Peiping[J]. Contributions from the Institute of Botany, National Academy of Peiping, 1(3): 39–69.

Kothari N M, Ninant C A, Kuriachan P I, 1980. In chromosome number reports LXIX[J]. Taxon, 29(5/6): 715–716.

Krishnappa D G, Reshme R V, 1982. In IOPB chromosome number reports LXXVI[J]. Taxon, 31(3): 597–598.

Lack H W, 2011. The discovery, naming and typification of *Euphorbia pulcherrima* (Euphorbiaceae) [J]. Willdenowia, 41: 301–309.

Mehra P N, Choda S P, 1978. Cyto-taxonomical studies in the genus *Euphorbia* L.[J]. Cytologia, 43: 217–235.

Sandhu P S, Mann S K, 1988. SOCGI plant chromosome number reports: VII[J]. Journal of Cytology and Genetics, 23: 219–228.

Sharma A K, 1970. Annual report, Cytogenetics Laboratory, Department of Botany, University of Calcutta, 1967–1968[J]. The Research Bulletin, 2: 1–50.

13. **匍根大戟 *Euphorbia serpens*** Kunth, in Humboldt F W H A & Bonpland A J A, Nov. Gen. Sp. (quarto ed.) 2: 52. 1817.

【特征描述】 一年生草本。全株无毛。根纤细，长 6～7 cm，直径 1～2 mm，分枝或否。无主茎，茎非肉质，茎合轴分枝，呈匍匐状，长 15～20 cm，直径不足 2 mm，常为绿色，有时具粉色条纹；节间具不定根。叶对生，卵圆形，长 2～5 mm，宽 1.5～3 mm，顶端平截或微凹陷，基部呈平截状内凹，不对称，边缘全缘；叶柄长约

1 mm。杯状聚伞花序总苞呈陀螺状至钟状，高 0.5～0.7 mm，直径 0.4～0.5 mm，边缘 4 裂；腺体 4 枚，肾圆形，附属物为白色，较腺体长而宽。雄花 3～5 枚，苞片线形，边缘具睫毛；雌花明显伸出总苞外，柄长约 0.5 mm；子房光滑无毛；花柱 3 枚，分离；柱头 2 深裂。蒴果呈球状三棱形，长 1.5～1.8 mm，直径 1.6～1.9 mm；果柄长达 2 mm；种子呈卵状四棱形，长 0.9～1.1 mm，直径 0.6～0.9 mm，常平滑，灰色至褐色，无种阜。**染色体**：*n*=11（Khatoon & Ali, 1993），2*n*=22（Jiménez & Casas, 1979）。**物候期**：花、果期 3—10 月。

【原产地及分布现状】 该种原产于南美洲（Kunth, 1817），现广布于世界热带、亚热带及温带地区。**国内分布**：北京、福建、江苏、青海、上海、台湾、浙江。

【生境】 路旁缝隙，草地和海边的沙质地。

【传入与扩散】 **文献记载**：我国早期对该种有记载的文献如中国台湾的 Lin 等（1991）发表的论文，作者们将匍根大戟归于地锦草属并对其形态特征做了详细描述及分类区分。后来，Ma 和 Wu（1992）对该种进行了分类描述。**标本信息**：该种的模式标本由 A. J. A. Bonpland 和 F. W. H. A. von Humboldt 采自委内瑞拉，模式材料由 Radcliffe-Smith（1982）指定，现存放于法国国家自然历史博物馆（P00669812, P00118493）和美国菲尔德博物馆（F196558）。我国较早期的标本有 1959 年 6 月采自青海省的标本（科沙队 4158；N147090807）。**传入方式**：无意引入。**传播途径**：随农作物引种、旅行等人类活动扩散。**繁殖方式**：种子繁殖。**入侵特点**：① 繁殖性　种子数量大，繁殖能力强。② 传播性　传播方式多，种子细小且易脱落，借助风、水、人、畜等外力就能传播得很远。③ 适应性　适应能力强，对土壤的湿度、肥力、酸碱度要求不高。**可能扩散的区域**：东部和南部地区。

【危害及防控】 危害较小。通过人工拔除即可达到防控目的。

【凭证标本】福建省厦门市集美区杏林街道园博苑，24.573 4°N，118.059 4°E，2017年7月31日，蒋奥林、黄灵 JALeu6（IBSC）；福建省龙岩市连城县文亨镇连城高速收费站入口，25.665 4°N，116.764 7°E，2017年8月19日，蒋奥林、黄灵 JALeu20（IBSC）；北京市海淀区香山街道北京植物园，39.994 6°N，116.207 2°E，2017年8月23日，蒋奥林、黄灵 JALeu26（IBSC）。

匍根大戟（*Euphorbia serpens* Kunth）

1. 植株；2. 叶片形态；3. 花序着生位置；4. 蒴果；5. 花序；6. 种子

参考文献

Jiménez A C, Casas F J F, 1979. Números cromosomáticos de plantas occidentales, 46–47[J]. Anales del Jardín Botánico de Madrid, 36(1): 399.

Khatoon S, Ali S I, 1993. Chromosome atlas of the Angiosperms of Pakistan[M]. Karachi: Department of Botany, Universtiy of Karachi.

Kunth K S, 1817. *Euphorbia serpens*[M]//Humboldt F W H A, Bonpland A J A, Nova Genera et Species Plantarum: vol. 2. Paris: Lutétiae Parisiorum: sumtibus Librariae Graeco-Latino-Gemanicae via dicta Fossés-Montmartre: 52.

Lin S C, Chaw S M, Hsieh C F, 1991. A taxonomic study of the genus *Chamaesyce* S. F. Gray (Euphorbiaceae) in Taiwan[J]. Botanical Bulletin of Academia Sinica, 32(3): 215–251.

Ma J S, Wu C Y, 1992. A synopisis or Chinese *Euphorbia* L. s.l. (Euphorbiaceae)[J]. Collectanea Botanica, 21: 97–120.

Radcliffe-Smith A, 1982. *Euphorbia* L.[M]//Davis P H. Flora of Turkey and the East Aegean Island: vol. 7. Edinburgh: Edingburgh University Press: 571–630.

14. **绿玉树** ***Euphorbia tirucalli*** Linnaeus, Sp. Pl. 1: 452. 1753.

【别名】 **光棍树、绿珊瑚、青珊瑚**

【特征描述】 乔木状，高 2～6 m，直径 10～25 cm，老时为灰色或淡灰色，幼时为绿色，上部平展或分枝；小枝肉质，具丰富乳汁。茎肉质，无棱，无托叶刺。叶互生，长圆状线形，长 7～15 mm，宽 0.7～1.5 mm，先端钝，基部渐狭，全缘，无柄或近无柄；常生于当年生嫩枝上，稀疏且很快脱落，由茎行使光合功能，故常呈无叶状态；总苞叶干膜质，早落。杯状聚伞花序密集于枝顶，基部具柄；总苞呈陀螺状，高约 2 mm，直径约 1.5 mm，内侧被短柔毛；腺体 5 枚，呈盾状卵形或近圆形。雄花数枚，伸出总苞之外；雌花 1 枚，子房柄伸出总苞边缘；子房光滑无毛；花柱 3 枚，中部以下合生；柱头 2 裂。蒴果呈棱状三角形，长度与直径均约 8 mm，平滑，略被毛或无毛；种子呈卵球状，长与直径均约 4 mm，平滑；具微小的种阜。**染色体**：2*n*=20（Krishnappa & Reshme, 1982）。**物候期**：花、果期 7—10 月。

【用途】 该种可作为观赏植物。其乳汁用于防除病虫害；亦为人造石油的重要原料之一。

【原产地及分布现状】 该种原产于非洲、印度和斯里兰卡等地，现广泛栽培于热带和亚热带地区。**国内分布：**安徽、澳门、重庆、福建、广东、广西、贵州、海南、湖北、湖南、江苏、江西、四川、台湾、天津、香港、云南、浙江。

【生境】 喜温暖的气候，在海南省、福建省等南方地区的野外可自然生长，在北方地区则需要在温室过冬；好光照，但也耐半阴；耐干燥；适宜在排水好的土壤中生长（黄冶和民生，1981）。

【传入与扩散】 **文献记载：**Liou（1931）发表的论文较早记载了本种植物，《海南植物志》（陈焕镛，1965）中也有收录。**标本信息：**Leach（1973）指定了本种的后选模式标本（Hort. Med. Amstelod. Pl. Rar., 1: 27, t. 14. 1697）。我国较早期的标本有1929年7月采自广东省中山市的标本（Tang Y. H. 74; IBSC0312990）。**传入方式：**作为观赏植物有意引入。**传播途径：**由人工引种扩散传播。**繁殖方式：**由茎扦插繁殖。**入侵特点：**① 繁殖性　主要靠扦插繁殖，扦插存活率高。② 传播性　主要靠引种传播，传播范围主要取决于人类运输距离。③ 适应性　适应于热带干旱环境，在此种环境下该种生长良好。**可能扩散的区域：**温带和热带地区。

【危害及防控】 该种枝条中的乳汁有毒，有促进肿瘤生长的作用，通过促使人体淋巴细胞染色体重排而致癌；刺激皮肤过敏可致红肿，不慎入眼可致暂时失明。此外还有致泻作用，并可毒鱼。栽培植株已发现常有介壳虫危害。可以通过控制引种来到达防控目的。

【凭证标本】 广东省广州市天河区中国科学院华南植物园科研区，海拔20 m，23.180 1°N，113.353 5°E，2017年12月23日，蒋奥林 JALeu49（IBSC）；广东省潮州市潮安区归湖镇，海拔19 m，23.769 7°N，116.578 4°E，2014年10月23日，曾宪锋 RQHN06527（CSH）；海南省乐东县铁路两侧荒地，18.529 3°N，108.770 9°E，2015年12月22日，曾宪锋 ZKF18669（CZH）。

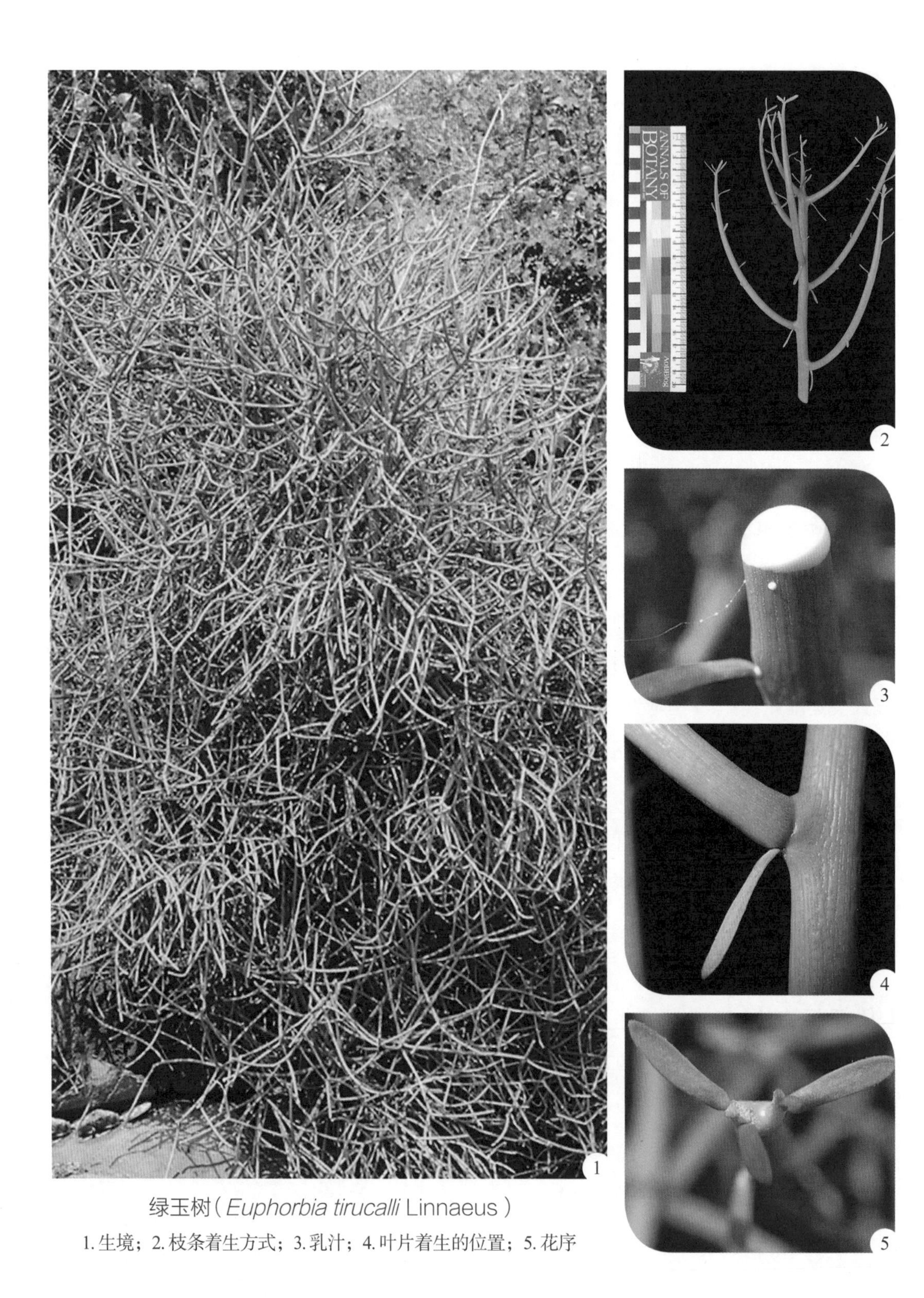

绿玉树（*Euphorbia tirucalli* Linnaeus）

1. 生境；2. 枝条着生方式；3. 乳汁；4. 叶片着生的位置；5. 花序

参考文献

陈焕镛，1965. 大戟科［M］// 中国科学院华南植物研究所 . 海南植物志：第 2 卷 . 北京：科学出版社：110–187.

黄冶，民生，1981. 光棍树［J］. 植物杂志（4）：36–37.

Leach L C, 1973. *Euphorbia tirucalli* L.: its typification, synonymy and relationships with notes on "Almeidina" and "Cassoneira"[J]. Kirkia, 9(1): 69–86.

Liou T N, 1931. Les Euphoribiacées chinoises des Laboratoires de Botanique de L'Université Nationale de Pékin et de L'Académie Naitonale de Peiping[J]. Contributions from the Institute of Botany, National Academy of Peiping, 1(1): 1–13.

Krishnappa D G, Reshme R V, 1982. In IOPB chromosome number reports LXXVI[J]. Taxon, 31(3): 597–598.

3. 叶下珠属 *Phyllanthus* Linnaeus

一年生草本；无乳汁。单叶，互生，通常在侧枝上排成 2 例，呈羽状复叶状，全缘；羽状脉；具短柄；托叶 2 枚，小，着生于叶柄基部两侧，常早落。花通常小、单性，雌雄同株或异株，单生、簇生或组成聚伞、团伞、总状或圆锥花序；花梗纤细；无花瓣；雄花有萼片（2～）3～6 片，离生，1～2 轮，呈覆瓦状排列；花盘通常分裂为离生，且有与萼片互生的腺体 3～6 枚；雄蕊 2～6 枚，花丝离生或合生呈柱状，花药 2 室，外向，药室平行，基部叉开或完全分离，纵裂、斜裂或横裂，药隔不明显；无退化雌蕊；雌花的萼片与雄花的同数或较多；花盘腺体通常小，离生或合生呈环状或坛状，围绕子房；子房通常 3 室，稀 4～12 室，每室有胚珠 2 颗，花柱与子房室同数，分离或合生，顶端全缘或 2 裂，直立、伸展或下弯。蒴果通常基顶压扁呈扁球形，成熟后常开裂为 3 个 2 裂的分果爿，中轴通常宿存；种子三棱形，种皮平滑或有网纹，无假种皮和种阜。染色体基数 X=13。

本属约有 1 270 种，主要分布于世界热带及亚热带地区，少数为北温带地区（Kathriarachchi et al., 2006）。我国有 32 种，外来入侵种有 1 种。

苦味叶下珠（*Phyllanthus amarus* Schumacher & Thonning），又名美洲珠子草，为一年直立草本，全株无毛。主茎呈圆柱状，不具翅，基部木质化，略呈黄色、草黄色或棕色；叶片退化呈披针形或三角状鳞片。小枝上的叶2列；托叶线形或线状披针形，绿色；叶柄长约0.5 mm；叶片长圆形或椭圆状长圆形，长3～8 mm，宽2～4.5 mm，膜质或薄纸质，基部圆形，顶端钝或圆，常具小尖头；侧脉4～7对，背面稍微明显，正面不明显。雌雄同株。花簇沿着枝条簇生，近枝条基部的常为雄花，枝条中部常为带有一雄一雌的两性花，雌花常生于枝条顶端。雄花的花梗长0.5～1 mm；萼片5片，椭圆形或卵形，长约0.5 mm，宽约0.2 mm，黄绿色，边缘膜质，先端锐尖；花盘腺体5枚，呈圆盘状、倒卵形或匙形，顶端截形或微凹，直径约0.1 mm，全缘；雄蕊常为3枚，有时为2枚；花丝合生呈柱状，高0.2～0.3 mm；花药无柄，其中1枚常退化成一单个药室，有时只有2枚功能性花药存在，药室基部叉开，斜裂，稀平裂。雌花的花梗长0.6～1 mm；萼片5片，有时6片，呈倒卵状长圆形或卵形，长0.8～1 mm，宽0.4～0.6 mm，边缘膜质，先端圆钝或渐尖；花盘扁平，5深裂；子房呈球状三角形，长约0.5 mm，宽约0.5 mm，平滑；花柱离生，直立或上倾，先端浅2裂。蒴果扁球形，果梗长1～1.5 mm，顶端呈盘状，直径1.9～2.1 mm；平滑。种子锐三棱形，长0.9～1 mm，宽0.7～0.8 mm，浅棕色或黄棕色，背面具5～6条平直的纵棱，棱间有横向条纹。花、果期全年。本种原产于美洲，现广布于世界热带地区（Levin, 1998）。我国在广东、广西、海南、台湾和云南等地均有归化的报道（蔡世伟，1992；丘华兴和陈炳辉，1997）。我国较早期的标本有1928年5月13日采自台湾地区高雄市旗后山的标本（S. Saito 8456; KUN0401486）。该种随农作物引种、旅行等人类活动扩散。

锐尖叶下珠（*Phyllanthus debilis* Klein ex Willdenow）为一年生草本，高达60 cm，全株无毛。茎基部圆柱形，向上有锐棱，小枝扁平。叶片膜质至纸质，椭圆形或狭椭圆形，长0.4～1.2 cm，宽2～5 mm，先端锐尖或钝，基部宽楔形，下面为灰绿色；托叶三角形，橄榄色。雌雄同株。雄花2～4枚形成极短的总状聚伞花序，生于小枝近茎端2～4叶腋，雌花单生于小枝顶端叶腋。雄花的花梗极短，萼片6片，2轮，倒卵形，先端钝圆，雄蕊3枚，花丝合生成一短柱，花药水平横裂；雌花有萼片6片，倒卵形，先端钝圆，具宽的膜质边缘，花盘碟形，全缘或稍6裂，子房扁球形，光滑，3室，花柱3枚，分离，各2深裂。蒴果扁球形，光滑，成熟开裂为3个2裂的分果爿，轴柱和萼片宿存，萼片常反折；种子三棱形，黄褐色，长约1 mm，背部具7～8条纵条纹，侧面具4～5条排成同心圆环状的条纹（胡喻华，2006）。花果期7—12月。该种可能原产于印度南部和斯里兰卡，现归化于世界热带和亚热带地区（Webster, 1956; Levin et al., 2018），在我国现已归化于广东、海南、江西、福建、香港和台湾等地（蔡世伟，1992）。我国较早期的标本有1961年5月9日采自海南省万宁市六连岭区的标本（钟义3886; IBSC0326007）。该种可能是随农作物引种、旅行等人类活动扩散的。其繁殖能力强，传播方式多，种子细小且易脱落，借助风、水、人、畜等外力就能传播得很远，且适应能力强，对土壤的湿度、肥力、酸碱度要求不高。

参考文献

蔡世伟，1992. 台湾产大戟科油柑属的植物分类学研究［D］. 台中：中国医药学院药物化学研究所：1-207.

胡喻华，2006. 叶下珠属植物新资料［J］. 华南农业大学学报，27（2）：121-122，124.

丘华兴，陈炳辉，1997. 华南植物的增补［J］. 热带亚热带植物学报，5（3）：3-5.

Kathriarachchi H, Samuel R, Hoffmann P, et al., 2006. Phylogenetics of the tribe Phyllantheae (Phyllanthaceae; Euphorbiaceae sensu lato) based on nrITS and plastid *matK* DNA sequence data[J]. American Journal of Botany, 93(4): 637–655.

Levin G A, 1998. *Phyllanthus amarus*[M]//Flora of North America Editorial Committee. Flora of North America north of Mexico: vol. 12. New York: Oxford University Press: 342.

Levin G A, Wilder G J, McCollom J M, 2018. *Phyllanthus debilis* (Phyllanthaceae) newly reported for north America[J]. Journal of the Botanical Research Institute of Texas, 12(1): 245–248.

Webster G L, 1956. A monographic study of the West Indian species of *Phyllanthus*[J]. Journal of the Arnold Arboretum, 37(3): 217–268.

纤梗叶下珠 *Phyllanthus tenellus* Roxburgh, Fl. Ind. 3: 668. 1832.

【别名】 **五蕊油柑**

【特征描述】 一年生草本，高达1 m，全株无毛。主茎单一，圆柱形，向上有不明显的棱。小枝纤细。叶膜质，几无柄，叶片椭圆形，顶端急尖，基部宽楔形至圆形，上面为深绿色，下面为灰绿色；托叶披针形。花雌雄同株。小枝下部叶腋雌花、雄花均有，上部叶腋着生单朵雌花。雄花的花梗长 0.5～1.5 mm，萼片 5 片，宽椭圆形至倒卵形，花盘腺体 5 枚，雄蕊 5 枚，分离；雌花的花梗长 3～7 mm，呈丝状，萼片 5 片，卵形，顶端急尖或钝，中肋为绿色，有黄白色膜质边缘，花盘呈浅碟状；花柱 3 枚，分离，平贴于子房之上，上端 2/3 分裂呈宽叉状，裂片顶端有深色突起；子房扁球形，3 室，光滑。蒴果扁圆球形，光滑，直径 1.5～2.0 mm，成熟后分裂为 3 个 2 裂的分果爿。种子为黄色，呈三棱瓣状，背面和侧面都具线状排列的点状突起。**染色体**：染色体基数 X=13（Brunel, 1977），$2n$=26（Krishnappa & Reshme, 1982）。**物候期**：花、果期 7—11 月。

【原产地及分布现状】 该种原产于马达加斯加以东的印度洋西部的马斯克林群岛，现广泛分布于世界热带和亚热带地区。**国内分布**：广东、台湾、香港。

【生境】 路边、花坛及荒地。

【传入与扩散】 **文献记载**：Chen 和 Wu（1997）对该物种进行了详细的形态描述及特征区分，胡喻华（2006）报道了我国叶下珠属植物的新资料。**标本信息**：该种的模式标本（Wallich 7892A）采于 1814 年 12 月 20 日，该植株由 Tennant 于 1802 年自毛里求斯引种至印度加尔各答植物园，现存放于英国皇家植物园——邱园（K001128402）。我国较早期的标本有 1996 年采自台湾地区的标本（Chen s.n.; HLTC）。2002 年 2 月 20 日，在广东省深圳市仙湖沙罗湖路口也采集到该种的标本（刘小琴、曾春晓 010121; SZG00075253）。同年 12 月，在香港特别行政区也采到此种植物的标本（李秉滔 2430; CANT）。**传入方式**：无意引入。**传播途径**：种子随农作物引种、草皮销售等人类活动及交通、自然因素等传播扩散。**繁殖方式**：种子繁殖。**入侵特点**：① 繁殖性　繁殖能力强。② 传播性　传播方式多，种子细小且易脱落，借助风、水、人、畜等外力就能传播得很远。③ 适应性　适应能力强，对土壤的湿度、肥力、酸碱度要求不高。**可能扩散的区域**：华南和西南地区。

【危害及防控】一般杂草。可以通过人工拔除来达到防控目的。

【凭证标本】福建省厦门市集美区杏林街道文华路，24.569 5°N，118.057 8°E，2017 年 8 月 1 日，蒋奥林 JALph3（IBSC）；澳门特别行政区澳门科技大学，海拔 25 m，22.154 2°N，113.645 3°E，2014 年 10 月 10 日，王发国 RQHN02602（CSH）；香港特别行政区新界大屿山，海拔 12 m，22.262 1°N，114.002 2°E，2015 年 7 月 31 日，王瑞江、薛彬娥、朱双双 RQHN01116（CSH）。

纤梗叶下珠（*Phyllanthus tenellus* Roxburgh）
1. 生境；2. 枝条；
3. 雌花；4. 雄花；
5. 果序；6. 种子

参考文献

胡喻华，2006. 叶下珠属植物新资料［J］. 华南农业大学学报，27（2）：121-122，124.

Brunel J F, 1977. In IOPB chromosome number reports LVI[J]. Taxon, 26(2/3): 257–274.

Chen S H, Wu M J, 1997. A revision of the Herbaceous *Phyllanthus* L. (Euphorbiaceae) in Taiwan[J]. Taiwania, 42(3): 239–261.

Krishnappa D G, Reshme R V, 1982. In IOPB chromosome number reports LXXVI[J]. Taxon, 31(3): 597–598.

4. 蓖麻属 *Ricinus* Linnaeus

一年或多年生草本或草质灌木。茎常被白霜。叶互生，纸质，掌状分裂，盾状着生，叶缘具锯齿；叶柄的基部和顶端均具腺体；托叶合生，凋落。花雌雄同株，无花瓣，花盘缺；圆锥花序，顶生，后变为与叶对生，雄花生于花序下部，雌花生于花序上部，均多枚簇生于苞腋；花梗细长。雄花在花萼花蕾时近球形，萼裂片3～5片，呈镊合状排列；雄蕊极多，可达1 000枚，花丝合生成数目众多的雄蕊束，花药2室，药室近球形，彼此分离，纵裂；无不育雌蕊。雌花有萼片5片，呈镊合状排列，花后凋落，子房具软刺或无刺，3室，每室具胚珠1颗，花柱3枚，基部稍合生，顶部各2裂，密生乳头状突起。蒴果具3个分果爿，具软刺或平滑；种子呈椭圆状，微扁平，种皮硬壳质，平滑，具斑纹，胚乳肉质，子叶阔、扁平；种阜大。

本属为单种属，现广泛栽培于世界热带地区。

蓖麻 *Ricinus communis* Linnaeus, Sp. Pl. 2: 1007. 1753.

【特征描述】一年或多年生粗壮草本或草质灌木，高达5 m；小枝、叶和花序通常被白霜，茎多液汁。叶轮廓近圆形，长和宽达40 cm或更大，掌状7～11裂，裂缺几达中部，裂片呈卵状长圆形或披针形，顶端急尖或渐尖，边缘具锯齿；掌状脉7～11条。网脉明显；叶柄粗壮，中空，长可达40 cm，顶端具2枚盘状腺体，基部具盘状腺体；托叶长三角形，长2～3 cm，早落。总状花序或圆锥花序，长15～30 cm或更长；苞片阔三角形，膜质，早落。雄花的花萼裂片呈卵状三角形，长7～10 mm；雄蕊束众多。雌花的萼片呈卵状披针形，长

5～8 mm，凋落。子房呈卵状，直径约 5 mm，密生软刺或无刺，花柱为红色，长约 4 mm，顶部 2 裂，密生乳头状突起。蒴果呈卵球形或近球形，长 1.5～2.5 cm，果皮具软刺或平滑；种子椭圆形，微扁平，长 8～18 mm，平滑，斑纹淡褐色或灰白色；种阜大。染色体：*n*=10（Bir & Sidhu, 1980），2*n*=20（Majovsky, 1974）。**物候期**：花期几乎为全年或 6—9 月。

【用途】 我国将该种作油脂作物栽培，其种子含油量高，在工业上常用于提取蓖麻油，提纯后的蓖麻油在医药上可作缓泻剂，能滑肠通便；其叶可养蚕，成熟的蓖麻叶可制成杀虫剂；蓖麻秆纤维可用于建材及纸浆生产，是造纸和制绳索的好原料；蓖麻饼肥是优质的有机肥料。因此，蓖麻在饲养业、造纸业、麻纺业、加工业（油、饮料）和医药工业（蓖麻毒素）等方面都有广泛应用并曾经得到广泛种植，相关的种植技术研究也获得了很多突破（王铁华，1987；金方伦 等，2020）。此外，近年来我国逐渐引种了蓖麻的一种园艺品种——红茎蓖麻，也称为血红蓖麻、红蓖麻，其与蓖麻的主要区别是茎为紫色，叶柄为淡紫红色，叶为鲜红色，蒴果为淡紫红色或深紫红色；该种在东北和华北地区常有引种，为一年生草本，花、果期 7—10 月。

【原产地及分布现状】 该种原产于东非，现归化于世界热带至温带地区。**国内分布**：安徽、澳门、北京、重庆、福建、甘肃、广东、广西、贵州、海南、河北、河南、黑龙江、湖北、湖南、吉林、江苏、江西、辽宁、内蒙古、宁夏、青海、陕西、山东、山西、上海、四川、台湾、天津、西藏、香港、新疆、云南、浙江。

【生境】 常生于低海拔地区的村旁、林边、河岸、荒地、沟渠畔。最宜在通透性良好、土壤耕层深厚、有机质含量丰富的沙质土壤环境中生长，不宜生长在沼泽地，地下水位高或排水不良的地块。

【传入与扩散】 **文献记载**：我国相关史料如公元 659 年苏敬等的《唐本草》记载：“叶似大麻。子形宛如牛蜱”；李时珍曰：“其茎有赤有白，中空。其叶大如瓠叶，每叶凡五尖。夏秋间桠里抽出花穗，累累黄色。每枝结实数十颗，上有刺，攒簇如猬毛而软。凡三四子合成一颗，枯时劈开，状如巴豆，壳内有子大如豆。壳有斑点，状如牛蜱。再去斑壳，中有仁，娇白如续随子仁，有油可作印色及油纸。”Hsia（1931）对此种也有记载。《广州植物志》（侯宽昭，1956）也收录了该种。20 世纪 50 年代，该种开始作为油脂植物推广栽培。**标本信息：**该种的模式标本材料采于印度、非洲和欧洲南部地区，后选模式标本为 Herb. Clifford 450, Ricinus no. 1，现存放于英国自然历史博物馆（BM000647442）。我国较早期的标本有 1915 年 8 月 5 日采自江苏省的标本（Anonymous 1695; N147093472）。**传入方式：**有意引进；根据《唐本草》记载，蓖麻早在公元 6 世纪作为药用植物引入我国，后作为油脂植物推广。**传播途径：**人工引种弃置后逸生，种子可通过啮齿类动物或食谷类的鸟来传播，也可以随水流或垃圾等废弃物一同被抛至野外。**繁殖方式：**种子繁殖。**入侵特点：**① 繁殖性　本种在南方地区为多年生植物，每年都能产生大量的种子，繁殖能力强，但在北方地区则为一年生植物，传播能力相对较差。② 传播性　人为引种传播或果实黏附于动物皮毛而扩散。③ 适应性　该种的根系发达，具一定抗盐碱和耐弱酸的能力，在含碱量 0.6% 以下和 pH = 4.5 的酸性土壤区能生长。此外，该种还有一定的抗低温能力，能在我国大部分地区生长。**可能扩散的区域：**本种已经在全国各地归化。

【危害及防控】 逸生后成为高位杂草，排挤本地植物或危害栽培植物。在南方地区，多年生的蓖麻也是多种病虫害的寄主，为一些虫害越冬创造条件（刘联仁，1988）。蓖麻种子含蓖麻毒蛋白及蓖麻碱，误食种子，会造成中毒，甚至死亡（张建基，1963）。应控制在适宜栽培区种植，从而达到防控目的。

【凭证标本】 广东省惠州市惠东县平山镇狮岭村，海拔 57 m，22.946 3°N，114.737 3°E，2014 年 9 月 17 日，王瑞江 RQHN00233（CSH）；广东省汕尾市陆丰市河东镇后坎村，海拔 18 m，22.969 6°N，115.650 9°E，2014 年 9 月 18 日，王瑞江 RQHN00295（CSH）；云南省玉溪市通海县秀山镇，24.117 5°N，102.745°E，2015 年 11 月 26 日，税玉民、陈文红 YN0212（CSH）；香港特别行政区河上乡，海拔 29 m，22.512 0°N，114.105 5°E，2015 年 7 月 28 日，王瑞江、薛彬娥、朱双双 RQHN01013（CSH）；海南省海口市龙华区侨中路隧道旁，海拔 19 m，20.023 5°N，110.317 3°E，2015 年 8 月 5 日，王发国、李仕裕、李西贝阳、王永淇 RQHN03059（CSH）。

蓖麻（*Ricinus communis* Linnaeus）

1. 生境；2. 幼苗；3. 花序；4. 雌花；5. 雄花；6. 果序；7. 种子

参考文献

侯宽昭，1956. 广州植物志［M］. 北京：科学出版社：279-280.

金方伦，金玲，罗朝斌，等，2020. 蓖麻种植密度与植株及叶片生长发育指标的相关性［J］. 贵州农业科学，48（1）：28-31.

刘联仁，1988. 中国蓖麻害虫初录补述［J］. 中国油料作物学报（4）：73-74.

王铁华，1987. 蓖麻秆制浆造纸中试成果通过技术鉴定［J］. 中国造纸（2）：31.

张建基，1963. 家畜蓖麻中毒及其防治［J］. 新疆农业科学（8）：324.

Bir S S, Sidhu M, 1980. Cytological observations on weed flora of orchards of Paticla district, Punjab[M]//Bir S S. Recent Research in Plant Sciences. Ludhiana: Kalyani Publishing: 261–271.

Hsia W Y, 1931. A list of cultivated and wild plants from the botanical garden of the national museum of natural history, Peiping[J]. Contributions from the Institute of Botany, National Academy of Peiping, 1(3): 39–69.

Majovsky J, 1974. Index to chromosome numbers of Slovakian flora: part 4[J]. Acta Facultatis Rerum Naturalium Universitatis Comenianae, Botanica, 23: 11–23.

远志科 | Polygalaceae

一年生或多年生草本，或灌木或乔木。单叶互生、对生或轮生，叶片全缘，具羽状脉，稀退化为鳞片状；通常无托叶，若有，则为棘刺状或鳞片状。花两性，两侧对称，排成总状花序、圆锥花序或穗状花序，腋生或顶生，具柄或无柄，基部具苞片或小苞片；花萼下位，宿存或脱落，萼片5片，分离或稀并于基部合生，外面3片小，里面2片大，常呈花瓣状，或5片近等大；花瓣5片，通常仅3片发育，基部常合生，中间1片常内凹，呈龙骨瓣状，顶端背面常具1流苏状或蝶结状附属物；雄蕊8枚，或7，5，4枚，花丝通常合生成向后开放的鞘（管），或分离，花药基底着生，顶孔开裂；花盘通常无，若有，则为环状或腺体状；子房上位，通常2室，每室具1颗倒生下垂的胚珠，稀1室具多颗胚珠，花柱1枚，直立或弯曲，柱头2枚，稀1枚，呈头状。果实或为蒴果，2室，或为翅果、坚果，开裂或不开裂，具种子2粒，或因1室败育，仅具1粒；种子卵形、球形或椭圆形，黄褐色、暗棕色或黑色，无毛或被毛，有种阜或无，有胚乳或无。

该科有13～17属，近1 000种，现广布于全世界，尤以热带和亚热带地区居多。我国有5属53种，南、北方地区均产，且以西南和华南地区最盛；外来入侵有1属1种。

远志属 *Polygala* Linnaeus

一年生或多年生草本、灌木或小乔木。单叶互生，叶片纸质或近革质。总状花序顶生、腋生或腋外生；花两性，左右对称，具苞片1～3枚，宿存或脱落；萼片宿存或脱落，2轮列；花瓣3片，白色、黄色或紫红色，侧瓣与龙骨瓣常于中部以下合生，龙骨瓣呈舟状、兜状或盔状，顶端背部具鸡冠状附属物；雄蕊8枚，花丝联合成一开放的鞘，并与花瓣贴生，花药基部着生，1室或2室，顶孔开裂；花盘有或无；子房2室，两侧扁，每室具 1 颗下垂倒生的胚珠；花柱直立或弯曲，弯曲状况依龙骨瓣形状而定，柱头 1 或 2 枚。果为蒴果，两侧压扁；种子卵形、圆形、圆柱形或短楔形，通常为黑色，被短柔毛或无毛。

该属约有 500 种，现广布于全世界，我国有 44 种，广布于全国各地，且以西南和华南地区最盛。外来入侵种有 1 种。

圆锥花远志 *Polygala paniculata* Linnaeus, Syst. Nat., ed. 10, 2: 1154. 1759.

【形态特征】 一年生直立草本。其茎圆柱形，上部多分枝，呈圆锥状，被微柔毛，密被细小腺体。叶互生，或下部假轮生，叶片披针形或线状披针形，长 5～20 mm，宽 1～4 mm，顶部急尖，基部渐狭，全缘，中脉明显，侧脉无；密被细小腺体；近无柄。总状花序顶生或与叶对生，长 2～15 cm，花梗长 0.5～1 mm，基部具小苞片，小苞片披针形，急尖，早落；萼片 5 片，外面 3 片小，近椭圆形，先端钝，内面 2 片呈花瓣状，紫色，椭圆状长圆形，长约 2 mm，具 3 脉；花瓣 3 片，白色或紫罗兰色，渐狭至先端，龙骨瓣具多裂的（4～6）鸡冠状附属物；雄蕊 8 枚，花丝鞘内无毛，花丝分离，很短；子房倒卵形至近圆形，花柱直立，长为子房的 1.5～2 倍，顶端呈斜杯状，其顶端具 1 束毛，柱头无柄，生于杯的基部。蒴果近柱状，长约 2 mm，无毛；种子近柱状，黑色，密被白色短柔毛，种阜小，偏于一侧，具 2 枚膜质附属物。**物候期：**花期 12 月至翌年 4 月，果期 1—5 月。

【用途】 据说该种可以用来发汗或有利尿的功效，巴西用其做“药茶”（Fawcett & Rendel, 1920）。

【原产地及分布现状】 该种原产于墨西哥、西印度群岛至巴西的美洲热带地区。1845 年或 1846 年被无意引种到印度尼西亚的爪哇，我国台湾地区首先引进栽培并归化。圆锥花远志现广布于日本、新加坡、马来西亚、澳大利亚以及太平洋群岛等地。我国主要分布在广东省和台湾地区。

【生境】 草坪、路旁等。

【传入与扩散】 **文献记载：**Huang（1977）对该种有较早的文献记载，后来陈书坤（1991，1997）均据前者对其展开描述。黄淑美（1991）记载了此种于广州市的分布情况。**标本信息：**Browne 采自牙买加的一份无号标本被作为主模式标本存放于伦敦林奈学会植物标本馆（LINN882.9）。我国较早期的标本有 Sasaki 于 1926 年 9 月 27 日采自台湾地区台北市的一份无号标本，后小田岛于 1931 年 7 月也在台北市采到该种的标本（TAI 066380）。**传入方式：**无意引进，可能是混杂于其他种子而带入我国。**繁殖方式：**种子繁殖。**可能扩散的区域：**云南、广西等热带地区。

【危害及防控】 草坪杂草。可以通过人工拔除来达到防控目的。

【凭证标本】 广东省广州市天河区中国科学院华南植物园科研区，海拔 20 m，23.180 5°N，113.353 1°E，2015 年 9 月 10 日，王瑞江、朱双双、陈雨晴 RQHN01128（CSH）。

圆锥花远志（*Polygala paniculata* Linnaeus）

1. 生境；2. 植株；3. 花序着生的位置；4. 花；5. 果序；6. 种子

参考文献

陈书坤，1991. 中国远志属植物的分类研究［J］. 植物分类学报，29（3）：193-229.

陈书坤，1997. 远志科［M］// 中国科学院中国植物志编辑委员会 . 中国植物志：第 43 卷：第 3 分册 . 北京：科学出版社：132-203.

黄淑美，1991. 远志科［M］// 中国科学院华南植物研究所 . 广东植物志：第二卷 . 广州：广东科技出版社：49-62.

Fawcett W, Rendle A B, 1920. Flora of Jamaica, containing descriptions of the flowering plants known from the island[M]. London: British Museum: 242–243.

Huang T C, 1977. *Polygala* L.[M]//Li H L. Flora of Taiwan: vol. 3. Taipei: Epoch Publishing Co., Ltd.: 557–560.

漆树科 | Anacardiaceae

乔木或灌木，稀为木质藤本或亚灌木状草本，韧皮部具裂生性树脂道。叶互生，稀对生，单叶，掌状3小叶或奇数羽状复叶，无托叶或托叶不显。花小，辐射对称，两性或多为单性或杂性，排列呈顶生或腋生的圆锥花序；通常为双被花或无被花；花萼多少合生，3～5裂，极稀分离，有时呈佛焰苞状撕裂或呈帽状脱落，裂片在芽中呈覆瓦状或镊合状排列，花后宿存或脱落；花瓣3～5片，分离或基部合生，通常下位，呈覆瓦状或镊合状排列，脱落或宿存，有时花后增大，雄蕊着生于花盘外面基部或有时着生在花盘边缘，与花盘同数或为其2倍，极稀更多，花丝线形或钻形，分离，花药卵形或长圆形或箭形，2室，内向或侧向纵裂；花盘呈环状或坛状或杯状，全缘或5～10浅裂或呈柄状突起；心皮1～5枚，稀较多，仅1枚发育或合生，子房上位，少有半下位或下位，通常1室，少有2～5室，每室有胚珠1颗，倒生，珠柄自子房室基部直立或伸长至室顶而下垂或沿子房壁上升。果多为核果，外果皮薄，中果皮通常厚，具树脂，内果皮坚硬，骨质或硬壳质或革质，1室或3～5室，每室具种子1粒；胚稍大，肉质，弯曲，子叶膜质扁平或稍肥厚，无胚乳或有少量薄的胚乳。

该科约有77属，600种，分布于全世界热带、亚热带地区，少数延伸到北温带地区。我国有17属55种，外来入侵有1属1种。

盐肤木属 *Rhus* Linnaeus

落叶灌木或乔木。叶互生，奇数羽状复叶、3小叶或单叶，叶轴具翅或无翅；小叶具柄或无柄，边缘具齿或全缘。花小，杂性或单性异株，多花，排列呈顶生聚伞圆锥花序或复穗状花序，苞片宿存或脱落；花萼5裂，裂片呈覆瓦状排列，宿存；花瓣

5片，呈覆瓦状排列；雄蕊5枚，着生在花盘基部，在雄花中伸出，花药卵圆形，背着药，内向纵裂；花盘呈环状；子房无柄，1室，具1颗胚珠，花柱3枚，基部多少合生。核果球形，略压扁，被腺毛和具节毛或单毛，成熟时为红色，外果皮与中果皮联合，中果皮非蜡质。

该属约有250种，分布于亚热带和暖温带地区。我国有6种，外来入侵有1种。

火炬树 ***Rhus typhina*** Linnaeus, Cent. Pl. II 14. 1756.

【别名】 **鹿角漆树**

【特征描述】 灌木或小乔木，高达10～12 m。树皮为黑褐色，稍具不规则纵裂；枝具灰色茸毛。小枝黄褐色被黄色长茸毛。叶互生，奇数羽状复叶，小叶11～23枚；长圆形至披针形，长5～12 cm，先端渐尖，边缘具锯齿，基部圆形或广楔形；表面为绿色，背面为苍白色，均被茸毛，老后脱落。花雌雄异株；花序顶生，为直立圆锥花丛，长10～20 cm，密被茸毛；花为淡绿色，雌花花柱具红色刺毛。小核果扁球形，被红色短刺毛，聚生为紧密的火炬形果穗，种子扁圆形，黑褐色，种皮坚硬。**染色体**：$2n=30$（Pogan et al., 1986; Wcislo, 1987）。**物候期**：花期5—7月，果期9—11月。

【用途】 火炬树的根系较浅，但水平根很发达，根蘖萌发能力极强，是一种良好的护坡、固堤及封滩、固沙树种；其树皮、树叶均含有单宁，是鞣料工业原料之一；根皮及树皮韧皮部均能入药，有治疗局部出血的功效；种子含油、蜡可用于工业生产。其雌花序及果穗鲜红、自夏至秋缀于枝顶，极为美丽；秋时叶变红，十分鲜艳，故该种亦为园林观赏树种（中国科学院北京植物研究所植物园木本组，1976）。

【原产地及分布现状】 该种原产于北美洲；现从加拿大东南的魁北克省、安大略省到美国中部佐治亚、印第安纳、艾奥瓦等州均有广泛分布，欧洲引种后，全球各地均有分布（中国科学院北京植物研究所植物园木本组，1976）。**国内分布**：安徽、北京、甘肃、河北、河南、辽宁、内蒙古、宁夏、陕西、山东、山西、天津。

【生境】喜生于河谷滩、堤岩及沼泽地边缘。

【传入与扩散】**文献记载：**中国科学院植物研究所于1959年自欧美引种火炬树，后进行培育和研究，并于1974年向全国大力推广种植，该种大多用作荒山绿化建设以及盐碱荒地风景林的种植（中国科学院北京植物研究所植物园木本组，1976；张文娟，2018）。**标本信息：**该种的模式标本采自美国弗吉尼亚州，其后选模式标本由Reveal（1991）指定，现存放于伦敦林奈学会植物标本馆（LINN378.2）。我国较早期的标本有采于1925年的标本（S. C. Teng 2199; N096153336）。**传入方式：**作为绿化树种有意引入。1959年由北京植物园从美国引种（何家庆，2012）。**传播途径：**引种传播，自然扩散。**繁殖方式：**播种、分蘖和插根繁殖。**入侵特点：**① 繁殖性 火炬树成熟期早，一般4年生即可开花结实，可持续30年左右。此外，在对辽宁大连地区火炬树的繁殖力进行分析时发现，火炬树无性繁殖能力很强，根蘖繁殖的幼苗数量每年都会增加（穆晓红，2018）。对城市森林中火炬树幼苗更新特性进行调查，其结果表明，城市森林内火炬树更新能力仍然十分旺盛，入侵性也十分显著，需采取有效措施进行监测与防治（李茗蕊 等，2018）。② 传播性 传播方式多，种子细小且易脱落，借助风、水、人、畜等外力就能传播得很远。③ 适应性 火炬树耐贫瘠、耐水湿、耐盐碱，对土壤适应性强，生长快，根系发达，根萌蘖力强的特性，因此可作为护坡、固沙和保持水土的优良树种，现今大片种植于我国北方地区。**可能扩散的区域：**长江流域。

【危害及防控】火炬树会入侵农田肥沃土壤，危害果园，产生化感物质，抑制邻近植物生长发育，危害当地生态（何家庆，2012）。在北方一些地区，火炬树的入侵风险等级较高，会对自然生态系统造成危害，需要长期治理与恢复（穆晓红，2018）。可以通过在自然植被良好的山区控制引种来达到防控目的。

【凭证标本】北京市海淀区四季青镇玉泉山路娘娘府公交站旁，39.999 8°N，116.238 0°E，2017 年 9 月 2 日，蒋奥林、赖思茹 JAL14（IBSC）；江苏省连云港市连云区 G310 与连徐线交界处，海拔 6.9 m，34.699 4°N，119.322 7°E，2015 年 5 月 29 日，严靖、闫小玲、李惠茹、王樟华 RQHD02081（CSH）；新疆维吾尔自治区博尔塔拉蒙古族自治州博乐市赛马场，海拔 587 m，44.794 3°N，82.054 4°E，2015 年 8 月 14 日，张勇 RQSB02142（CSH）；宁夏回族自治区中卫市沙坡头景区，海拔 1 237 m，37.460 5°N，105.002 7°E，2014 年 10 月 2 日，张勇 RQSB02970（CSH）。

火炬树（*Rhus typhina* Linnaeus）

1. 生境；2. 幼苗；3. 花序；4. 果期的植株；5. 果穗

参考文献

何家庆，2012. 中国外来植物［M］. 上海：上海科学技术出版社：249-250.

李茗蕊，莫训强，崔爽，等，2018. 城市森林中火炬树的更新特性［J］. 水土保持通报，38（5）：109-114，121.

穆晓红，2018. 大连地区外来植物火炬树的调查及入侵风险性分析［D］. 大连：辽宁师范大学.

张文娟，2018. 火炬树特征、价值与育苗技术［J］. 绿色科技（13）：73-74.

中国科学院北京植物研究所植物园木本组，1976. 火炬树［J］. 山西林业科技（2）：11-12.

Pogan E, Jankun A, Maslecka J, et al., 1986. Further studies in chromosome numbers of Polish angiosperms: part XIX[J]. Acta Biologica Cracoviensia (Series Botanica), 28: 65-85.

Reveal J L, 1991. *Rhus hirta* (L.) Sudworth, a newly revived corrrect name for *Rhus typhina* L. (Anacardiaceae)[J]. Taxon, 40(3): 489-492.

Wcislo H, 1987. Chromosome numbers of certain Canadian plants[J]. Acta Biologica Cracoviensia (Series Botanica), 29: 19-30.

葡萄科 | Vitaceae

攀缘木质藤本，稀草质藤本，具有卷须，或直立灌木，无卷须。单叶、羽状或掌状复叶，互生；托叶通常小而脱落，稀大而宿存。花小，两性或杂性同株或异株，排列呈伞房状多歧聚伞花序、复二歧聚伞花序或圆锥状多歧聚伞花序，4～5 基数；萼呈碟形或浅杯状，萼片细小；花瓣与萼片同数，分离或凋谢时呈帽状黏合脱落；雄蕊与花瓣对生，在两性花中雄蕊发育良好，在单性花雌花中雄蕊常较小或极不发达，败育；花盘呈环状或分裂，稀极不明显；子房上位，通常 2 室，每室有 2 颗胚珠，或多室而每室有 1 颗胚珠，果实为浆果，有种子 1 至数粒。胚小，胚乳形状各异，有 W 形、T 形或呈嚼烂状。染色体基数 X=10～20。

该科约有 14 属，约 900 种，主要分布于热带和亚热带地区，少数种类分布于温带地区。我国有 8 属 146 种，外来入侵有 1 属 1 种。

地锦属 *Parthenocissus* Planchon

木质藤本。卷须总状多分枝，嫩时顶端膨大或细尖微卷曲而不膨大，后遇附着物扩大成吸盘。叶为单叶、3 小叶或掌状 5 小叶，互生。花 5 朵，两性，组成圆锥状或伞房状疏散多歧聚伞花序；花瓣展开，各自分离脱落；雄蕊 5 枚；花盘不明显或偶有 5 个蜜腺状的花盘；花柱明显；子房 2 室，每室有胚珠 2 颗。浆果球形，有种子 1～4 粒；种子倒卵圆形，种脐在背面中部呈圆形，腹部中棱脊突出，两侧洼穴呈沟状从基部向上斜展达种子顶端，胚乳横切面呈 W 形。染色体基数 X=20。

该属约有 13 个种，现分布于亚洲和北美地区。我国有 9 种，外来入侵有 1 种。

五叶地锦 ***Parthenocissus quinquefolia*** (Linnaeus) Planchon, Monogr. Phan. 5(2): 448. 1887. ——*Hedera quinquefolia* Linnaeus, Sp. Pl. 1: 202. 1753.

【别名】 **五叶爬山虎**

【特征描述】 木质藤本。其小枝圆柱形，无毛。卷须总状 5～9 分枝，相隔 2 节间断与叶对生，卷须顶端嫩时尖细卷曲，后遇附着物扩大成吸盘。叶为掌状 5 小叶，小叶倒卵圆形、倒卵椭圆形或外侧小叶椭圆形，长 5.5～15 cm，宽 3～9 cm，最宽处在上部或外侧小叶最宽处在近中部，顶端短尾尖，基部楔形或阔楔形，边缘有粗锯齿，上面为绿色，下面为浅绿色，两面均无毛或下面脉上微被疏柔毛；侧脉 5～7 对，网脉两面均不明显突出；叶柄长 5～14.5 cm，无毛，小叶有短柄或几无柄。花序假顶生形成主轴明显的圆锥状多歧聚伞花序，长 8～20 cm；花序梗长 3～5 cm，无毛；花梗长 1.5～2.5 mm，无毛；花蕾椭圆形，高 2～3 mm，顶端圆形；萼碟形，边缘全缘，无毛；花瓣 5 片，长椭圆形，高 1.7～2.7 mm，无毛；雄蕊 5 枚，花丝长 0.6～0.8 mm；花药长椭圆形，长 1.2～1.8 mm；花盘不明显；子房卵锥形，渐狭至花柱，或后期花柱基部略微缩小，柱头不扩大。果实球形，直径 1～1.2 cm，有种子 1～4 粒；种子倒卵形，顶端圆形，基部急尖成短喙，种脐在种子背面中部呈近圆形，腹部中棱脊突出，两侧洼穴呈沟状，从种子基部斜向上达种子顶端。**染色体**：$2n=40$（Pogan et al., 1982; 陈瑞阳 等，2003）。**物候期**：花期 6—7 月，果期 8—10 月。

【用途】 五叶地锦为优良的城市垂直绿化树种，夏季枝叶浓密，可有效降低墙壁温度，冬季可减少散热。

【原产地及分布现状】 该种原产于北美洲东部，现主要分布于北美洲及欧洲地区。**国内分布**：安徽、北京、甘肃、广东、广西、贵州、海南、河北、河南、黑龙江、吉林、江苏、江西、辽宁、内蒙古、陕西、山东、山西、四川、台湾、天津、浙江。

【生境】喜阳光和湿润肥沃的土壤环境（石宝镩，1984）。

【传入与扩散】**文献记载：**该种晚于20世纪50年代引入我国东北地区（何家庆，2012）。《东北木本植物图志》（刘慎谔，1955）对该种予以收录。**标本信息：**该种模式原始描述中的模式材料是现保存于英国自然历史博物馆的采自美国弗吉尼亚州的标本（John Clayton 116; BM000038164）和采自荷兰、栽培于乔治·克利福德三世哈特营花园的74号标本（BM000558136）。我国较早期的标本有于1900年8月3日采集到的标本（大久保五成 s.n.; IFP0802002X0008）。**传入方式：**作为园林绿化品种有意引入。**传播途径：**随人工引种传播扩散。**繁殖方式：**通过播种、硬枝或嫩枝扦插、压条的方法进行繁殖（石宝镩，1984；李朝晖 等，2017；杨振宇，2018）。**入侵特点：**① 繁殖性　在园艺上，该种的传统繁殖方式是营养繁殖，成活率在90%以上，同时种子繁殖也很容易，繁殖体可通过人和动物的活动进行传播。② 传播性　主要依赖人类绿化引种传播。③ 适应性　有较强的耐寒、耐旱能力，可耐−30℃的低温和50℃的高温，对土壤要求不高并且有抗盐碱的能力，在阴湿环境和向阳处均能茁壮成长，一般无病虫害，寿命可达70年以上（谢九祥 等，2008）。**可能扩散的区域：**我国大部分地区。

【危害及防控】五叶地锦已经具有入侵性表现，被五叶地锦攀附的树木枝条会大量死亡，其根部被五叶地锦的根和茎包围，影响树木的生长和生存（谢九祥 等，2008）。应严格控制引种从而达到防控目的。

【凭证标本】北京市海淀区海淀街道港沟路，39.986 1°N，116.310 2°E，2017年8月22日，蒋奥林、黄灵 s.n.（IBSC）；江苏省宿迁市沭阳县苏北花卉示范园，海拔7 m，34.171 7°N，118.719 9°E，2015年6月2日，严靖、闫小玲、李惠茹、王樟华 RQHD02193（CSH）；新疆维吾尔自治区阿克苏地区库车县体育馆，海拔1 066 m，41.716 3°N，82.963 8°E，2015年8月16日，张勇 RQSB02087（CSH）；甘肃省临夏回族自治州积石山县人民医院，海拔2 260 m，35.711 2°N，102.884 2°E，2015年7月18日，张勇 RQSB03099（CSH）；广西壮族自治区柳州市三江侗族自治县福禄乡，海拔 168 m，25.782 6°N，109.605 1°E，2016 年 7 月 21 日，韦春强、李象钦 RQXN08442（IBK）。

【相似种】 五叶地锦与地锦［*Parthenocissus tricuspidata* (Siebold & Zuccarini) Planchon］均为葡萄科的木质藤本，也经常用于长廊、棚架、墙体、公路、水源两侧的堑坡岩壁的遮挡和绿化。两种地锦的习性相同，均喜光、喜湿，耐阴、耐瘠薄土壤，极耐寒冷，适应性强。不同之处在于五叶地锦枝条较粗壮，卷须嫩时顶端细尖且微卷曲；掌状复叶具 5 小叶；聚伞花序与叶对生。地锦枝条较细，卷须嫩时顶端膨大呈块状；叶为单叶，通常着生在短枝上，为 3 浅裂互生；聚伞花序腋生于短枝顶端。

五叶地锦
[*Parthenocissus quinquefolia* (Linnaeus) Planchon]

1. 生境；2. 春夏季的叶片；3. 秋季的叶片；4. 叶卷须；5. 果实

参考文献

陈瑞阳，宋文芹，李秀兰，等，2003. 中国主要经济植物基因组染色体图谱：第 3 册　中国园林花卉植物染色体图谱 [M] . 北京：科学出版社：771-772.

何家庆，2012. 中国外来植物 [M] . 上海：上海科学技术出版社：209-210.

李朝晖，王丽敏，李文艳，等，2017. 五叶地锦苗木培育与绿化栽植技术 [J] . 防护林科技 (10)：125-126.

刘慎谔，1955. 东北木本植物图志 [M] . 北京：科学出版社 .

石宝錞，1984. 美国地锦 [J] . 植物杂志 (3)：36.

谢九祥，刘绍羽，王咏，等，2008. 园林引种生物入侵风险评价：以五叶地锦为例 [J] . 防护林科技 (3)：19-21，28.

杨振宇，2018. 地锦和五叶地锦育苗技术 [J] . 辽宁林业科技 (5)：71-72.

Pogan E, Wcisb E, Izmailow R, et al., 1982. Further studies in chromosome numbers of Polish angioperms: part XVI[J]. Acta Biologica Cracoviensia (Series Botanica), 24: 159–189.

锦葵科 | Malvaceae

草本、灌木至乔木。叶互生，单叶或分裂，叶脉通常呈掌状，具托叶。花腋生或顶生，单生、簇生、聚伞花序至圆锥花序；花两性，辐射对称；萼片3～5片，分离或合生；其下面附有总苞状的小苞片，3或多数；花瓣5片，彼此分离，但与雄蕊管的基部合生；雄蕊数枚，联合成一管称雄蕊柱，花药1室，花粉被刺；子房上位，2或多室，通常以5室居多，由2～5枚或较多的心皮环绕中轴而成，花柱上部分枝或者为棒状，每室被胚珠1或多颗，花柱与心皮同数或为其2倍。蒴果，常有几个果爿分裂，很少呈浆果状，种子肾形或倒卵形，被毛至光滑无毛，有胚乳。子叶扁平，呈折叠状或回旋状。

本科约有100属，约1 000种，分布于热带至温带地区。我国有19属81种，外来入侵有5属5种。

阿洛葵［*Anoda cristata* (Linnaeus) Schlechtendal］，又名冠萼蔓锦葵，一年生或多年生草本，茎直立或匍匐，高可达90 cm，茎和叶柄常被开展或卷曲的粗毛。叶片多变，卵形、三角形或戟形，偶有掌裂，长5～8 cm，宽2～5 cm，边缘有齿，顶端渐尖，两面疏被伏贴的单毛；沿中脉时有不规则的紫斑，偶见于叶缘；叶柄长1～3 cm，被粗毛；托叶线形，长1～1.5 cm，被粗毛，早落。花单生于叶腋，直径7～12（～25）mm；萼裂片三角形，花期时长5～10 mm，果期时可增长至12～20 mm，被粗毛；花冠中部不为黑色，花瓣为淡紫色或紫色，稀白色或带紫纹；雄蕊内藏，比花瓣短，被毛，白色，花丝长1～2 mm，花药为白色；花柱（8～）10～19枚。分果呈扁盘状，直径（不含刺）8～11 mm，密被粗毛；分果爿不开裂，背面具1.5～4 mm长的放射状刺；每个分果爿有种子1粒，长2.8～3.2 mm，棕黑色至黑色，具疣突。该种在原产地花、果期几乎为全年，在浙江省其花、果期为7—10月，在辽宁省为9—10月。在其原产地墨西哥，阿洛葵作为传统食品和药物来使用（Rendón et al., 2001）。阿洛葵是本属的23种植物中分布最广的一种，分布于美国南部，经中美洲至南美洲许多地区，直至马来西亚，在我国台湾地区也有分布（Li & Wang, 2012），在北京、辽宁和广东个别地区虽有采到，但数量极少。阿洛葵作为传统的农田杂草，在原产地已经适应了人类的耕种方式，并能抵抗多种除草剂。经模拟预测，该种除黑龙江、青海等省和西藏自治区及内蒙古自治区北部地区以外，在我国大部分地区均可以生长（范晓虹 等，2012）。目前，该种于我国尚处于归化阶段，但存在极大的入侵风险。

此外，我国台湾地区还有以下归化物种，即原产于亚洲热带地区和太平洋群岛的 *Abelmoschus moschatus* (L.) Medicus, 原产于美洲热带地区的 *Malachra captitata* (L.) L., 原产于亚洲和非洲热带地区的 *Malva neglecta* Wallr., 以及南美洲的 *Modiola caroliniana* (L.) G. Don 等（Wu et al., 2010）。

王清隆等（2017）报道了在广东省湛江市雷州客路镇有沙稔属小花沙稔［*Sidastrum micranthum* (A. St.-Hil.) Fryxell］的分布。该种原产于南美洲、加勒比地区和中美洲地区，现归化于亚洲。编者于2019年曾赴广东省湛江市调查，但并未发现小花沙稔的野生种群，可能已经被铲除或者尚未大面积生长而仅处于归化阶段。沙稔属的植物萼片无中肋，其分果爿较脆，而黄花稔属植物的萼片具10条中肋，分果爿较硬，两者可以很好地区别开来（Baker, 1892）。

参考文献

范晓虹，徐瑛，陈克，等，2012. 恶性杂草阿洛葵及其传入风险评估［J］. 植物检疫，26（1）: 36–39.

王清隆，林广旋，邓云飞，等，2017. 中国锦葵科一新记录属：沙稔属［J］. 热带亚热带植物学报，25（2）: 179–181.

Baker E G, 1892. Synopsis of Genera and species of Malveae[J]. Journal of Botany, 30: 136–142.

Li C Y, Wang C M, 2012. *Anoda cristata* (L.) Schltdl. (Malvaceae), a newly naturalized plant in Taiwan[J]. Quarterly Journal of Forest Research, 34(4): 263–268.

Rendón B, Robert B, Juan N-F, 2001. Ethnobotany of *Anoda cristata* (L.) Schl. (Malvaceae) in central Mexico: uses, management and population differentiation in the community of Santiago Mamalhuazuca, Ozumba, state of Mexico[J]. Economic Botany, 55(4): 545–554.

Wu S H, Yang T Y A, Teng Y C, et al., 2010. Insights of the latest naturalized flora of Taiwan: change in the past eight years[J]. Taiwania, 55(2): 139–159.

分属检索表

1 蒴果，胞背开裂 ………………………………………… 3. 木槿属 *Hibiscus* Linnaeus
1 分果，成熟时与中轴分离 ………………………………………… 2
2 花具小苞片 ………………………………………… 4. 赛葵属 *Malvastrum* A. Gray
2 花无小苞片 ………………………………………… 3
3 分果爿只有1粒种子 ………………………………………… 5. 黄花稔属 *Sida* Linnaeus
3 分果爿具1至多粒种子 ………………………………………… 4
4 分果不膨胀，分果爿顶部渐尖或具芒 ………………………… 1. 苘麻属 *Abutilon* Miller
4 分果膨胀，分果爿顶部无芒 ………………………… 2. 泡果苘属 *Herissantia* Medikus

1. 苘麻属 *Abutilon* Miller

草本、亚灌木状或灌木。叶互生，基部心形，掌状叶脉。花顶生或腋生，单生或排列呈圆锥花序状；小苞片缺如；花萼呈钟状，裂片5枚；花冠为钟形、轮形，很少为管形，花瓣5片，基部联合，与雄蕊柱合生；雄蕊柱顶端具多数花丝；子房具心皮5～25枚，每室具胚珠3～6颗，花柱分枝与心皮同数；柱头有时为黑色，呈头状。分果近球形，陀螺状、磨盘状或灯笼状，不膨胀，成熟时与中轴分离，分果爿5～25个，顶部渐尖或具芒，每室有种子3～6粒；种子肾形。

本属约有200种，分布于热带和亚热带地区。我国有9种，外来入侵种有1种。

此外，我国台湾地区还有归化的2个物种，即原产于美洲热带地区和非洲的大叶苘麻［*Abutilon grandifolium* (Willd.) Sweet］以及中美洲危地马拉的金铃花［*Abutilon pictum* (Gillies ex Hook.) Walpers］(Wu et al., 2010)。

参考文献

Wu S H, Yang T Y A, Teng Y C, et al., 2010. Insights of the latest naturalized flora of Taiwan: change in the past eight years[J]. Taiwania, 55(2): 139–159.

苘麻 ***Abutilon theophrasti*** Medikus, Malvenfam. 28. 1787.

【别名】 **青麻、白麻、桐麻**

【特征描述】 一年生亚灌木状草本，高 1～2 m，茎枝被柔毛。叶互生，圆心形，长 5～10 cm，先端长渐尖，基部心形，边缘具细圆锯齿，两面均密被星状柔毛；叶柄长 3～12 cm，被星状细柔毛；托叶早落。花单生于叶腋，花梗长 1～13 cm，被柔毛，近顶端具节；花萼呈杯状，密被短绒毛，裂片 5 枚，卵形，长约 6 mm；花为黄色，花瓣倒卵形，长约 1 cm；雄蕊柱平滑无毛，心皮 15～20 枚，长 1～1.5 cm，顶端平截，具扩展、被毛的长芒 2 枚，排列成轮状，密被软毛。分果半球形，直径约 2 cm，长约 1.2 cm，分果爿 15～20 个，被粗毛，顶端具长芒 2 枚；种子肾形，褐色，被星状柔毛。**染色体**：$2n=42$（张铁军，1992；陈瑞阳 等，2003; Shatokhina, 2006）。**物候期**：花期 7—8 月。

【用途】 该种的茎皮纤维色白，具光泽，可作编织麻袋、搓绳索、编麻鞋等的纺织材料。其种子含油量为 15%～16%，可用于制造肥皂、油漆和工业用润滑油；其种子可作药用（称“冬葵子”），是一种润滑性利尿剂，并有通乳汁、消乳腺炎、顺产等功效。全草也可作药用（冯国楣，1984）。

【原产地及分布现状】 该种原产于印度；现栽培于东亚、中亚、西亚，非洲、欧洲、大洋洲、北美洲等地区并逸生。**国内分布**：安徽、北京、重庆、福建、甘肃、广东、广西、贵州、海南、河北、河南、黑龙江、湖北、湖南、吉林、江苏、江西、辽宁、内蒙古、宁夏、陕西、山东、山西、上海、四川、台湾、天津、香港、新疆、云南、浙江。

【生境】路旁、荒地和田野间。

【传入与扩散】**文献记载**：苘麻为史前归化植物，我国已有 2 000 年的栽培历史，对该种有记载的早期文献如《诗经·卫风》硕人篇记载："硕人其颀，衣锦褧衣。"《本草纲目》记载："苘，即苘麻也。……叶似苎而薄，花黄，实壳如蜀葵，其中子黑色。……叶大似桐叶，团而有尖。六七月开黄花。结实如半磨形，有齿，嫩青老黑，中子扁黑，状如黄葵子。" Hsia（1931）在其论文中也收录了此种。**标本信息**：Waalkes（1966）指定 George Clifford s.n. 为后选模式标本，该标本采自荷兰乔治·克利福德三世哈特营花园，现存放于英国自然历史博物馆（BM000646455）。我国较早期的标本有采于 1903 年 7 月的标本（Anonymous s.n., PE01286254）和 1905 年 7 月 6 日采自湖南省长沙市岳麓山的标本（Anonymous 3603; PE01286237）。**传入方式**：苘麻为有意引入，早期用于制作麻类织物（何家庆，2012）。**传播途径**：早期由人工引种，现已自然扩散。**繁殖方式**：种子繁殖。**入侵特点**：① 繁殖性　繁殖能力较强。② 传播性　主要依靠人为引种传播，自然扩散范围有限。③ 适应性　适应能力较强。**可能扩散的区域**：我国大部分地区。

【危害及防控】农田、荒地或路旁常见的一种杂草，会危害棉花、豆类、薯类、瓜类、蔬类、果树等农作物生长，危害程度较小（何家庆，2012）。应在花期之前进行人工拔除以达到防控目的。

【凭证标本】北京市海淀区青龙桥街道百望山路旁，40.023 9°N，116.250 7°E，2017 年 9 月 2 日，蒋奥林、赖思茹 JAL15（IBSC）；江苏省盐城市盐南高新区盐渎公园，海拔 3 m，33.363 6°N，120.152 0°E，2015 年 5 月 26 日，严靖、闫小玲、李惠茹、王樟华 RQHD02031（CSH）；吉林省吉林市船营区，海拔 211 m，43.884 9°N，126.438 0°E，2015 年 7 月 30 日，齐淑艳 RQSB03842（CSH）；陕西省安康市安康高速路口，海拔 252 m，32.695 7°N，108.955 1°E，2015 年 10 月 2 日，张勇 RQSB01585（CSH）。

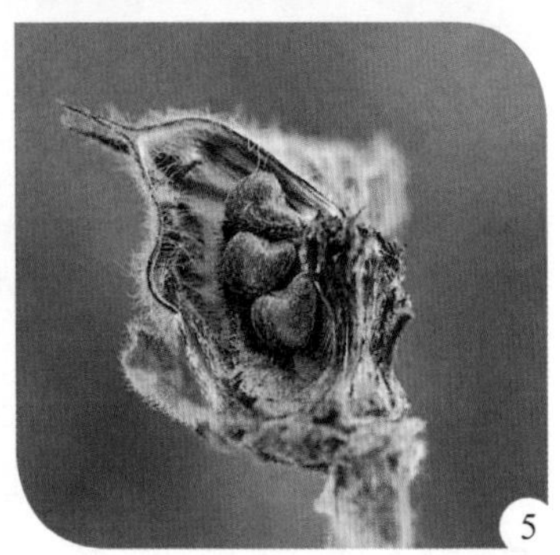

苘麻
（*Abutilon theophrasti* Medikus）

1. 生境；2. 花；3. 成熟的果实；
4. 果序；5. 种子

参考文献

陈瑞阳，宋文芹，李秀兰，等，2003. 中国主要经济植物基因组染色体图谱：第 3 册　中国园林花卉植物染色体图谱 [M] . 北京：科学出版社 .

何家庆，2012. 中国外来植物 [M] . 上海：上海科学技术出版社：1.

冯国楣，1984. 锦葵科 [M] // 中国科学院中国植物志编辑委员会 . 中国植物志：第 49 卷：第 2 分册 . 北京：科学出版社：1－102.

张铁军，1992. 9 种药用植物染色体数目 [J] . 中草药，23 (2)：88－89.

Hsia W Y, 1931. A list of cultivated and wild plants from the botanical garden of the national museum of natural history, Peiping[J]. Contributions from the Institute of Botany, National Academy of Peiping, 1(3): 39–69.

Shatokhina A V, 2006. Chromosome numbers of some plants of the Amur Region flora[J]. Botanicheskii Zhurnal (Moscow & Leningrad), 91(3): 487–490.

Waalkes J V B, 1966. Malesian Malvaceae revised[J]. Blumea, 14(1): 1–213.

2. 泡果苘属 *Herissantia* Medikus

草本，亚灌木或灌木，直立或匍匐，短柔毛或长硬毛，有时具黏性。叶具叶柄（有时近无柄）；托叶细，钻形，早落；叶片卵形或心形，边缘呈齿状，叶面无腺体。花单生于叶腋或聚生为总状花序；无总苞和小苞片。萼裂片披针形或卵形。花瓣为白色。花丝管顶端仅有一个花药具鞘，其余不外露；子房 10～14 室，每室有胚珠 1～3 颗；花柱 10～14 枚，柱头呈头状。分果呈圆球状或扁球形，膨胀，呈灯笼状，两端钝圆，被短柔毛或糙毛，成熟时与中轴分离；分果爿 10～14 个，顶部无芒，顶端圆形，背部开裂；分果爿具种子 1～3 粒，微粗糙或无毛。染色体基数 *X*=7。

本属约有 6 种，其中 5 种分布于热带地区，1 种分布于泛热带地区。我国有 1 种，外来入侵种有 1 种。

泡果苘 ***Herissantia crispa*** (Linnaeus) Brizicky, J. Arnold Arb. 49: 279. 1968. —— *Sida crispa* Linnaeus, Sp. Pl. 2: 685. 1753.

【别名】 **青麻、白麻**

【特征描述】 多年生草本，高 1 m，有时平卧于地面，枝被白色长毛和星状细柔毛。叶心形，长 2～7 cm，先端渐尖，边缘具圆锯齿，两面均被星状长柔毛；叶柄长 2～50 mm，被星状长柔毛；托叶线形，长 3～7 mm，被柔毛。花为黄色，花梗丝形，长 2～4 cm，被长柔毛，近端处具节而膝曲；花萼呈碟状，长 4～5 mm，密被星状细柔毛和长柔毛，裂片 5 枚，卵形，先端渐尖头；花冠直径约 1 cm，花瓣倒卵形。分果球形，直径 9～13 mm，膨胀呈灯笼状，疏被长柔毛，成熟时室背开裂，果瓣脱落，宿存，花托长约 2 mm；种子肾形，黑色。**物候期**：花、果期全年。

【用途】 泡果苘可用作绿肥、饲草（何家庆，2012）。

【原产地及分布现状】 该种原产于美洲热带和亚热带地区，现归化于亚洲热带地区。**国内分布**：福建、广东、海南、台湾。

【生境】 海岸沙地、湿生草地或疏林；路旁、灌丛、荒地。

【传入与扩散】 **文献记载**：我国对该种有记载的早期文献如 Hu（1955）和《海南植物志》（陈焕镛，1965）。**标本信息**：Waalkes（1966）指定 Dillenius（1732）的 *Hortus Elthamensis* 一书中的 t.5，f.5 这幅图作为该种的后选模式。我国较早期的标本有 1933 年 1 月 3 日采自海南省三亚市南山岭的标本（陈念劬 44751; AU040715, IBK00162329, PE01286425, KUN0474118）。**传入方式**：无意引入。**传播途径**：随农作物引种、草皮销售、交通等人类活动及自然因素传播扩散。**繁殖方式**：种子繁殖。**入侵特点**：① 繁殖性　繁殖能力较强。② 传播性　本种分果爿膜质，成熟后较易携带种子随风传播，因此极易扩散。③ 适应性　该种多生长在海岸地区的沙滩、土坡和林下，能适应贫瘠的土壤和干旱的气候。**可能扩散的区域：**目前在海南省南部和西南部海岸常见，此后可能会逐渐扩散至华南热带海岸地区。

【凭证标本】 福建省漳州市东山县东山岛，海拔 45 m，23.739 2°N，117.528 8°E，2017 年 9 月 14 日，曾宪锋 RQHN06062（CSH）；海南省三亚市凤凰镇附近，海拔 8 m，18.298 9°N，109.398 0°E，2015 年 12 月 22 日，曾宪锋 RQHN03718（CSH）；海南省陵水县椰林镇里村水口庙，海拔 0 m，18.489 7°N，110.077 4°E，2016 年 1 月 24 日，曾宪锋 RQHN03742（CSH）。

泡果苘
[*Herissantia crispa* (Linnaeus) Brizicky]
1. 植株和果实；2. 花；3. 花萼片；4. 叶片形状和果实；5. 种子

参考文献

陈焕镛，1965. 锦葵科 [M] // 中国科学院华南植物研究所 . 海南植物志：第 2 卷 . 北京：科学出版社：88-106.

何家庆，2012. 中国外来植物 [M] . 上海：上海科学技术出版社：153.

Dillenius J J, 1732. Hortus Elthamensis: vol. 1[M]. Londini: Sumptibus Auctoris: t. 5, f. 5.

Hu S Y, 1955. Family 153 Malvaceae[M]//Flora of China. Jamaica Plain, MA: The Arnold Arboretum of Harvard University: 1–80.

Waalkes J V B, 1966. Malesian Malvaceae revised[J]. Blumea, 14(1): 1–213.

3. 木槿属 *Hibiscus* Linnaeus

草本、灌木或乔木。叶互生，掌状分裂或不分裂，具掌状叶脉，具托叶。花两性，5 数，花常单生于叶腋间；小苞片 5 或多数，分离或于基部合生；花萼呈钟状，稀为浅杯状或管状，5 齿裂，宿存；花瓣 5 片，各色，基部与雄蕊柱合生；雄蕊柱顶端平截或 5 齿裂，花药多数，生于柱顶；子房 5 室，每室具胚珠 3 至多数，花柱 5 裂，柱头呈头状。蒴果，胞背开裂成 5 个果爿；种子肾形，被毛或为腺状乳突。

本属约有 200 种，分布于热带和亚热带地区。我国有 25 种，外来入侵种有 1 种。

野西瓜苗 *Hibiscus trionum* Linnaeus, Sp. Pl. 2: 697. 1753.

【别名】 **香铃草、灯笼花、小秋葵、火炮草**

【特征描述】 一年生直立或平卧草本，高 25～70 cm，茎柔软，被白色星状粗毛。叶二型，下部的叶为圆形，不分裂，上部的叶为掌状，3～5 深裂，直径 3～6 cm，中裂片较长，两侧裂片较短，裂片倒卵形至长圆形，通常羽状全裂，上面疏被粗硬毛或无毛，下面疏被星状粗刺毛；叶柄长 2～4 cm，被星状粗硬毛和星状柔毛；托叶线形，长约 7 mm，被星状粗硬毛。花单生于叶腋，花梗长约 2.5 cm，结果时期延长至 4 cm，被星状粗硬毛；小苞片 12 枚，线形，长约 8 mm，被粗长硬毛，基部合生；花萼钟形，淡绿色，长 1.5～2 cm，被粗长硬毛或星状粗长硬毛，裂片 5 枚，膜质，三角形，具纵向紫色条纹，中部以上合生；花为淡黄色，内面基部为紫色，直径 2～3 cm，花瓣 5 片，倒卵形，长约 2 cm，外面疏被极细柔毛；雄蕊柱长约 5 mm，花丝纤细，长约 3 mm，花药为黄色；花柱枝 5 个，无毛。蒴果呈长圆状球形，直径约 1 cm，被粗硬毛，果爿 5 个，果皮薄，黑色；种子肾形，黑色，具腺状突起。**染色体**：*n*=28（Dasgupta & Bhatt, 1981; Khatoon & Ali, 1993），2*n*=28（Gervais, 1981; De Lange & Murray, 2002）、56（Dasgupta & Bhatt, 1981; Gervais, 1981; Shatokhina, 2006）。**物候期**：花期 7—10 月。

【用途】全草和果实、种子可作药用，治疗烫伤、烧伤、急性关节炎等。

【原产地及分布现状】该种原产于非洲，现归化于泛热带地区。**国内分布**：安徽、北京、重庆、福建、甘肃、广东、广西、贵州、海南、河北、河南、黑龙江、湖北、湖南、吉林、江苏、江西、辽宁、内蒙古、宁夏、青海、陕西、山东、山西、上海、四川、台湾、天津、西藏、新疆、云南、浙江。

【生境】该种普遍生长于平原、山野、丘陵或田埂，是常见的田间杂草。

【传入与扩散】**文献记载**：我国于 14 世纪初引入该种（何家庆，2012）。15 世纪初，朱橚在《救荒本草》中首次收录此植物；19 世纪中期，吴其濬在《植物名实图考》中记载该种："行血，通关节。"Hsia（1931）在其论文和《中国植物图鉴》（贾祖璋和贾祖珊，1937）等对该种均有收录。**标本信息**：该种的模式标本包括栽培于荷兰乔治·克利福德三世哈特营花园的标本（BM000646493）和一个不知道确切采集地的标本（Royen van s.n.; L0052969）。我国较早期的标本有 1910 年 8 月 29 日采自河南省焦作市的标本（Anonymous 3647; PE01287497）、1911 年采自河北省的标本（Anonymous 634; TIE00021524）、1912 年采自北京市的标本（Anonymous 722; TIE00021523）、1914 年采自山西省的标本（Anonymous 742; TIE00021520）。**传入**

方式：无意引入。**传播途径**：随农作物引种、交通等人类活动传播扩散。**繁殖方式**：种子繁殖。**入侵特点**：① 繁殖性　繁殖能力强。② 传播性　传播范围广。③ 适应性　适应能力强。**可能扩散的区域**：我国大部分地区。

【危害及防控】 常见农田杂草，多生长在旱作物地、果园中，竞争水源和养分，导致农作物减产。应精选作物种子，防止无意夹带和混入；及时人工拔除幼苗，防止其开花结实后种子进一步散播。

【凭证标本】 黑龙江省佳木斯市同江市沿江路，海拔 56 m，47.235 8°N，132.037 5°E，2015 年 8 月 8 日，齐淑艳 RQSB04051（CSH）；新疆维吾尔自治区博尔塔拉蒙古族自治州博乐市阿拉山口，海拔 294 m，45.187 2°N，82.573 8°E，2015 年 8 月 14 日，张勇 RQSB02159（CSH）；贵州省黔西南州兴义市马岭镇光明村庙坡，海拔 1 180 m，25.166 7°N，104.901 1°E，2016 年 7 月 14 日，马海英、彭丽双、刘斌辉、蔡秋宇 RQXN05188（CSH）；江苏省连云港市灌南县北李线李集乡徐庄村，海拔 6.68 m，34.111 5°N，119.901 1°E，2015 年 5 月 28 日，严靖、闫小玲、李惠茹、王樟华 RQHD02068（CSH）。

野西瓜苗（*Hibiscus trionum* Linnaeus）

1. 生境；2. 茎上的毛被；3. 花；4. 幼果；5. 种子

参考文献

何家庆，2012. 中国外来植物［M］. 上海：上海科学技术出版社：483-484.

贾祖璋，贾祖珊，1937. 中国植物图鉴［M］. 上海：开明书店：437-440.

Dasgupta A, Bhatt R P, 1981. Cytotaxonomy of Malvaceae Ⅱ : chromosome number and karyotype analysis of *Thespesia*, *Hibiscus*, *Abelmoschus*, *Pavonia* and *Malachra*[J]. Cytologia, 46: 149–160.

De Lange P J, Murray B G, 2002. Contributions to a chromosome atlas of the New Zealand flora: 37. Miscellaneous families[J]. New Zealand Journal of Botany, 40: 1–23.

Gervais C, 1981. Liste annotée de nombres chromosomiques de la flore vasculaire du nord-est de l'Amerique. II[J]. Naturaliste Canadien, 108: 143–152.

Hsia W Y, 1931. A list of cultivated and wild plants from the botanical garden of the national museum of natural history, Peiping[J]. Contributions from the Institute of Botany, National Academy of Peiping, 1(3): 39–69.

Khatoon S, Ali S I, 1993. Chromosome atlas of the angiosperms of Pakistan[M]. Karachi: Department of Botany, Universtiy of Karachi.

Shatokhina A V, 2006. Chromosome numbers of some plants of the Amur Region flora[J]. Botanicheskii Zhurnal (Moscow & Leningrad), 91(3): 487–490.

4. 赛葵属 *Malvastrum* A. Gray

多年生草本或亚灌木，直立。单叶卵形或披针形，全缘或有时近 3 裂，叶缘有圆齿或锯齿。托叶披针形或镰形。花腋生，单生或呈聚伞状簇生，有时聚生呈顶生穗状；小苞片 3 枚，离生，钻形或线形至披针形；萼呈杯状，5 裂，在果时呈叶状；花冠为黄色或多少橙色，呈宽钟状；花瓣 5 片，稍长于萼片；雄蕊柱顶端无齿，花丝纤细，花丝管内藏于花冠内，无毛或被毛；花药簇生于顶端；子房 5～18 室，每室具 1 颗胚珠；花柱与心皮同数，纤细；柱头呈头状。分果扁球形，成熟时与中轴分离；分果爿 5～18 个，不开裂，红棕色，马蹄形，背突，有时具 2 或 3 枚短芒；每个分果爿具 1 粒种子，肾形，光滑。

本属有 14 种，分布于美洲热带和亚热带地区，有 2 种在热带地区逸生。我国有 2 种，外来入侵种有 1 种。

穗花赛葵［*Malvastrum americanum* (L.) Torrey］原产于美洲热带地区，现归化于我国台湾地区。本种较早由 Takahide Hosokawa 于 1930 年 8 月 3 日在台湾地区屏东琉球屿采集并于 1932 年在 *Transactions of the Natural History Socitey of Formosa* (present-day Taiwan, China) 上发表。Chang（1977）将本种收录于 *Flora of Taiwan*，此后冯国楣（1984）也将其收录于《中国植物志》。本种因其花序顶生，密生呈短穗状而区别于赛葵。

参考文献

冯国楣，1984. 锦葵科［M］// 中国科学院中国植物志编辑委员会 . 中国植物志：第 49 卷：第 2 分册 . 北京：科学出版社：1-102.

Chang C E, 1977. Malvaceae[M]//Li H L. Flora of Taiwan: vol. 3. Taipei: Epoch Publishing Co., Ltd.: 719.

赛葵 *Malvastrum coromandelianum* (Linnaeus) Garcke, Bonplandia (Hannover) 5(18): 295. 1857. ——*Malva coromandeliana* Linnaeus, Sp. Pl. 2: 687. 1753.

【别名】 **黄花草、黄花棉**

【特征描述】 亚灌木状，直立，高达 1 m，疏被单毛和星状粗毛。叶卵状披针形或卵形，长 3～6 cm，宽 1～3 cm，先端钝尖，基部宽楔形至圆形，边缘具粗锯齿，上面疏被长毛，下面疏被长毛和星状长毛；叶柄长 1～3 cm，密被长毛；托叶披针形，长约 5 mm。花单生于叶腋，花梗长约 5 mm，被长毛；小苞片线形，长 5 mm，宽 1 mm，疏被长毛；萼呈浅杯状，5 裂，裂片卵形，头渐尖，长约 8 mm，基部合生，疏被单长毛和星状长毛；花为黄色，直径约 1.5 cm，花瓣 5 片，倒卵形，长约 8 mm，宽约 4 mm；雄蕊柱长约 6 mm，无毛。分果直径约 6 mm，分果爿 8～12 个，肾形，疏被星状柔毛，直径约 2.5 mm，背部宽约 1 mm，具 2 枚芒刺。**染色体**：n=12（Bir & Sidhu, 1980b; Khatoon & Ali, 1993），$2n$=24（Bir & Sidhu, 1980a; 郑雅芳和蔡进来，1999）。**物候期**：花、果期全年。

【用途】该种全草可入药，配十大功劳可治疗肝炎病；具有解热镇痛抗炎的作用（罗谋伦 等，1999）；其叶可用于治疗疮疖。

【原产地及分布现状】该种原产于美洲，现归化于全世界热带地区。**国内分布**：澳门、福建、广东、广西、贵州、海南、上海、四川、台湾、香港、云南。

【生境】干热草坡、路旁、荒地。

【传入与扩散】**文献记载**：Bentham（1861）以该种异名 *Malvastrum tricuspidatum* (R. Br.) A. Gray 记载其在香港有分布；其他文献如《中国树木分类学》（陈嵘，1937）和《中国植物图鉴》（贾祖璋和贾祖珊，1937）等对该种也有记载。**标本信息**：Waalkes（1966）将保存于伦敦林奈学会植物标本馆的标本（LINN870.3）指定为该种的后选模式标本。我国较早期的标本有 1907 年 5 月 2 日采自福建省福州市鼓山的标本（Anonymous 317; PE01302570）和翌年 8 月 19 日采自台湾地区的标本（Anonymous 16450; IBSC0282339）。**传入方式**：无意引入。**传播途径**：种子随交通、人类活动及自然因素等传播扩散。**繁殖方式**：种子繁殖，也可用地下芽进行营养繁殖（何家庆，2012）。**入侵特点**：① 繁殖性 该种种子数量大，易于繁殖，对土壤条件要求不高，只要温度和湿度适合就能大量繁殖。② 传播性 赛葵借助风、水、人、畜等外力能传播得很远。③ 适应性 适应能力强。**可能扩散的区域**：东部和南部地区。

【危害及防控】赛葵易形成优势群落，排挤本地土著植物。在其扩散区植株上已发现曲叶病毒、双生病毒以及黄脉病毒等（何家庆，2012）。由于该种主要靠其多年生地下根为优势侵占农田，因此可以利用耕翻、中耕松土等措施，在农作物播种前、出苗前以及各生育期等不同时期进行除草，或将其地下部分翻出地面使其脱水干死。此外还要清除路旁、田边的杂草，以防止其种子的传播（何家庆，2012）。

【凭证标本】广东省河源市连山县溪山镇溪西村，海拔 159 m，24.235 0°N，114.399 5°E，

2014年9月23日，王瑞江 RQHN00404（CSH）；广东省惠州市惠阳区淡水镇土湖村，海拔52 m，22.775 7°N，114.442 3°E，2015年7月6日，王瑞江、朱双双、蒋奥林 RQHN00869（IBSC）；广西壮族自治区梧州市岑溪市岑城镇，海拔143 m，22.940 0°N，111.018 4°E，2016年1月15日，韦春强、李象钦 RQXN07964（CSH）；贵州省黔西南布依族苗族自治州册亨县，海拔1 341 m，25.094 7°N，105.438 6°E，2014年7月30日，马海英、秦磊、敖鸿舜 GZ048（CSH）。

赛葵 [*Malvastrum coromandelianum* (Linnaeus) Garcke]

1. 生境；2. 幼苗；3. 茎上的毛被；4. 花；5. 果序；6. 果

参考文献

陈嵘，1937. 中国树木分类学［M］. 南京：中华农学会.
何家庆，2012. 中国外来植物［M］. 上海：上海科学技术出版社：177–178.
贾祖璋，贾祖珊，1937. 中国植物图鉴［M］. 上海：开明书店.
罗谋伦，钟文，黄世英，等，1999. 赛葵的解热镇痛抗炎作用［J］. 中草药，30（6）：436–438.
郑雅芳，蔡进来，1999. 台湾锦葵科植物染色体之研究［J］. 林业研究季刊，21（3）：61–72.
Bentham G, 1861. Flora Hongkongensis[M]. London: Lovell Reeve & Co.: 32.
Bir S S, Sidhu M, 1980a. Cytological observations on weed flora of orchards of Paticla district, Punjab[M]//Bir S S. Recent research in plant sciences. Ludhiana: Kalyani Publishing: 261–271.
Bir S S, Sidhu M, 1980b. Cyto-palynological studies on weed flora of cultivable lands of Patiala district (Punjab)[J]. Journal of Palynology, 16: 85–105.
Khatoon S, Ali S I, 1993. Chromosome atlas of the Angiosperms of Pakistan[M]. Karachi: Department of Botany, Universtiy of Karachi.
Waalkes J V B, 1966. Malesian Malvaceae revised[J]. Blumea, 14(1): 1–213.

5. 黄花稔属 *Sida* Linnaeus

草本或亚灌木，具星状毛。茎直立，上升至匍匐，光滑或被毛。叶为单叶或稍分裂，多呈螺旋状排列；托叶宿存，常为线形至披针形或镰状。花常单生，有时成对或簇生，腋生或顶生；无小苞片；萼呈钟状或杯状，5 裂，基部常具 10 条肋纹，芽时折叠；花瓣 5 片，离生，黄色，稀为白色或橙色，有时中部变黑，基部合生；雄蕊柱顶端着生多数花药；子房具心皮 5～10 枚，每心皮具 1 颗胚珠，悬垂。花柱与心皮同数；柱头呈头状。分果呈盘状或球形，成熟时与中轴分离，分果爿（4～）5～10（～14）个，表面粗糙或平滑，有时多少膜质，顶端具 2 枚芒或无芒；每分果爿具 1 粒种子，光滑，有时在种脊周围有细毛。染色体基数 X=7、8。

本属有 100～150 种，分布于全世界。我国有 14 种，外来入侵种有 1 种。

黄花稔 ***Sida acuta*** N. L. Burman, Fl. Indica 147. 1768.

【别名】 **扫把麻**

【特征描述】 亚灌木或直立草本，高 1～2 m；分枝多，小枝被柔毛至近无毛。叶披针形，长 2～5 cm，宽 0.4～1 cm，先端短尖或渐尖，基部圆或钝，具锯齿，两面均无毛或疏被星状柔毛，上面偶被单毛；叶柄长 3～6 mm，疏被柔毛；托叶披针形，与叶柄近等长，常宿存。花单生或成对生于叶腋，花梗长 4～12 mm，被柔毛，中部具节；萼呈浅杯状，无毛，长约 6 mm，下半部合生，裂片 5 枚，尾状渐尖；花为黄色，直径 8～10 mm，花瓣倒卵形，先端圆，基部狭长 6～7 mm，被纤毛；雄蕊柱长约 4 mm，疏被硬毛。分果近圆球形，分果爿 6～7 个，长约 3.5 mm，顶端具 2 枚短芒，果皮具网状皱纹。**染色体**：$2n$=28（Krishnappa & Munirajappa, 1982; Noor et al., 2003）。**物候期**：花期冬、春季。

【用途】 黄花稔的茎皮纤维可用于制作绳索；根叶可入药，有抗菌消炎的功效。

【原产地及分布现状】 该种原产于美洲热带地区，现广布于世界热带及亚热带地区。**国内分布**：澳门、福建、广东、广西、海南、湖北、湖南、台湾、香港、云南。

【生境】 山坡灌丛间、路旁或荒坡。

【传入与扩散】 **文献记载**：对该种有记载的文献如 Hu（1955）和《广州植物志》（侯宽昭，1956）。**标本信息**：该种的后选模式标本采自缅甸，现保存于 Herbarium Genavense（G00360092）（Fryxell, 1993）。我国较早期的标本有 1904 年 8 月采自台湾地区的标本（Miyake 16458; IBSC0282470）和 1917 年 10 月 27 日采自广东省广州市的标本（C. O. Levine 1736; PE01302699）。**传入方式**：作为药材有意引入（马金双，2014）。**传播途径**：黄花稔随农作物引种、交通、自然因素等传播扩散，其果实表面的芒刺可以粘住衣物、皮毛等。**繁殖方式**：种子繁殖。**入侵特点**：① 繁殖性　一般。② 传播性　一般。③ 适应性　适应能力较强。**可能扩散的区域**：长江流域以南的大部分地区。

【危害及防控】 该种的危害轻微。可以通过人工拔除的方式来达到防控目的。

【凭证标本】 香港特别行政区新界元朗区南生围，海拔 3 m，22.456 0°N，114.045 3°E，2015 年 7 月 27 日，王瑞江、薛彬娥、朱双双 RQHN00980（IBSC）；广东省湛江市霞山区森林公园，海拔 26 m，21.178 9°N，110.349 6°E，2015 年 7 月 7 日，王发国、李西贝阳、李仕裕 RQHN02983（CSH）；广西壮族自治区玉林市容县容州镇，海拔 89 m，22.831 2°N，110.558 9°E，2016 年 1 月 17 日，韦春强、李象钦 RQXN08005（CSH）；福建省漳州市东山县东山岛，海拔 28 m，24.432 6°N，118.103 3°E，2014 年 9 月 24 日，曾宪锋 ZXF15463（CZH）。

【相似种】 黄花稔在形态上跟刺黄花稔［又名刺金午时花（*Sida spinosa* Linnaeus）］相似。在以前，刺黄花稔也曾多次被错误鉴定为黄花稔。两者的区别在于刺黄花稔的叶柄长 1～2 cm，茎有刺，并且每一果实有 5 个分果爿，而黄花稔的叶柄长 3～5 mm，叶片被极少的星状毛，茎无刺，每一果实具 6 或 7 个分果爿。刺黄花稔原产于美洲热带地区、非洲、亚洲、澳大利亚和太平洋群岛，后归化于琉球群岛。在印度的阿育吠陀疗法中，刺黄花稔多用于治疗各种功能紊乱疾病；其根、皮和叶片传统上可用于治疗女性白带异常、呼吸紊乱、哮喘、腹泻和痢疾等疾病，有促进伤口愈合和发汗的功效（Somasundaram et al., 2015）。刺黄花稔在我国的江苏省、辽宁省、台湾地区有分布（Lin et al., 2010），但编者于 2019 年对以前记录的采集点再次调查时未能发现其野外种群，故本书将其暂作为归化种处理。

黄花稔（*Sida acuta* N. L. Burman）

1. 生境；2. 花序；3. 花的位置；4. 花蕾

参考文献

侯宽昭，1956. 广州植物志［M］. 北京：科学出版社：246.

马金双，2014. 中国外来入侵植物调研报告：下卷［M］. 北京：高等教育出版社：611，870.

Fryxell P A, 1993. Familia Malvaceae[M]//Rzedowski J, De Rzedowski G C. Flora del Bajío y de Regiones Adyacentes: vol. 16. Pátzcuaro: Instituto de Ecología A. C., Centro Regional del Bajio Pátzcuaro, Michoacán, México: 1–174.

Hu S Y, 1955. Family 153 Malvaceae[M]//Flora of China. Jamaica Plain, MA: The Arnold Arboretum of Harvard University: 1–80.

Krishnappa D G, Munirajappa, 1982. In IOPB chromosome number reports LXXVI[J]. Taxon, 31(3): 582–583.

Lin W W, Wang C M, Tseng Y H, 2010. *Sida spinosa* L. (Malvaceae), a newly naturalized plant in Taiwan[J]. Quarterly Journal of Forest Research, 32(2): 1–6.

Noor S S, Deen S, Ahmed L, et al., 2003. Differential fluorescent chromosome banding of four *Sida* spp. (Malvaceae)[J]. Cytologia, 68(1): 25–30.

Somasundaram N, Rajendran V, Ramalingam R, 2015. A review on *Sida spinosa* Linn.[J]. American Journal of PharmTech Research, 5(5): 130–141.

椴树科 | Tiliaceae

乔木、灌木和草本。单叶互生，稀对生，具基出脉，全缘或有锯齿，有时浅裂；托叶存在或缺，如果存在往往早落或宿存。花两性或单性雌雄异株，辐射对称，排成聚伞花序或再组成圆锥花序；苞片早落，有时大而宿存；萼片通常 5 片，有时 4 片，分离或多少联生，呈镊合状排列；花瓣与萼片同数，分离，有时或缺；内侧常有腺体，或有呈花瓣状退化的雄蕊，与花瓣对生；雌雄蕊柄存在或缺；雄蕊多数，稀 5 枚，离生或基部联生成束，花药 2 室，纵裂或顶端孔裂；子房上位，2～6 室，有时更多，每室有胚珠 1 至数颗，生于中轴胎座，花柱单生，有时分裂，柱头呈锥状或盾状，常有分裂。果为核果、蒴果、裂果，有时呈浆果状或翅果状，2～10 室；种子无假种皮，胚直，子叶扁平。

本科约有 52 属 500 种，主要分布于热带及亚热带地区。我国有 11 属 70 种，外来入侵有 1 属 1 种。

黄麻属 *Corchorus* Linnaeus

草本或亚灌木。叶纸质，基部有三出脉，两侧常有伸长的线状小裂片，边缘有锯齿，叶柄明显；托叶 2 片，线形。花两性，黄色，单生或数朵排成腋生或腋外生的聚伞花序；萼片 4～5 片；花瓣与萼片同数；腺体不存在；雄蕊多枚，着生于雌雄蕊柄上，离生，缺退化的雄蕊；子房 2～5 室，每室有胚珠多颗，花柱短，柱头盾状或盘状，全缘或浅裂。蒴果长筒形或球形，有棱或有短角，室背开裂为 2～5 个果爿；种子多粒。

本属有 40～100 种，主要分布于热带地区。我国有 4 种，外来入侵种有 1 种。

长蒴黄麻 ***Corchorus olitorius*** Linnaeus, Sp. Pl. 1: 529. 1753.

【特征描述】 木质草本，高 1～3 m。叶纸质，长圆披针形，长 7～10 cm，宽 2～4.5 cm，先端渐尖，基部圆形，两面均无毛，基出有脉 5 条，两侧的上行不过半，中脉有侧脉 7～10 对，边缘有细锯齿；叶柄长 1.6～3.5 cm，上部有柔毛；托叶呈卵状披针形，长约 1 cm。花单生或数朵排成腋生聚伞花序，有短的花序柄及花柄；萼片长圆形，顶端有长角，基部有毛；花瓣与萼片等长或稍短，长圆形，基部有柄；雄蕊多枚，离生；雌雄蕊柄极短，无毛；子房有毛，柱头呈盘状，有浅裂。蒴果长 3～8 cm，条状，稍弯曲，具 10 棱，顶端有一突起的角，开裂为 5～6 个果爿，有横隔；种子倒圆锥形，略有棱。**染色体**：*n*=7（Khatoon & Ali, 1993），2*n*=14（Okoli, 1982; Alam & Rahman, 2000）。**物候期**：花期 6—11 月。

【用途】 该种茎皮多长纤维，可用于制作绳索及织制麻袋；经加工处理，可用于织制麻布及地毯等；其嫩叶可供食用。

【原产地及分布现状】 该种原产于非洲南部，现广泛归化于印度和其他泛热带地区。**国内分布**：安徽、福建、广东、广西、海南、河北、湖南、江苏、江西、四川、台湾、云南。

【生境】 路旁、溪边、草地、田埂、荒地。

【传入与扩散】 **文献记载**：《海南植物志》（陈焕镛，1965）和《中国高等植物图鉴》（中国科学院植物研究所，1983）对该种均有记载。**标本信息**：Wild（1963）指定 Herb. Hort. Clifford 209, Corchortus no. 1 为该种的后选模式标本，该标本是荷兰的栽培植物，现保存于英国自然历史博物馆（BM000628760）。我国较早期的标本有 1920 年 6 月 4 日采自海南省的标本（陈焕镛 5741；N108174071）。**传入方式**：人工引种。**传播途径**：该种随农作物引种、交通等人类活动及自然因素等传播扩散。**繁殖方式**：种子繁殖。**入侵**

特点：① 繁殖性　不详。② 传播性　不详。③ 适应性　该种能适应贫瘠和干旱的生境。

可能扩散的区域：东部和南部地区。

【危害及防控】 该种的危害性较弱。在种子成熟前通过人工拔除的方式可达到防控目的。

【凭证标本】 广西壮族自治区南宁市西乡塘区，海拔 84 m，22.857 2°N，108.246 2°E，2014 年 11 月 15 日，韦春强 RQXN07554（CSH）；福建省漳州市漳浦县，海拔 23 m，24.237 2°N，117.967 0°E，2014 年 10 月 1 日，曾宪锋 RQHN06263（CSH）；海南省昌江县石碌镇，19.289 6°N，109.051 4°E，2015 年 12 月 21 日，曾宪锋 ZXF18632（CZH）。

长蒴黄麻（*Corchorus olitorius* Linnaeus）

1. 生境；2. 花序；3. 果序；4. 蒴果

参考文献

陈焕镛，1965. 椴树科［M］// 中国科学院华南植物研究所 . 海南植物志：第 2 卷 . 北京：科学出版社：57-64.

中国科学院植物研究所，1983. 中国高等植物图鉴：第 2 册［M］. 北京：科学出版社：803.

Alam S S, Rahman A N M R B, 2000. Karyotype analysis of three *Corchorus* species[J]. Cytologia, 65(4): 443–446.

Khatoon S, Ali S I, 1993. Chromosome atlas of the Angiosperms of Pakistan[M]. Karachi: Department of Botany, Universtiy of Karachi.

Okoli B E, 1982. In IOPB chromosome number reports LXXIV[J]. Taxon, 31(1): 127–128.

Wild H, 1963. Tiliaceae[M]//Exell A W, Fernandes A, Wild H. Flora Zambesiaca: vol. 2: part 1. London: Royal Botanical Garden, Kew: 82–84.

梧桐科 | Sterculiaceae

乔木或灌木，稀为草本或藤本，植物幼嫩部分常有星状毛，树皮常有黏液并富于纤维。叶互生，单叶，稀为掌状复叶，叶片全缘、具齿或深裂，通常有托叶。花序腋生，稀顶生，排成圆锥花序、聚伞花序、总状花序或伞房花序，稀为单生花；花单性、两性或杂性；萼片5片，稀为3～4片，或多或少合生，稀完全分离，镊合状排列；花瓣5片或无花瓣，分离或基部与雌雄蕊柄合生，呈旋转覆瓦状排列；通常有雌雄蕊柄；雄蕊的花丝常合生呈管状，有5枚舌状或线状的退化雄蕊与萼片对生，或无退化雄蕊，花药2室，纵裂；雌蕊由2～5（稀10～12）枚多少合生的心皮或单心皮组成，子房上位，室数与心皮数相同，每室有胚珠2颗或多颗，稀为1颗，花柱1枚或与心皮同数。果通常为蒴果或蓇葖，开裂或不开裂，极少为浆果或核果；种子有胚乳或无胚乳，胚直立或弯生，胚轴短。

该科有68属约1 100种，分布在东、西两半球的热带和亚热带地区，只有个别种可以分布到温带地区。我国有19属90种，外来入侵有1属1种。

蛇婆子属 *Waltheria* Linnaeus

草本，被星状柔毛。叶为单叶，边缘有锯齿；托叶披针形。花细小，两性，排成顶生或腋生的聚伞花序或团伞花序；萼片5片；花瓣5片，匙形，宿存；雄蕊5枚，在基部合生，与花瓣对生，花药2室，与药室平行；子房无柄，1室，有胚珠2颗，花柱的上部呈棒状或流苏状。蒴果2瓣裂，有种子1粒；种子有胚乳，子叶扁平。

该属约有50种，多数产于美洲热带地区。我国有1种，外来入侵有1种。

蛇婆子 *Waltheria indica* Linnaeus, Sp. Pl. 2: 673. 1753.

【别名】 **草梧桐、和他草**

【特征描述】 略直立或匍匐状半灌木，长达 1 m，多分枝，小枝密被短柔毛。叶卵形或长椭圆状卵形，长 2.5～4.5 cm，宽 1.5～3 cm，顶端钝，基部圆形或浅心形，边缘有小齿，两面均密被短柔毛；叶柄长 0.5～1 cm。聚伞花序腋生，头状，近于无轴或有长约 1.5 cm 的花序轴；小苞片狭披针形，长约 4 mm；萼筒状，5 裂，长 3～4 mm，裂片三角形，远比萼筒长；花瓣 5 片，淡黄色，匙形，顶端截形，比萼略长；雄蕊 5 枚，花丝合生呈筒状，包围着雌蕊；子房无柄，被短柔毛，花柱偏生，柱头呈流苏状。蒴果小，2 瓣裂，倒卵形，长约 3 mm，被毛，为宿存的萼包围，内有种子 1 粒；种子倒卵形，很小。**染色体**：$2n$=24（Bahadur & Srikanth, 1983; Wilkins & Chappill, 2002）。**物候期**：花期 6—11 月。

【用途】 该种的茎皮纤维可用于编织麻袋。又因其耐旱、耐瘠薄的土壤，在地面匍匐生长，故可作保土植物。该种为非洲、南美洲、夏威夷等地的传统药材，主要用于治疗疼痛、炎症、腹泻、痢疾、结膜炎、伤口、脓肿、癫痫、惊厥、贫血、勃起功能障碍，对膀胱疾病和哮喘等症状也有疗效（Zongo, 2013）。

【原产地及分布现状】 该种原产于美洲热带地区（可能有夏威夷），现归化于泛热带地区，一般分布在北回归线以南的海边和丘陵地。**国内分布**：安徽、澳门、福建、广东、广西、海南、台湾、香港、云南。

【生境】 向阳草坡或旷地、路旁（马金双，2014）。

【传入与扩散】 **文献记载**：Bentham（1861）在 *Flora Hongkongensis* 中以其异名 *Waltheria americana* L. 收录了该种，侯宽昭（1956）和 Li（1963）等对该种也有收录。

标本信息：Verdcourt（1995）指定采自斯里兰卡的标本（Herb. Hermann 3: 5, no. 244）为该种的后选模式标本，现保存于英国自然历史博物馆（BM000621807）。我国较早期的标本有 1874 年采自香港特别行政区的标本（F. B. Forbes 58; PE01305281）。**传入方式**：无意引入（何家庆，2012）。**传播途径**：种子靠水流传播或被经过的动物带走。**繁殖方式**：种子繁殖。**入侵特点**：① 繁殖性　该种根系发达，繁殖能力强。② 传播性　多靠草食性动物等传播种子。③ 适应性　该种常见于热带海边地区，能适应干旱的生境和瘠薄的土壤，在荒地或近水处都能生长，适应能力强，在多种生境下具有空间竞争性。**可能扩散的区域**：长江以南地区。

【**危害及防控**】该种会排挤本地植物，影响生物多样性（马金双，2014）。应严格控制其生长范围，防止扩散到自然植被恢复区和农田耕作区；还可以通过人工拔除的方式来达到防控目的。

【**凭证标本**】海南省儋州市白马井镇滨海大道小南头，19.667 4°N，109.199 1°E，2017 年 6 月 8 日，蒋奥林、赖思茹 453（IBSC）；福建省漳州市至靖城高速公路，2009 年 10 月 31 日，刘全儒 s.n.（CSH）。

蛇婆子（*Waltheria indica* Linnaeus）

1. 生境；2. 茎上被毛；3. 花序；4. 花

参考文献

何家庆，2012. 中国外来植物［M］. 上海：上海科学技术出版社：305.

侯宽昭，1956. 广州植物志［M］. 北京：科学出版社：243.

马金双，2014. 中国外来入侵植物调研报告：下卷［M］. 北京：高等教育出版社：739.

Bahadur B, Srikanth R, 1983. Pollination biology and the species problem in *Waltheria indica* complex[J]. Phytomorphology, 33: 96–107.

Bentham G, 1861. Flora Hongkongensis[M]. London: Lovell Reeve & Co.: 37.

Li H L, 1963. Woody Flora of Taiwan[M]. Taipei: Livingston Publishing Company.

Verdcourt B, 1995. Sterculiaceae[M]//Dassanayake M D, Fosberg F R, Clayton W D. A revised handbook to the Flora of Ceylon: vol. 9. New Delhi: Amerind Publishing Co. Pvt. Ltd.: 1–482.

Wilkins C F, Chappill J A, 2002. New chromosome numbers for Lasiopetaleae: Malvaceae s.l. (or Sterculiaceae)[J]. Australian systematic Botany, 15(1): 1–8.

Zongo F, Ribuot C, Boumendjel A, et al., 2013. Botany, traditional uses, phytochemistry and pharmacology of *Waltheria indica* L.(syn. *Waltheria americana*): a review[M]. Journal of Ethnopharmacology, 148(1): 14–26.

中文名索引

学名索引

O

P

R

S

T

U

V

W